大数据专业应用型人才培养规划教材

Python
编程基础与应用

韦鹏程　许桂秋　主编

浙江科学技术出版社

图书在版编目（CIP）数据

Python编程基础与应用 / 韦鹏程, 许桂秋主编. -- 杭州：浙江科学技术出版社, 2020.1（2024.1重印）
大数据专业应用型人才培养规划教材
ISBN 978-7-5341-8896-1

Ⅰ. ①P… Ⅱ. ①韦… ②许… Ⅲ. ①软件工具－程序设计－高等学校－教材 Ⅳ. ①TP311.561

中国版本图书馆CIP数据核字(2020)第002052号

主　　编 韦鹏程　许桂秋
副 主 编 陆建波　张钦礼　曹红根　钱　鸣
史春雷　胡　楠　朱长水　阳晓霞

丛 书 名　大数据专业应用型人才培养规划教材
书　　名　Python编程基础与应用
主　　编　韦鹏程　许桂秋

出版发行　**浙江科学技术出版社**
杭州市体育场路 347 号　邮政编码：310006
办公室电话：0571-85176593
销售部电话：0571-85176040
网　址：www.zkpress.com
E-mail：zkpress@zkpress.com
排　　版　杭州真凯文化艺术有限公司
印　　刷　浙江新华数码印务有限公司
经　　销　全国各地新华书店

开　本	787 × 1092　1/16	印　张	21.25
字　数	475 000		
版　次	2020 年 1 月第 1 版	印　次	2024 年 1 月第 3 次印刷
书　号	ISBN 978-7-5341-8896-1	定　价	69.80 元

责任编辑 张祝娟　**责任校对** 顾旻波
责任美编 金　晖　**责任印务** 叶文炀

前 言

党的二十大报告指出，新一轮科技革命和产业变革深入发展，国际力量对比深刻调整，我国发展面临新的战略机遇。信息化为我国抢占新一轮发展制高点、构筑国际竞争新优势提供了有利契机，为中华民族带来了千载难逢的机遇。当前，数字技术日益成为创新驱动发展的先导力量，开启了一次具有全局性、战略性、革命性意义的数字化转型，带动人类社会生产方式变革、生产关系再造、经济结构重组、生活方式巨变。

然而，万变不离其宗。拨开各种新奇技术的层层迷雾，我们还是能够看到其中稳定的内核，那就是计算机的基本原理。计算机归根结底是一种存储数据和执行计算的工具。如果人们想要运用这种工具来改善生产和生活，就需要编写程序控制计算机的运行。因此，程序设计便成为了信息技术从业者的一项重要的技能。

世界上的程序设计语言成千上万，1989年诞生的Python语言凭借其易学易用、简洁清晰的特点，覆盖的人群和领域逐年扩张。目前，Python语言已经稳居各种编程语言排行榜的前列，成为了世界上使用最广泛的编程语言之一。这个现状给了人们充足的理由和动力去学习和使用Python语言。

本书作为Python语言的入门教材，能够帮助希望成为信息时代冲浪者的读者，从一个外行跨入信息技术的大门。本书采用理论与实践相结合的方式，循序渐进地介绍了Python程序设计的知识与思路；由浅入深地引入了综合性的实践案例，以引导读者运用所学知识解决现实中的问题。

本书从实用的角度出发，采用理论与实践相结合的方式，介绍Python程序设计的基础知识，力求培养读者使用Python语言解决问题的能力。全书内容包括Python程序设计导论、Python程序设计初步、循环程序设计、函数和递归、Python数据结构、Python面向对象程序设计、Python多线程程序设计。

全书共12章，阐述了Python语言的核心语法结构，以及运用这些语法结构编写程序解决问题的思路。书中还包含了9个综合性的实践案例，其难易程度和侧重点与书中各章节的知识相对应。

本书可以作为高等学校计算机和信息管理等相关专业程序设计入门课程的教材。教师可根据学生的接受能力以及高校的培养方案选择教学内容。

这里需要特别说明的是：由于软件在不断升级或网站界面有更新，读者打开的软件下载界面与看到的软件版本可能与本书不一致，这并无大碍，软件的下载与安装方法是类似的。

由于编者水平有限，编写时间仓促，书中难免出现一些疏漏和不足之处，恳请广大读者批评指正。

编著者

2022年12月

目 录

第1章 Python程序设计导论

在编程的世界里，没有哪一种语言更好，只有哪一种语言更合适。我们提倡“存在即合理”的理念。当前热门的编程语言都有其存在的道理，它们都有各自擅长的领域和特性。因此，我们无法去衡量哪一门语言是最好的，只能根据具体的应用场景选择最合适的编程语言。

Python是一门跨平台、开源、免费的解释性高级动态编程语言，其语法精简，安装容易，可扩展性强，越来越受到人们的关注和青睐。

本章重点

◎计算机系统中硬件和软件的作用。

◎计算机编程语言的形式和功能。

◎几种Python语言的开发环境。

1.1 计算机与程序

计算机是根据指令操作数据的设备。从功能的角度来看，计算机是对数据的操作，表现为数据计算、输入、输出、处理和结果存储等；从可编程的角度来看，计算机就是根据一系列指令自动地、可预测地、准确地完成操作者意图的工具。

1.1.1 计算机的基本组成

计算机和网络是信息技术的核心，利用计算机可以高效地处理和加工信息，随着计算机技术的发展，计算机的功能越来越强大，不但能够处理数值信息，而且还能处理各种文字、图形、图像、动画、声音等非数值信息。下面介绍计算机的组成与工作原理、硬件系统和软件系统相关的知识。

1. 计算机的组成与工作原理

计算机的组成指计算机系统结构的逻辑实现，包括计算机内数据信号和控制信号的流向及逻辑设计等。冯·诺依曼于1945年提出了存储程序的设计思想，直到今天，计算机仍然采用冯·诺依曼结构。冯·诺依曼将计算机分成五大基本部分：输入设备

（Input Devices）、存储设备（Storage Devices）、运算器（Arithmetic Unit）、控制器（Controller）和输出设备（Output Devices）。计算机的工作原理如图1-1所示。

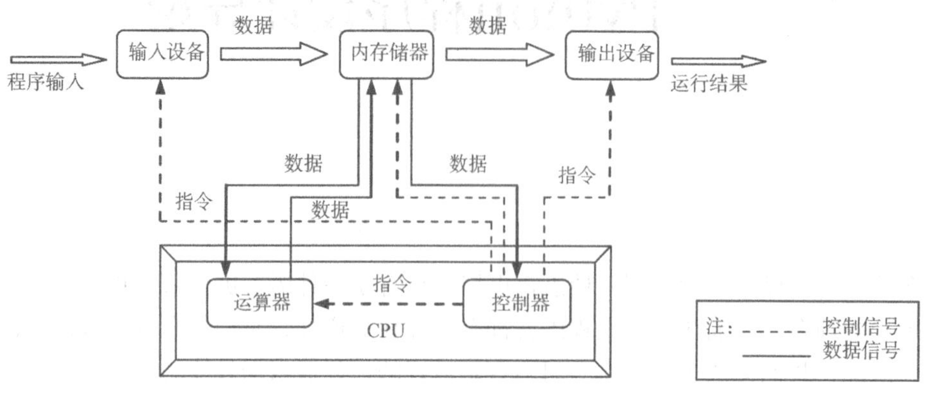

图1-1 计算机的工作原理

2. 计算机的硬件系统

计算机的硬件系统指构成计算机的所有物理部件的集合。从外观上看，由主机、输入和输出设备组成。根据冯·诺依曼原理，可将计算机分成输入设备、存储设备、运算器、控制器和输出设备。

（1）输入设备。输入设备是计算机的重要组成部分，输入设备与输出设备合称为外部设备，简称外设。输入设备的作用是将程序、原始数据、文字、字符、控制命令或现场采集的数据等信息输入计算机。常见的输入设备有键盘、鼠标、手写板、触摸屏、扫描仪（光电输入机）、磁带机、磁盘机、光盘机等，如图1-2所示。

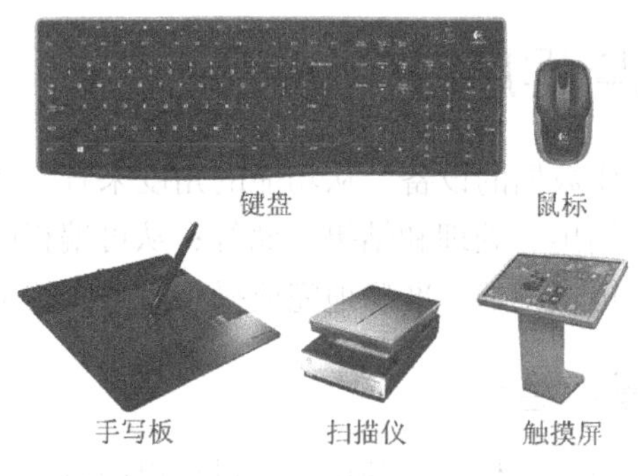

图1-2 输入设备

（2）存储设备。存储设备的功能是存储程序、数据和各种信号、命令等信息，并在需要时提供这些信息。存储容量的基本单位是字节（Byte），一个字节由八位二进制数（Bit）组成。为了表示方便，存储单位还有千字节（KB）、兆字节（MB）、吉字节（GB），它们之间的换算关系为$1KB=2^{10}B=1024B$；$1MB=2^{10}KB=1024KB$；$1GB=2^{10}MB=1024MB$。存储设备分为内存和外存。

①内存：用于存储程序和数据，又可分为只读存储设备（Read Only Memory,

ROM）和随机存储设备（Random Access Memory，RAM），二者的区别如表1-1所示。

表1-1　ROM与RAM的区别

类别	对信息的修改	断电后的信息情况	用途
ROM	只读	不丢失	永久存放特殊专用信息
RAM	可读、可写	全部丢失	存放临时程序和数据

②外存：可用于长期存储程序和数据，容量大。软盘、硬盘、光盘、U盘等都是外部存储器。硬盘是一种硬质圆形磁表面存储媒体，不但存储量大，而且读写速度快，是目前计算机主要的存储设备。

（3）运算器。运算器的功能是对数据进行各种算术运算和逻辑运算，即对数据进行加工处理，是计算机实施算术运算和逻辑判断的主要部件。

（4）控制器。其功能是对程序规定的控制信息进行解释，根据其要求进行控制，实现调度程序、数据、地址，协调计算机各部分的工作及内存与外设的访问等功能，是指挥、控制计算机运行的中心。其作用是：从存储器中取出信息进行分析，根据指令向计算机各个部分发出各种控制信息，使计算机按要求自动、协调地完成任务。中央处理器（Central Processing Unit，CPU）是运算器和控制器的合称，是微型计算机的核心，人们习惯上用CPU型号来表示计算机的档次，例如，286、386、486、Pentium、PⅡ、PⅢ、PⅣ等。

（5）输出设备。输出设备与输入设备一样是计算机的重要组成部分，它可以输出计算机的中间结果或最后结果、机内的各种数据符号及文字或各种控制信号等信息。常用的输出设备有显示器、打印机、绘图仪等，如图1-3所示。

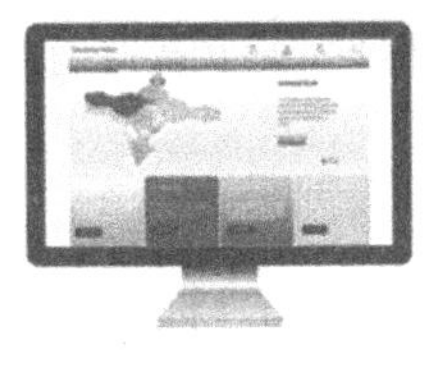
显示器

打印机

绘图仪

图1-3　输出设备

3. 计算机软件系统

软件（Software）是一系列按照特定顺序组织的计算机数据和指令的集合，是程序、数据和有关文档资料的总称。软件通常被划分为系统软件和应用软件两类。系统软件为计算机使用提供最基本的功能，但是并不针对某一特定应用领域。而应用软件则恰好相反，不同的应用软件根据用户和所服务的领域提供不同的功能。其中，系统软件根据功能又可分为操作系统、各种程序语言的编译和解释软件、数据库管理系统。

（1）操作系统。操作系统是系统软件中最基础的部分，是用户和裸机之间的接口，其作用是管理计算机的软硬件资源，使用户更方便地使用计算机，以提高计算机的利用率。常见的操作系统有Windows、Linux。

（2）各种程序语言的编译和解释软件。编译和解释软件的作用是将人类可读可理解的源代码文本转换为计算机可以运行的机器指令格式。正是由于编译和解释软件的存在，我们才可以使用Python或者Java这样的高级计算机语言编写程序。

（3）数据库管理系统。数据库是按一定的数据方式组织起来的数据的集合。数据库管理系统的作用就是管理数据库。它一般具有建立、编辑、维护和访问数据库的功能，并提供数据独立、完整及安全的保障。现在市场上常见的数据库管理系统有MySQL、SQL Server、Oracle等。

1.1.2 什么是程序

程序是一个特定的指令序列，它告诉计算机要做哪些事，按什么步骤去做。指令是一组用二进制数表示的命令语言，用来表示计算机所能完成的基本操作。程序是为求解某个特定问题而设计的指令序列。程序中的每条指令规定计算机完成一组基本操作。如果把计算机完成一次任务的过程比作乐队的一次演奏，那么控制器就好比是一位指挥，计算机的其他功能部件就好比是各种乐器与演员，而程序就好比是乐谱。计算机的工作过程就是执行程序的过程，或者说，控制器是根据程序的规定对计算机实施控制的。

1.1.3 计算机如何执行程序

程序只有在计算机上运行起来，才能真正产生效果。一个程序从产生到运行，会经历几个典型的步骤：编辑→编译→链接。只有顺利通过这些步骤的程序才能够在计算机上运行起来。

1. 编辑

这个阶段用于产生人类可读可理解的程序源代码。在这个阶段，程序员使用编辑器软件，根据程序设计语言的语法编写源代码。当前主流的程序设计语言有Java、Python、C、C++等。

2. 编译

人们能够读懂程序源代码，但是计算机并不能直接运行这些源代码。计算机能够认识和执行的是二进制的计算机指令。因此源代码必须转换为二进制指令。这个转换过程被称为编译过程，编译阶段的产物可以由计算机运行，从而能够进行运算或者操作计算机硬件。例如，解决一个数学问题，或者在显示器上播放视频。

3. 连接

现代的计算机程序非常复杂，通常由多个人或者多个团队分工协作完成。每个人或团队负责编写相对独立的一部分程序源代码，并独立编译得到对应的计算机指令。显然，需要某种机制将所有人的工作拼装组合，得到完整的计算机程序。这种机制被称为连接。它的作用是将每个人的独立编译结果，也就是一个程序的部分二进制指令，汇总起来构造出完整的能够最终在计算机上运行起来的程序文件。

经过上述步骤生成的程序文件，如何在计算机上运行呢？计算机有负责存放数据与指令的装置，称为内存，还有能够进行算术和逻辑运算的装置，称为中央处理单元，即CPU。运行一个程序的时候，首先将该程序加载到内存中，然后将内存中的程序指令按顺序放入CPU中执行。CPU根据具体的每一条指令，或者进行某种运算，或者指挥计算机上的其他硬件工作。一个程序的所有指令执行完毕，就完成了该程序的运行。根据程序中所包含的不同指令，不同的程序就完成了不同的工作。

1.2　Python语言

Python是一种计算机程序设计语言。目前有很多种编程语言，比如，比较难学的C语言、非常流行的Java语言、适合网页编程的JavaScript脚本语言等。那么，如何定位Python语言？用任何编程语言来开发程序，都是为了让计算机完成一定的工作，如上传或下载文件，编写一个文档等，而计算机的CPU只是负责辨识机器指令，所以，虽然不同的编程语言差异极大，最后都要翻译成CPU可以执行的机器指令。而不同的编程语言，即便是做同一项工作，编写的代码量的差距也很大。

比如，完成同一个任务，使用C语言要写1000行代码，使用Java只需写100行，而使用Python可能只需写20行。因此，Python是一种相当简洁的高级语言。

对于初学者而言，Python语言是非常简单易用的，连包括Google在内的许多大公司都在大规模使用Python。使用Python可以完成许多日常任务。例如，可以制作网站，很多著名的网站包括YouTube就是用Python语言开发的；可以做网络游戏的后台，很多在线游戏的后台都是使用Python开发的。当然，Python语言也有不适用的领域，如开发操作系统、手机应用、3D游戏等。

1.2.1　Python语言简介

Python是著名的程序员Guido. van. Rossum在1989年圣诞节期间，为了打发无聊时光而编写的一种编程语言。

现在，全世界差不多有600多种编程语言，但流行的编程语言只有20多种。最近30年常用编程语言的排名变化如图1–4所示。

Programming Language	2018	2013	2008	2003	1998	1993	1988
Java	1	2	1	1	17	-	-
C	2	1	2	2	1	1	1
C++	3	4	3	3	2	2	4
Python	4	7	6	11	24	13	-
C#	5	5	7	8	-	-	-
Visual Basic .NET	6	11	-	-	-	-	-
PHP	7	6	4	5	-	-	-
JavaScript	8	9	8	7	21	-	-
Ruby	9	10	9	18	-	-	-
R	10	23	48	-	-	-	-
Objective-C	14	3	40	50	-	-	-
Perl	16	8	5	4	3	9	22
Ada	29	19	18	15	12	5	3
Lisp	30	12	16	13	8	6	2
Fortran	31	24	21	12	6	3	15

图1–4　近30年常用编程语言的排名变化图

总之，这些编程语言各有千秋。C语言是可以用来编写操作系统的贴近硬件的语言，所以，C语言适合开发那些追求运行速度、充分发挥硬件性能的程序。而Python是用来编写应用程序的高级编程语言。

1. Python语言的发展

Python语言也是从诸多其他语言发展而来的，包括ABC、Modula-3、C、C++、Algol-68、SmallTalk、UNIX shell和其他的脚本语言等。

与Perl语言一样，Python 源代码也遵循GPL（GNU General Public License）协议。

现在Python由一个核心开发团队在维护，Guido. van. Rossum仍然在团队中发挥着至关重要的作用。

2. Python的特点

（1）易于学习。Python有相对较少的关键字，结构简单，语法定义明确，易于上手。

（2）易于阅读。Python代码定义得很清晰。

（3）易于维护。Python成功的一个很重要的原因在于它的源代码相当容易维护。

（4）拥有广泛的标准库。Python最大的优势之一是其具有丰富的库，且可跨平台使用，在UNIX、Windows和Macintosh等不同系统中的兼容性很好。

（5）支持互动模式。互动模式支持用户从终端输入执行代码并获得结果。用户利用互动模式可进行测试和调试代码。

（6）可移植性强。基于其开放源代码的特性，Python已经被移植（也就是使其工作）到许多平台。

（7）可扩展性强。如果用户需要一段运行很快的关键代码，或是想要编写一些不愿开放的算法，则可以使用C或C++完成那部分程序，然后在Python程序中调用它们。

（8）支持数据库。Python提供所有主要的商业数据库的接口。

（9）支持GUI编程。Python下的GUI编程代码可以创建和移植到许多系统中调用。

（10）可嵌入。用户可以将Python代码嵌入到C/C++程序，让程序的使用者获得“脚本化”的能力。

3. Python语言的优点

（1）提供丰富的基础代码库。当使用一种语言开始做软件开发时，除了编写核心代码外，还需要很多基本的已经写好的现成的代码，来帮助加快开发进度。Python就为我们提供了非常完善的基础代码库，覆盖了网络、文件、GUI、数据库、文本等大量的编程内容，被形象地称作“内置电池（Batteries Included）”。用Python开发，许多功能不必从零编写，直接使用现成的即可。

（2）具有丰富的第三方库。除了内置的库外，Python还有大量的第三方库，也就是他人开发的，可供用户直接使用的库。当然，如果你开发的代码通过很好的封装，也可以作为第三方库给别人使用。

（3）应用范围广。许多大型网站就是用Python开发的，如YouTube、国内的豆瓣等。很多大公司，包括Google、Yahoo等，甚至NASA（美国航空航天局）都大量地使用Python。

4. Python语言的缺点

Python语言有以下缺点。

（1）运行速度慢。与C程序相比，Python的运行速度非常慢，因为Python是解释型语言，代码在执行时会一行一行地翻译成CPU能理解的机器码，这个翻译过程非常耗时，所以很慢。而C程序则是运行前直接编译成CPU能执行的机器码，所以运行速度非常快。

但是大量的应用程序不需要这么快的运行速度，因为用户几乎不在意。例如，开发一个下载MP3的网络应用程序，若C程序的运行时间需要0.001秒，Python程序的运行时间需要0.1秒，但由于网络更慢，用户还需要等待1秒，用户基本上不在意1.001秒和1.1秒的区别。

（2）代码不能加密。如果要发布Python程序，实际上就是发布源代码。这一点与C语言不同。C语言不用发布源代码，只需要把编译后的机器码（也就是Windows上常见的xxx.exe文件）发布出去。要从机器码反推出C代码是不可能的，所以，凡是编译型的语言，都没有这个问题，而解释型的语言，则必须把源代码发布出去。

5. Python语言的语法

Python是一个高层次的、结合了解释性、编译性、互动性的并且面向对象的脚本语言。Python的程序具有很强的可读性，它具有比其他语言更有特色的语法结构。

（1）Python是一种解释型语言。这意味着开发过程中没有了编译这个环节，类似于PHP和Perl语言。

（2）Python是交互式语言。这意味着用户可以使用Python提示符直接互动执行编写的程序。

（3）Python是面向对象语言。这意味着Python支持面向对象的风格或代码封装在对象的编程技术。

（4）Python是初学者的语言。Python对初级程序员来说，是一种伟大的语言，它支持广泛的应用程序开发，从简单的文字处理，到WWW浏览器的制作，再到游戏开发等。

1.2.2　REPL

Python是一种交互式的语言，这就意味着用户能够在一个软件环境中以一种互动的方式输入Python程序代码，该环境实时地给出代码的执行结果。这种软件环境在计算机的术语中被称为Read-Eval-Print Loop（REPL），又称Shell。REPL是一种简单、交互式的计算机编程环境，它采用单用户输入，然后对输入内容进行评估，并将结果返回给用户。在REPL环境中编写的程序，总是被分段执行。

1. 简介

在REPL中，用户键入一个或多条表达式（而不是整个完整的程序单元），然后REPL对这些表达式进行评估并显示结果。“Read-Eval-Print Loop”的命名来源于Lisp的如下私有功能。

（1）系统地读取函数和接受来自用户的表达式，并将其解析为内存中的数据结构。例如，用户可以输入S表达式（+ 1 2 3），系统将其解析为包含4个数据元素的链表。

（2）Eval函数获取此内部数据结构并对其进行评估。在Lisp中，评估一个S表达式，是从函数名开始的，其余的部分是函数的参数。所以函数“+”调用参数1、2、3，最后得出结果6。

（3）打印功能是通过调用Eval来产生结果的，并将结果输出给用户。如果是一个复杂的表达式，Eval会输出一个格式化的结果，以便用户理解。但是，在这个例子中，数字6不需要打印很多格式。

然后，开发环境返回读取状态，并创建一个循环，当程序关闭时，该循环终止。

REPL有助于探索性编辑和调试程序，因为程序员可以在决定为下一次读取提供表达式之前检查打印结果。

由于打印函数的格式化文本的输出结果与读取函数所使用的输入格式完全相同，因此大多数结果以可复制的形式被打印并粘贴回REPL中。

2. REPL的功能

REPL可以实现的典型功能包括以下几个方面。

（1）显示输入和输出的历史数据。

（2）为输入表达式和结果设置变量，这些变量在REPL中是可用的。例如，通常情况下，在Lisp中，“*”是指最后的结果，“**”和“***”是指之前的结果。

（3）REPL的级别。在许多Lisp系统中，如果在读取、评估或打印表达式时发生错误，系统不会将错误消息抛回到顶层。它反而会在错误上下文中启动一个更深层的新的REPL，用户可以检查问题，修复并继续。如果在调试REPL中发生错误，则再次启动更深层次的另一个REPL。REPL通常提供特殊的调试命令。

（4）错误处理。REPL提供重启功能。当重启可用时，若发生了一个错误，那么，系统就会回到一个特定的REPL层重新开始执行。

1.2.3 Python脚本

Python是一款应用非常广泛的脚本程序语言，在生物信息、统计、网页制作、计算等多个领域都体现出了强大的功能。Python和其他脚本语言（如R、Perl）一样，都可以直接在命令行里运行脚本程序。下面简单介绍Python 3.6环境下脚本的运行。

下面介绍下载与安装运行Python的方法。打开Python的官方网站，在首页找到下载页面的链接。可以根据本机的操作系统类型下载相应的安装文件，并安装。安装之后会在开始菜单出现对应的Python 3.6文件夹和相应的工具选项。如果选择该文件夹下的IDLE（Python GUI）工具选项（这是一个功能完备的代码编辑器），则允许用户在这个编辑器中编写Python代码。而且输入Python的关键字后，按下【Tab】键即可自动补全不完整的代码，如图1-5所示。如果单击开始菜单下Python 3.6文件夹的Python（Command Line）便可进入执行Python脚本的命令行界面，如图1-6所示。在这两个界面中均可运行Python脚本。

```
Python 3.6.5 Shell
File Edit Shell Debug Options Window Help
Python 3.6.5 (v3.6.5:f59c0932b4, Mar 28 2018, 17:00:18) [MSC v.1900 64 bit (AMD6
4)] on win32
Type "copyright", "credits" or "license()" for more information.
>>> x=8
>>> y=9
>>> x+y
17
>>> |
Ln: 7 Col: 4
```

图1-5　IDIE（Python GUI）代码编辑器

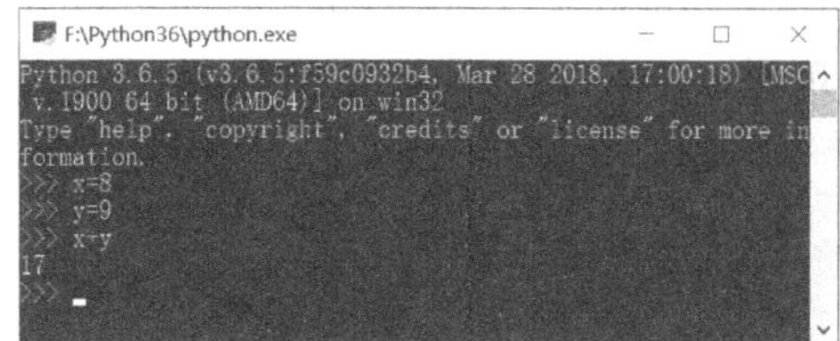

图1-6　Python命令行（Command Line）界面

1.3　Python的开发环境

Python可应用于多个平台，包括Linux和Mac OSX。用户可以通过终端窗口输入“python”命令来查看本地是否已经安装Python以及Python的安装版本。下面介绍常用的Python开发软件——Anaconda和PyCharm的安装方法。

1.3.1　Anaconda

Anaconda是一个包与环境的管理器，一个Python发行版，以及一个超过1000多个开源包的集合。它是免费和易于安装的，并且提供免费的社区支持。

1. 下载Anaconda安装包

进入官网后，需要根据用户的操作系统（Windows、MacOS或Linux）选择与本机系统（是32bit还是64bit）相匹配的Python 3.0或以上的下载版本，界面如图1-7所示。

特别提示：由于软件在不断升级或网站界面有更新，读者打开的下载界面与看到的软件版本可能与本书的不一致，但软件的下载与安装方法是类似的。

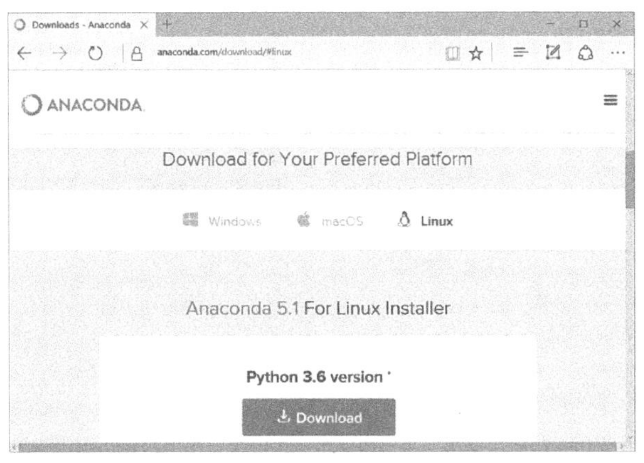

图1-7　Anaconda官网下载界面

2. 双击安装程序启动安装

具体过程如下：注意：如果在安装过程中遇到任何问题，可在安装期间暂时禁用杀毒软件，然后在安装结束后重新启用它。

（1）安装软件启动后，进入欢迎界面，如图1–8（a）所示，单击“Next”按钮，弹出“License Agreement”界面，如图1–8（b）所示，阅读许可条款并单击“I Agree”按钮。

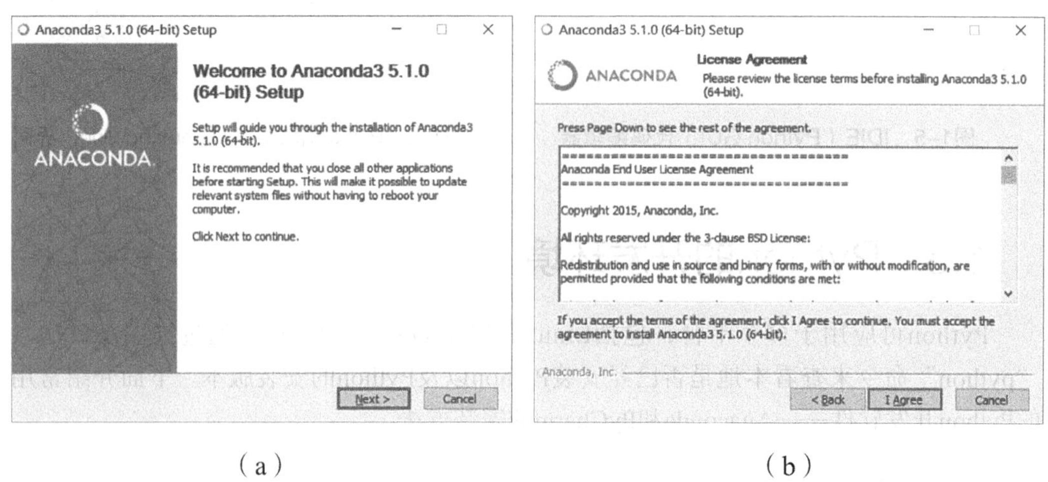

（a）　　　　　　　　　　（b）

图1–8　安装Anaconda——阅读许可

（2）进入“Select Installation Type”界面，选择“Just Me”选项，如图1–9（a）所示。若要为所有用户安装（这需要Windows管理员权限），则选择“All User”选项，然后单击“Next”按钮。

（3）进入“Choose Install Location”界面，选择一个目标文件夹，安装Anaconda，单击“Next”按钮，如图1–9（b）所示。

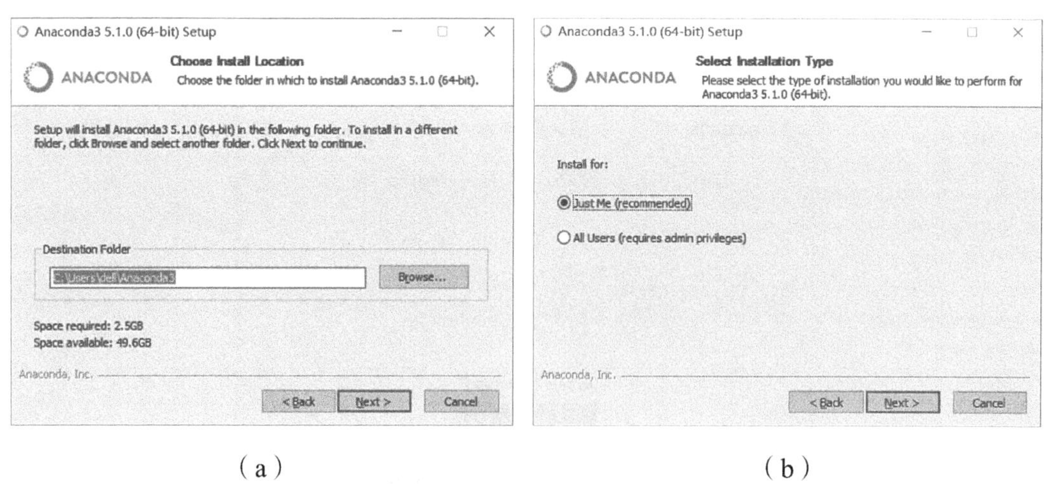

（a）　　　　　　　　　　（b）

图1–9　选择安装类型和安装位置

（4）选择是否将Anaconda添加到PATH环境变量中。建议不要将Anaconda添加到PATH环境变量中，因为这可能会干扰其他软件的正常运行。

（5）选择是否将Anaconda注册为默认的Python 3.6。一般情况下，保持默认勾选即可，如图1-10所示。然后，单击“Install”按钮开始安装。安装完成后，从开始菜单打开Anaconda Navigator或者Anaconda Prompt，进入Anaconda环境。

3. *了解更多关于*Anaconda

如果想了解更多的云管理服务和Anaconda的支持，可勾选“了解更多关于Anaconda云”和“了解更多关于Anaconda支持”的信息，然后单击“Finish”按钮，如图1-11所示。

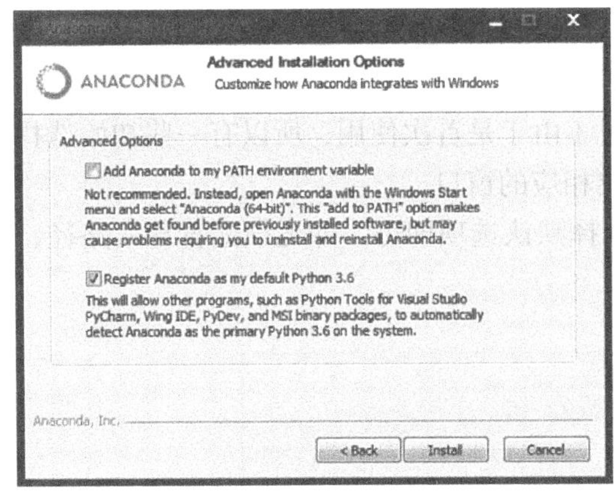

图1-10　选择是否将Anaconda注册为默认的Python 3.6

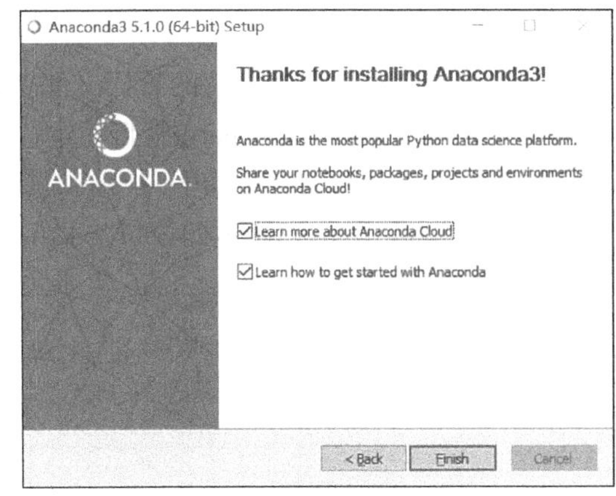

图1-11　安装Anaconda成功

在安装完成后，可通过打开Anaconda Navigator来验证安装是否正确。这是一个包含了Anaconda的程序，可以从Windows开始菜单中选择“Anaconda”导航器，打开该软件。如果导航器打开，则表明已经成功地安装了Anaconda；如果没有，则需要检查完成的每一个步骤。Anaconda导航器包含了Jupyter笔记本和Spyder IDE，如图1-12所示。

图1-12　Anaconda Navigator运行界面

1.3.2 PyCharm

PyCharm是一种Python IDE，带有一整套可以帮助用户在使用Python语言开发时提高效率的工具，如调试、语法高亮、Project管理、代码跳转、智能提示、自动完成、单元测试、版本控制。此外，该IDE还提供了一些高级功能，以用于支持Django框架下的专业Web开发，同时支持Google App Engine和IronPython。

1. 下载和安装PyCharm

进入PyCharm官网，读者可以根据自己计算机的操作系统选择相应版本下载并安装。先在第二个窗体选择安装的目标文件夹，然后在每个窗体单击“Next”按钮即可，直至安装完成。此时，PyCharm就自动运行了（由于是首次使用，所以有一些初始选择项需要设置），运行后会按如下顺序依次弹出相应的窗口。

（1）弹出如图1-13所示的窗口，我们选择默认选项即可，即无须配置导入路径，然后单击“OK”按钮。

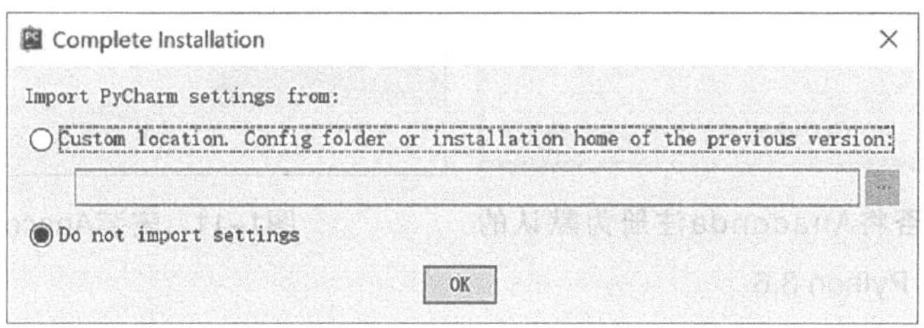

图1-13　选择是否在PyCharm加入Import路径

（2）弹出如图1-14所示的窗口，在窗口中选择“Evaluate for free”（PyCharm并不是免费的，可以购买正版，也可以选择免费试用30天），然后单击“Evaluate”按钮。

（3）弹出如图1-15所示的窗口，可以选择：Create New Project（创建新项目）或Open（打开一个项目）。首次使用时可以选择创建一个新的项目，即单击“Create New Project”。

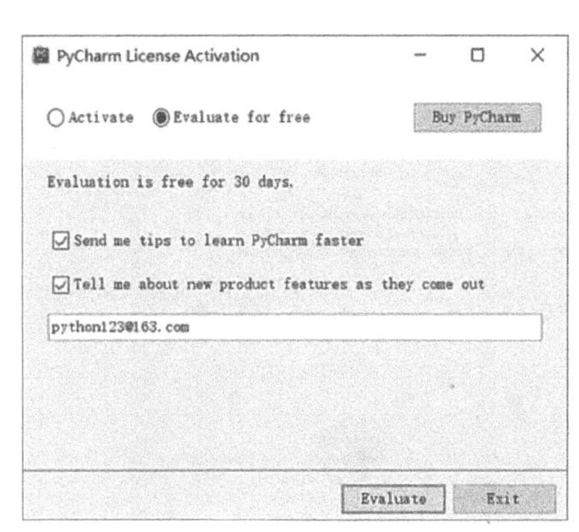

图1-14　免费激活PyCharm

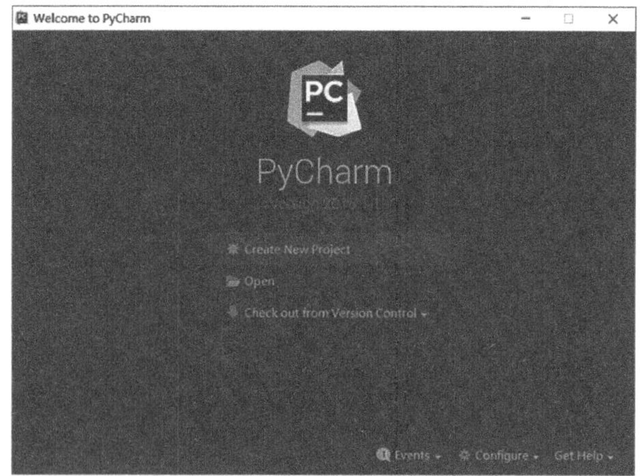

图1-15　PyCharm初始界面

（4）弹出如图1–16所示的窗口，在左侧的导航栏选择“Pure Python”，在右侧的Location中输入或选择创建项目要存放的路径，然后单击“Create”按钮。

这就创建了一个空项目，里面包含一个名称为.idea的文件夹，用于PyCharm管理项目。

另外，可进行一些关于PyCharm风格的调整，可以做如下设置。

- 设置PyCharm的配色方案。可在【File】→【Settings】→【Editor】选项下的CodeScheme子选项里进行设置。
- 设置PyCharm代码的字体大小。可在【File】→【Settings】→【Editor】选项下的Font子选项里进行设置。

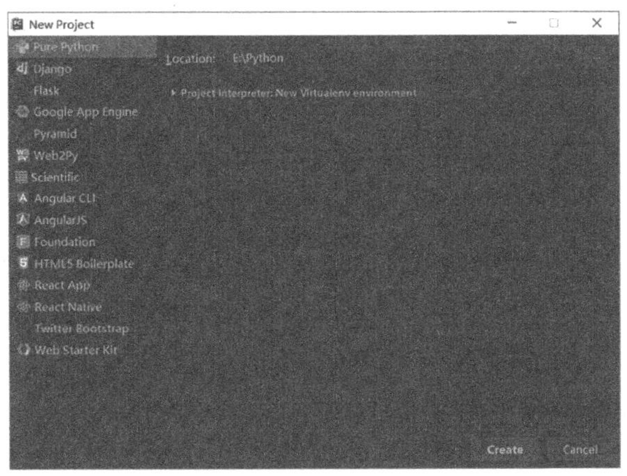

图1–16　创建一个Python项目

2. 创建Python项目和添加Python File

（1）在刚才创建的项目上单击鼠标右键选择【New】→【Python File】，进入如图1–17所示窗口，在此输入Python文件的名称，然后单击“OK”按钮。

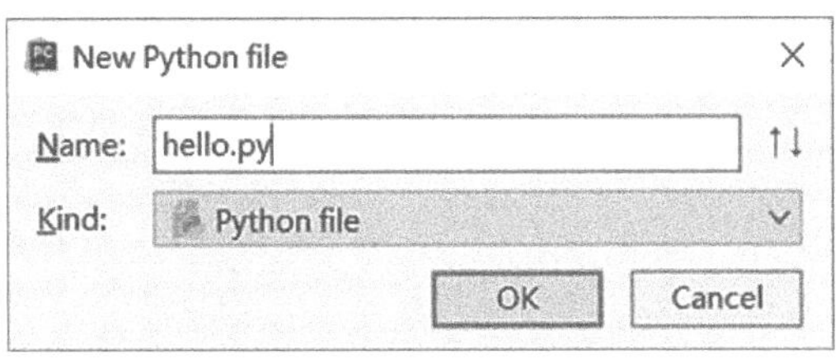

图1–17　添加.py文件

（2）进入代码编写界面，编辑该文件的脚本代码，输入代码：print "Hello World!"。

（3）设置控制台。运行之前，我们发现快捷菜单上的【运行】和【调试】都是灰色的，处于不可触发状态，这是因为需要先配置控制台。单击运行旁边的下拉箭头，进入【Run/Debug Configurations】配置界面（或者单击Run→Edit Configurations）。在【Run/Debug Configurations】配置界面里，如图1–18所示，运行如下配置后，单击“OK”按钮。

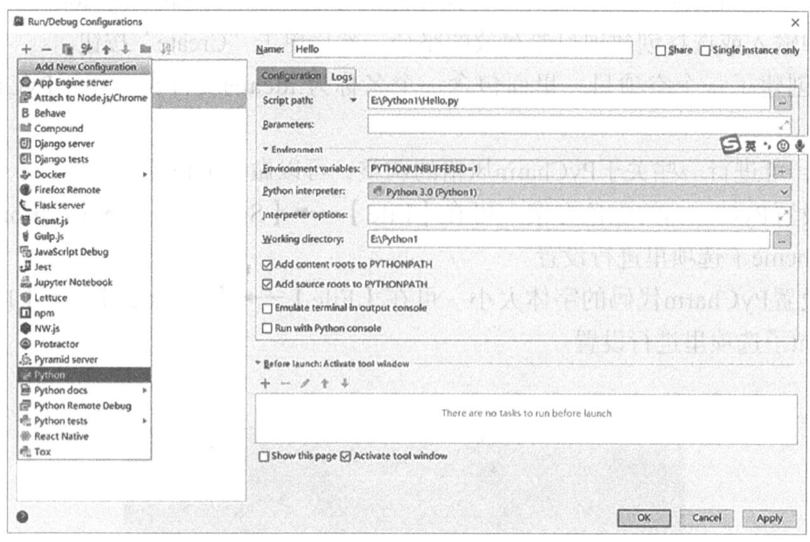

图1–18　设置控制台

- 单击绿色（实际界面中的绿色加号，本书因是黑白印刷，所以看不到绿色的加号）的加号，新建一个配置项，并选择Python（因为Hello.py就是一个Python程序）；
- 在Name一栏里填写名称，如Hello。
- 单击Scrippath选项，找到Hello.py。

（4）在“Run”菜单项下选择“Run ‘Hello’”，或直接在工具栏上单击绿色的运行按钮，查看程序运行的输出结果，如图1–19所示。

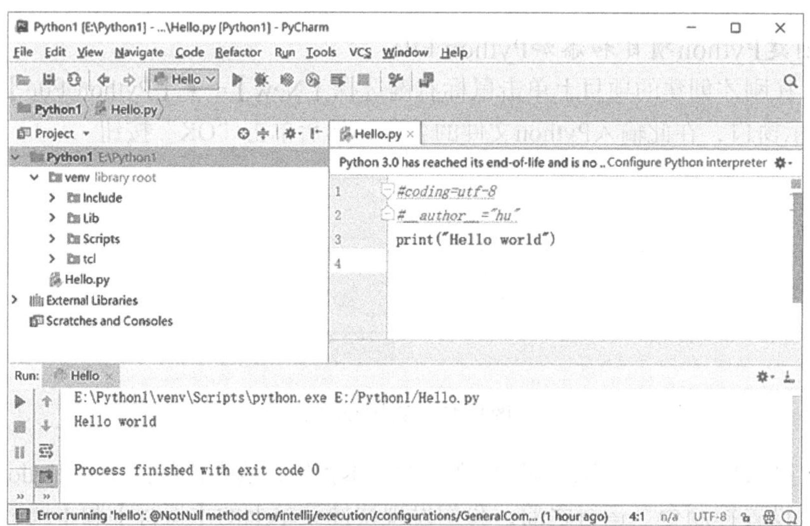

图1–19　Hello.py程序的运行结果

第2章 Python程序设计初步

本章主要介绍Python语言的基本语法和编码规范，并重点讲解Python语言的运算符、数据类型、常量、变量、表达式和常用语句等基础知识，为后续的Python程序开发奠定基础。

本章重点

◎运算符，数据类型。
◎变量，函数。
◎流程控制语句。

2.1 运算符与数据类型

Python程序由一系列的表达式和语句构成，其中，表达式可以用于计算，并得到一个具体的值。表达式包含了运算符和Python对象。

2.1.1 运算符与表达式

运算符是程序设计语言最基本的元素，也是构成表达式的基础。在使用运算符对一个或多个数值进行运算操作时，可以指定运算操作的类型。

Python支持的运算符有算术运算符、赋值运算符、比较运算符、位运算符、逻辑运算符。下面将结合各类型运算符来介绍相应的表达式。

1. 算术运算符及表达式

算术运算符用于对操作数或表达式进行数学运算。Python提供的常用算术运算符如表2-1所示。

表2-1　Python常用算术运算符

算术运算符	具体描述	示例
+	加，即两个对象相加	3+5的结果是8
-	减，即两个对象做减法运算	23-6的结果是17
*	乘，即两个对象做乘法运算	2*11的结果是22
/	除，即两个对象做除法运算	4/2的结果是2
%	取模，即返回除法的余数	5%3的结果是2
**	求幂，即x**y，返回x的y次幂	2**3的结果是8
//	整除运算，即返回商的整数部分	21//10的结果是2

如表达式（3+5）/2，计算结果及结果类型如下：其中，<class 'float'>表示表达式的计算结果是float类型，即使用浮点数表示的小数。

```
>>> (3+5)/2
4.0
>>> type((3+5)/2)
<class 'float'>
```

如表达式5%3，计算结果及结果类型如下：其中，<class 'int'>代表了整数类型。

```
>>> 5%3
2
>>> type(5%3)
<class 'int'>
```

如表达式2**3，计算结果及结果类型如下：

```
>>> 2**3
8
>>> type(2**3)
<class 'int'>
```

如表达式21//10，计算结果及结果类型如下：

```
>>> 21//10
2
>>> type(21//10)
<class 'int'>
```

2. 赋值运算符及表达式

赋值运算符的作用是将运算符右侧的表达式的值赋给运算符左侧的变量。Python提供的常用赋值运算符如表2–2所示。

表2–2　Python的常用赋值运算符

赋值运算符	具体描述	示例
=	简单的赋值运算符	c=a+b，即将a+b的结果赋值给c
+=	加法赋值运算	a+=b，等效于a=a+b
-=	减法赋值运算	a-=b，等效于a=a-b
*=	乘法赋值运算	a*=b，等效于a=a*b
/=	除法赋值运算	a/=b，等效于a=a/b
%=	取模赋值运算	a%=b，等效于a=a%b
//=	取整除法赋值运算	a//=b，等效于a=a//b

注：表中的=为Python中的常用、基本赋值运算符，其他的为特殊赋值运算符。

在Python代码中，#符号开始直到行末尾的内容称为注释。在代码运行过程中，注释部分的内容被完全忽略。因此，注释仅仅是用来阅读的，并不参与程序的运行。

赋值运算的示例代码如下：

```
>>> x=3                    #简单赋值运算
>>> x+=3                   #加法赋值运算
>>> print(x)
 6
>>> x*=4                   #乘法赋值运算
>>> print(x)
24
>>> x/=4                   #除法赋值运算
>>> print(x)
6.0
```

注意：对于一个之前不存在的变量，不能使用特殊的赋值运算符（Python中的=为常用的基本赋值运算符，其他的赋值运算符也称为特殊赋值运算符）。示例代码如下：

```
>>> f+=2          #f为未定义变量，不能进行特殊赋值运算
Traceback (most recent call last):
  File "<pyshell#16>", line 1, in <module>
    f+=2
NameError: name 'f' is not defined
```

表达式下面的信息意味着程序运行出现错误，因此Python解释器抛出了异常，并且把异常描述信息显示出来。

3. 比较运算符及表达式

比较运算符一般用于两个数值或表达式的比较，返回一个布尔值。Python提供的常用比较运算符如表2-3所示。

表2-3　Python的常用比较运算符

比较运算符	具体描述	示例
= =	等于，即比较对象是否相等	（2= =3）返回false
!=	不等于，即比较两个对象是否不相等	！（2= =3），返回true
>	大于，即返回x是否大于y	（1>2），返回false
<	小于，即返回x是否小于y	（1<2），返回true
>=	大于等于，即返回x是否大于等于y	（1>=2），返回false
<=	小于等于，即返回x是否小于等于y	（1<=2），返回true

比较运算的示例代码如下：

```
>>> 2==3 ; 2!=3
False
True
>>> 3<=3 ; 2>=3
True
False
```

4. 位运算符及表达式

位运算符允许对整型数中指定的位进行置位。Python提供的常用位运算符如表2-4所示。

表2-4　Python的常用位运算符

<table>
<tr><th>位运算符</th><th>具体描述</th><th>示例</th></tr>
<tr><td>&</td><td>按位与运算符：参与运算的两个值如果相应位都为1，则该位结果为1，否则为0</td><td>a & b输出结果</td></tr>
<tr><td>|</td><td>按位或运算符：只要对应的两个二进位有一个为1，结果位就为1</td><td>a | b输出结果</td></tr>
<tr><td>^</td><td>按位异或运算符：当两对应的二进制位相异时，结果为1</td><td>a ^ b输出结果</td></tr>
<tr><td>~</td><td>按位取反运算符：对数据的每一个二进制位取反，即把1变为0，把0变为1</td><td>a ~ b输出结果</td></tr>
<tr><td><<</td><td>左移动运算符：运算数的各二进制全部左移若干位，由“<<”右边的数指定移动的位数，高位丢弃，低位补0</td><td>a << b输出结果</td></tr>
<tr><td>>></td><td>右移动运算符：运算数的各二进制全部右移若干位，由“>>”右边的数指定移动的位数，低位丢弃，高位补0</td><td>a >> b输出结果</td></tr>
</table>

关于位运算的示例代码如下：我们可以从打印结果直观地看到各个运算符的作用。在示例中，a为56，b为13，即对应的二进制数分别如下：

a = 0011 1000；
b = 0000 1101。

```
>>> a = 56 ; b = 13
>>> print('a & b =',a & b) ;print('a | b =',a | b) ;print('a ^ b =',a ^ b) ;
a & b = 8
a | b = 61
a ^ b = 53
>>> print('~a =',~a) ;print('a << 2 =',a << 2) ;print('a >> 2 =',a >> 2) ;
~a = -57
a << 2 = 224
a >> 2 = 14
```

5. 逻辑运算符及表达式

逻辑运算符包含and、or和not，具体用法如表2-5所示，示例中a为9，b为11。

表2-5　Python的常用逻辑运算符

位运算符	具体描述	示例
and	布尔“与”，即x and y，如果x为false，返回false；否则返回y的计算值	a and b，输出结果为11
or	布尔“或”，即x or y，如果x为true，返回true；否则返回x的计算值	a or b，输出结果为9
not	布尔“非”，即not(x)，如果x为true，则返回false；如果x为false，则返回true	not(a and b)，返回false

逻辑运算的示例代码如下：

```
>>> a = 9 ; b = 11
>>> print('a and b =',a and b); print('a or b =',a or b); print('not(a and b) =',not(a and b));
a and b = 11
a or b = 9
not(a and b) = False
```

注意　Python支持的运算符有优先级之分，其优先级如表2-6所示。表中所列运算符按优先级从上到下逐渐降低的顺序排列。

表2-6　Python的运算符优先级

位运算符	具体描述
**	指数（最高优先级）
~ + -	逻辑非、正数、负数运算符 （注意：这里的+ 和-不是加减运算符）
* / % //	乘、除、取模和取整运算
+ -	加和减
>> <<	右移、左移运算
&	按位与运算符
^	按位或运算符
<= < > >=	比较运算符
<> == !=	等于运算符
= %= /= //= -= += *= **=	赋值运算符
is　is not	身份运算符
in　not in	成员运算符
not　or　and	逻辑运算符

2.1.2　数据类型

Python支持的数据类型包括简单数据类型、元组、列表、字典和集合等，其中简单数据类型主要为数值型。此处主要介绍简单数据类型，其他的数据类型将在后续章节中介绍。

在Python 3中，数值型数据类型主要包括int、float、bool、complex等，其中，int表示长整型，去除了Python 2中的long型，具体类型如表2-7所示。

表2-7　Python的常用数值型数据类型

数值型数据类型	具体描述	示例
int	整数	8、10、100
float	浮点数	1.0、2.1、1e-3
bool	布尔型	true、false
complex	复数	1+2j、1.23j、1.1+0j

在Python中，可以实现数值型数据类型的相互转换，使用的内置函数包括int()、float()、bool()、complex()。int()转换函数的示例代码如下：

```
>>> int(1.32) ; int(0.13) ; int(-1.32) ; int()
1
0
-1
```

```
0
>>> int(True) ; int(False)
1
0
>>> int(1+2j)                        #不能将复数转化为int型数据
Traceback (most recent call last):
  File "<pyshell#34>", line 1, in <module>
    int(1+2j)
TypeError: can't convert complex to int
```

bool()函数的转换代码如下：

```
>>> bool(1)  ; bool(0)
True
False
>>> bool(1+23.j) ;
True
>>> bool() ; bool("");
False
False
```

2.2　变量和字符串

2.2.1　语句

Python程序由若干条语句构成，计算机通过执行这些语句完成整个程序的运行并得到结果。在Python程序中，语句可以分为单行语句和多行语句。

单行语句示例代码如下：

```
>>> a=30                 #单行语句
>>> print(a)             #单行语句
```

多行语句可以分为一条语句多行和一行多条语句两种情况。

一条语句多行的情况一般是语句太长，一行写完显得不美观，所以使用反斜杠（\）实现一条长语句的换行。示例代码如下：

```
sum = mathScore +\                #长语句换行
    physicalScore +\
    englishScorea
```

一行多条语句，通常在短语句中应用比较广泛，使用分号（;）可以对多条短语句实现隔离，示例代码如下：

```
>>> mathScore=60 ; physicalScore=70 ; englishScorea=80      #一行多条语句，用分号隔开
```

在程序开发过程中，如果编程人员使用了一些生僻的方法，那么其他程序开发人员需要一定的时间才能明白，因此对语句进行注释就显得非常重要。在Python程序中，注释的方法有单行注释和多行注释两种，其中单行注释在前述代码中已经体现，多行注释示例如下：

```
>>> '''
该多行注释使用的是3个单引号
该多行注释使用的是3个单引号
该多行注释使用的是3个单引号
'''
>>> """
该多行注释使用的是3个双引号
该多行注释使用的是3个双引号
该多行注释使用的是3个双引号
"""
```

由上述代码可知，使用3个单引号或3个双引号将注释内容括起来，可达到对多行或者整段内容注释的效果。

2.2.2 变量

变量是内存中命名的存储位置，其值可以动态变化。为了区分Python语句中不同的变量，需为每个变量进行命名，该名称即称为标识符。Python的标识符命名规则如下：

- 标识符名字的第一个字符必须是字母或下划线；
- 标识符的第一个字符后面可以由字母、下划线或数字组成；
- 标识符识区分大小写，即Num1和num1是不同的。

Python中的变量不需要声明，可以直接使用赋值运算符对其进行赋值运算，并根据所赋的值决定其数据类型，示例代码如下：

```
>>> a = "你好"                    #定义一个字符串变量
>>> b = 2                         #定义一个整型变量
>>> c = True                      #定义布尔型变量
```

上述代码定义了一个字符串变量a、数值变量b和布尔型变量c，并为它们赋了相应的值。此过程的实质就是，在内存中为相应的值分配内存空间，然后利用变量名称指向值所在内存中的位置，如图2-1所示。

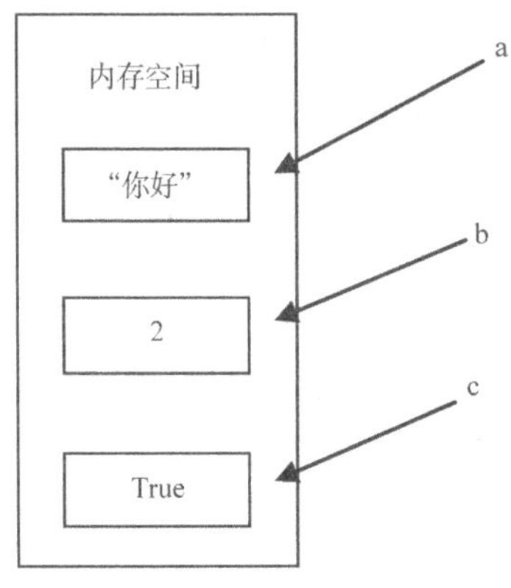

图2-1　赋值语句示意图

同时，也可以将变量赋值给另外一个变量，代码如下：

```
>>> a = "你好"
>>> b = a
```

此代码将变量a的值赋给变量b，变量b指向了变量a指向的内容，而内存空间并不会发生变化，如图2-2所示。

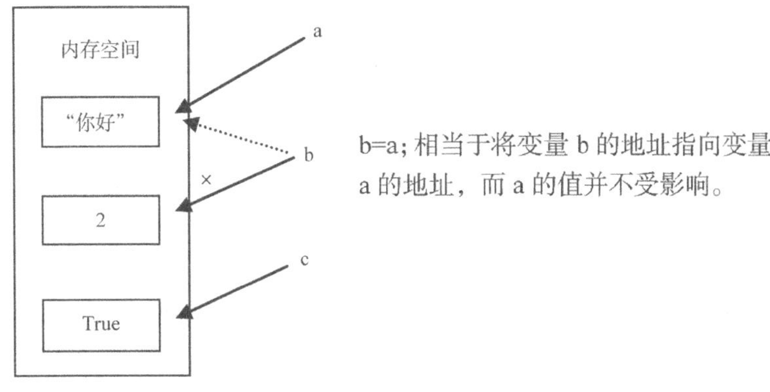

图2-2　重新赋值示意图

用户在Python中定义变量时，不需要指定其数据类型，而是根据所赋的值来决定其数据类型。但也可以使用函数对变量进行类型转化，以便对它们进行相应的操作。

2.2.3 字符串

字符串是一个由字符组成的序列。字符串常量用单引号（'）或双引号（"）括起来。字符串常量示例如下：

```
'你好吗？'
"我很好！"
```

在Python中，若需要在字符串中使用特殊字符，则必须使用转义字符——反斜杠（\）。例如，在字符串中需要出现单引号（'）或双引号（"）时，不能使用如下方式。

```
'在该字符串中使用了单引号(')'                #错误
"在该字符串中使用了双引号(")"                #错误
```

因为Python分不清字符串中的单引号（'）和双引号（"）是否表示字符串的结束，此时就需要使用转义字符。示例代码如下：

```
'在该字符串中使用了单引号(\')'               #在单引号（'）之前加转义字符"\"
"在该字符串中使用了双引号(\")"               #在双引号（"）之前加转义字符"\"
```

Python的常用转义字符如表2-8所示。

表2-8　Python的常用转义字符

转义字符	具体描述
\n	换行
\r	回车
\"	"
\\	\
\（在行尾时）	续行符
\a	响铃
\b	退格（Backspace）
\000	空
\v	纵向制表符
\t	横向制表符

当字符串需使用多行表示时，则可以使用三引号（'''或"""）实现。示例代码如下：

```
>>> '''多行行字符串                          #使用三单引号，也可使用三双引号
第一行
第二行
```

```
'''
'多行行字符串\n第一行\n第二行\n'
```

在使用单引号（'）或双引号（"）括起来的字符串中，也可以在行尾使用反斜杠续行。示例如下：

```
'多行行字符串\
第一行\
第二行'
'多行行字符串第一行第二行'                #注意与前一换行的结果区别之处
```

上述介绍的字符串处理方法均是对ASCII字符的处理。计算机使用一个字节存储一个ASCII字符，ASCII主要用于显示现代英语和其他西欧语言。但是，ASCII不能表示世界上所有的语言，例如，中文、日文、韩文等都无法使用ASCII表示。而Unicode是国际标准化组织制定的可以容纳世界上所有文字和符号的编码方案。因此，如果要处理中文字符串，则需要使用Unicode，在字符串前面加上u或者U前缀即可，示例代码如下：

```
>>> u"这是一个Unicode字符串"
```

2.3　函数

函数（Function）由若干条语句组成，用于实现某一特定的功能。函数包括函数名、函数体、参数以及返回值。Python不仅提供了丰富的系统函数（在前面已经介绍了一些常用的数据类型转换函数），还允许用户自定义函数。

2.3.1　函数调用表达式

对某一函数进行调用时，可以直接使用函数名来调用。无论是系统函数还是自定义函数，调用方法都是一致的。函数调用语法如下：

```
functionName(parm1)
```

其中，functionName表示函数名称，parm1表示参数名。示例代码如下：

```
>>> abs(-1)                    #调用abs函数
1
```

2.3.2　Python内置函数

在Python中，系统提供了多种内置函数，其中常用的内置函数包含数学运算函数、字符串处理函数等。

与数学运算相关的内置函数如表2-9所示。

表2-9　Python内置的数学运算函数

函数	原型	具体说明
abs()	abs(x)	返回x的绝对值
pow()	pow(x,y)	返回x的y次幂
round()	round(x[,n])	返回浮点数x的四舍五入的值，参数n指定保留的小数位数
divmod()	divmod(a,b)	返回a除以b的商和余数，返回一个元组。例如，divmod(5,4)返回(1,1)

上述数学运算函数的示例代码如下：

```
>>> print(abs(-3))            # 绝对值
3
>>> print(pow(2,3))           # 2的立方
8
>>> print(round(71.1425,2))   # 保留两位小数
71.14
>>> print(divmod(5,3))        # 商和余数
(1, 2)
```

Python提供了丰富的字符串处理函数，如表2-10所示。

表2-10　Python内置的字符串处理函数

类型	函数	原型	具体说明
字符串中字符大小写的变换	lower()	str.lower()	将字符串str中的所有字母转换为小写字母
	upper()	str.upper()	将字符串str中的所有字母转换为大写字母
	swapcase()	str.swapcase()	将字符串str中的所有字母大小写互换
	capitalize()	str.capitalize()	将字符串str中的首字母大写，其余字母小写
	title()	str.title()	将字符串str中的每个单词的首字母大写，其余为小写
字符串输出时的对齐方式	ljust()	str.ljust(width,[fillchar])	将str左对齐输出，字符串的总宽度为width，不足的部分以fillchar指定的字符串填充，默认使用空格填充
	rjust()	str.rjust(width,[fillchar])	将str右对齐输出，字符串的总宽度为width，不足的部分以fillchar指定的字符串填充，默认使用空格填充
	center()	str. center(width,[fillchar])	将str居中输出，字符串的总宽度为width，不足的部分以fillchar指定的字符串填充，默认使用空格填充
	zfill()	str.zfill(width)	将字符串的宽度填充为width，并且右对齐，不足的部分用0补足
搜索和替换	find()	str.find(substr[, start,[end]])	从str字符串的start至end的范围内检索是否存在substr，如果存在，则返回出现子串substr的第一个字母的位置；如果str中没有substr，则返回-1
	index()	str.index(substr[, start,[end]])	与find()函数相同，只是在str中没有substr时，返回一个运行时的错误

续表

类型	函数	原型	具体说明
搜索和替换	rfind()	str.rfind(substr[, start,[end]])	从str字符串右侧起的start至end的范围内检索是否存在substr，如果存在则返回出现子串substr的第一个字母的位置；如果str中没有substr，则返回-1
	rindex()	str.rindex(substr[, start,[end]])	与rfind()函数相同，如果没有substr时，返回一个运行时错误
	count()	str.count(substr[, start,[end]])	计算substr在str中出现的次数，统计范围为start ~ end
	replace()	Str. replace(oldstr,newstr[,count])	把str中的oldstr替换为newstr，count为替换次数
	strip()	str.strip([chars])	如果不指定参数，移除字符串str起始处的空白字符（包括'\n'、'\r'、'\t'和' '）。如果传入参数chars，则移除字符串str起始处的相关字符，这些字符出现在chars中
	lstrip()	str.lstrip([chars])	如果不指定参数，移除字符串str起始和末尾处的空白字符（包括'\n'、'\r'、'\t'和' '）。如果传入参数chars，则移除字符串str起始和末尾处的相关字符，这些字符出现在chars中
	rstrip()	str.rstrip([chars])	如果不指定参数，移除字符串str末尾处的空白字符（包括'\n'、'\r'、'\t'和' '）。如果传入参数chars，则移除字符串str末尾处的相关字符，这些字符出现在chars中
	expandtabs()	str. expandtabs([tabsize])	把字符串str中的tab字符串替换为空格，每个tab替换为tabsize个空格，默认为8个
分割和组合	split()	str.split([sep, [maxsplit])	以sep为分割符，把str分割成一个列表，其中maxsplit时表示分割的次数
	splitlines()	str. splitlines([keepends])	把str按照行分隔符分为一个列表，其中参数keepends为bool值，当取true值时，每行后面会保留行分隔符
	join()	str.join(seq)	把seq代表的字符串序列，用str连接起来

字符串大小写变换函数的示例代码如下：

```
>>> str = "I am a student"
>>> print(str.lower())
i am a student
>>> print(str.upper())
I AM A STUDENT
>>> print(str.swapcase())
i AM A STUDENT
>>> print(str.capitalize())
I am a student
>>> print(str.title())
I Am A Student
```

指定字符串输出方式时，处理函数的示例代码如下：

```
>>> str = "I am a student"
>>> print(str.ljust(20,"*"))
I am a student******
>>> print(str.rjust(20,"*"))
******I am a student
>>> print(str.center(20,"*"))
***I am a student***
>>> print(str.zfill(20))
000000I am a student
```

搜索和替换字符串处理函数示例代码如下：

```
>>> str = "I am a student"
>>> print(str.find("s"))
7
>>> print(str.index("u"))
9
>>> print(str.rfind("s"))
7
>>> print(str.rindex("u"))
9
>>> print(str.replace(" ","*"))
I*am*a*student
```

分割与组合字符串处理函数示例代码如下：

```
>>> str = "I am a student"
>>> list = str.split(" ")
>>> print(list)
['I', 'am', 'a', 'student']
>>> str1 = "*"
>>> print(str1.join(list))
I*am*a*student
```

除上述函数外，Python还提供了help()、type()等函数。

help()函数语法：

```
help(para)
```

示例代码如下：

```
>>> help('print')                    #显示print函数信息
Help on built-in function print in module builtins:
print(...)
    print(value, ..., sep=' ', end='\n', file=sys.stdout, flush=False)

    Prints the values to a stream, or to sys.stdout by default.
    Optional keyword arguments:
    file:  a file-like object (stream); defaults to the current sys.stdout.
    sep:   string inserted between values, default a space.
    end:   string appended after the last value, default a newline.
    flush: whether to forcibly flush the stream.
```

type()函数语法：

```
type(obj)
```

示例代码如下：

```
>>> a=10
>>> type(a)
<class 'int'>
>>> b = 'hello'
>>> type(b)
<class 'str'>
```

2.3.3　模块

模块是Python中一个非常重要的概念，是最高级别的程序组织单元，它能够将程序代码和函数封装以便重用。在使用过程中，用户可以调用Python标准库中的模块，也可以下载和使用第三方模块。

如果需要导入模块中的函数，则用户需要先创建一个模块。模块往往对应了Python的脚本文件（.py），其中包含了所有该模块定义的函数和变量。例如，在创建模块dinner之前，用户需要先创建该模块包含的所有函数和变量，如make_dinner()方法，该方法代码如下：

```
def  make_dinner(d,*other):
    print('make a dinner with the:')
```

```
    for o in other:
        print('– ' + 0);
```

将该代码保存为dinner.py，则表示dinner模块创建完成。

在使用模块之前，首先需要使用import语句导入模块，语法如下：

```
>>> import 模块名
```

导入模块之后，就可以使用模块内的函数和变量，语法格式如下：

```
>>> 模块名.函数名(参数列表)
>>> 模块名.变量
```

调用上述dinner模块的make_dinner函数的示例代码如下：

```
import dinner                              #导入模块
dinner.make_dinner('rice','milk')   #调用模块中的make_dinner函数
```

运行结果如下：

```
make a dinner with:
– rice
– milk
```

在Python中，一次可导入模块的一个函数，也可以一次导入多个函数。以dinner.py为例，只导入一个需要使用的函数示例代码如下：

```
from dinner import make_dinner
make_dinner('rice','milk')
```

运行结果如下所示。

```
make a dinner with:
– rice
– milk
```

当模块中的函数较多，并需要导入所有函数时，则可以使用星号（*）代表所有函数。示例代码如下：

```
from dinner import *
make_dinner('rice','milk')
```

运行结果与上述一致。

如果导入的函数名称与当前程序中现有的函数名称冲突，或者名称较长不方便输入时，则可以使用as语句在导入时为导入的函数指定一个别名。假设为make_dinner()函数指定别名为md，示例代码如下：

```
from dinner import make_dinner as md
md('rice','milk')
```

运行结果与上述一致。

在Python中，不仅可以为模块内的函数指定别名，还可以为模块指定别名，例如，为dinner模块指定别名d，代码如下：

```
import dinner as d
d.make_dinner('rice','milk')
```

上述的import语句为dinner模块指定了别名d，该模块中的所有函数名不变。

关于python模块的导入，一般是只导入所需使用的函数，或者导入整个模块，并使用前缀的方式表示，这能够使代码的结构更清晰，也更容易阅读和理解。

2.3.4　自定义函数

与其他编程语言一样，Python也提供了自定义函数的功能。使用关键字def可定义函数，其后紧跟函数名，括号内包含将要在函数体中使用的形式参数（简称形参），定义语句以冒号（:）结束。自定义函数的语法结构如下：

```
def 函数名 (参数列表):
    函数体
```

参数列表可以为空，即没有参数；也可以包含多个参数，参数之间使用逗号（,）隔开。函数体可以包含一条语句，也可以包含若干条语句。

创建一个函数PrintHello()，该函数的功能是打印字符串“Hello Python”，具体代码如下：

```
>>> def  PrintHello():
    print("Hello Python")
```

可以直接使用函数名来调用该自定义函数。无论是系统函数还是自定义函数，调用方法都是一致的。调用PrintHello()函数的示例代码如下：

```
>>> PrintHello()                    #调用PrintHello()函数
Hello Python                        #打印结果
```

上述PrintHello()函数不含参数，而在实际使用过程中有很多地方是需要带参数的。例如，定义一个实现两个数相加的函数sum()时，就需要包含两个参数num1和num2，sum()函数的定义代码如下：

```
>>> def  sum(num1,num2):
       print(num1+num2)
```

调用sum()函数的代码及结果如下：

```
>>> sum(1,2)
3
```

2.4 流程控制语句

程序代码的执行是有顺序的，有的程序会从上至下依次执行，有的程序代码则会选择不同的分支去执行，有的程序代码甚至会循环执行。Python提供了专门的控制语句来控制程序的执行，这样的语句我们统一称为流程控制语句。3种常见的流程为顺序、分支和循环。

2.4.1 顺序流程

顺序流程是程序设计中最简单的执行流程，即每一语句块依次执行，执行流程如图2–3所示。

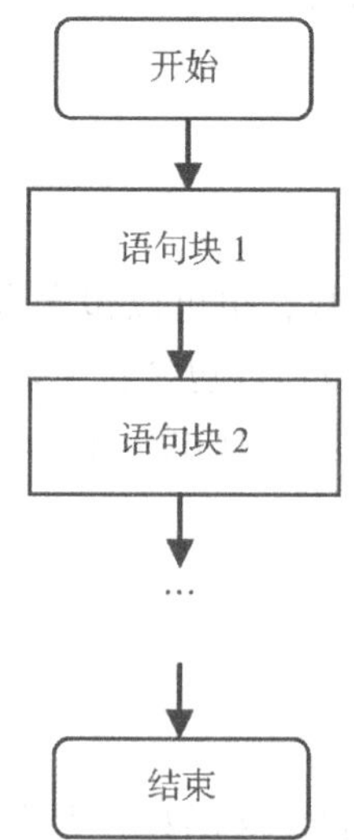

图2–3　顺序程序的执行流程

顺序流程的示例代码如下：

```
>>> num1 = 1
>>> num2 = 2
```

```
>>> sum = num1+num2
>>> print(sum)
```

2.4.2　bool类型和分支流程

bool类型是一种常用的数据类型，取值包括true和false，在其类型上的运算主要有and、or和not，即：

- a and b。

```
如果a和b都是true，则运算结果为true。
```

- a or b。

```
如果a或b任意一个是true，则运算结果为true。
```

- not a。

```
如果a是false，则运算结果为true。
如果a是true，则运算结果为false。
```

分支语句就是根据布尔表达式的值，决定执行哪一分支。Python提供的分支语句包括if语句、else语句和elif语句。

if语句是最常用的分支语句，其语法结构如下：

```
if 条件表达式:
    语句块
```

只有当条件表达式为true时，执行语句块，其执行流程如图2–4所示。

if语句的示例代码如下：

```
if  a > 5 :
   print("变量a大于5")
```

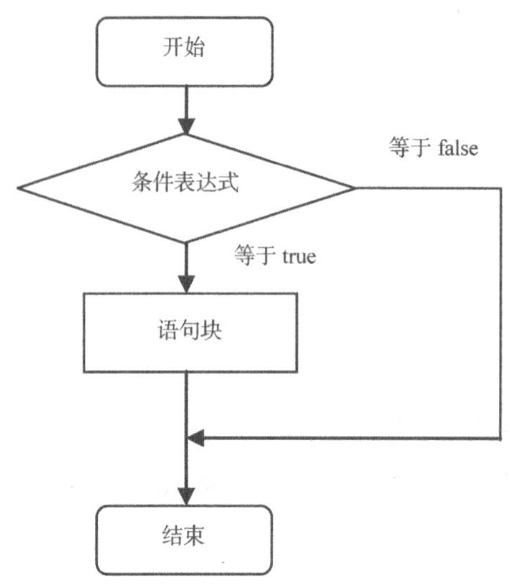

图2-4　if语句程序的执行流程

if语句也可以嵌套使用，即在<语句块>中还可以使用if语句，示例代码如下：

```
if a>5 :
   print("变量a大于5")
   if a > 10:
      print("变量a大于10")
```

在分支流程中，可以将else语句和if语句结合使用，指定不满足条件时所执行的语句。其基本语法结构如下：

```
if 条件表达式:
   语句块1
else:
   语句块2
```

当条件表达式为true时，执行语句块1；当条件表达式为false时，执行语句块2。程序的执行流程如图2-5所示。

if…else…语句的示例代码如下：

```
if  a > 5:
   print("变量a>5")
else:
   print("变量a<5")
```

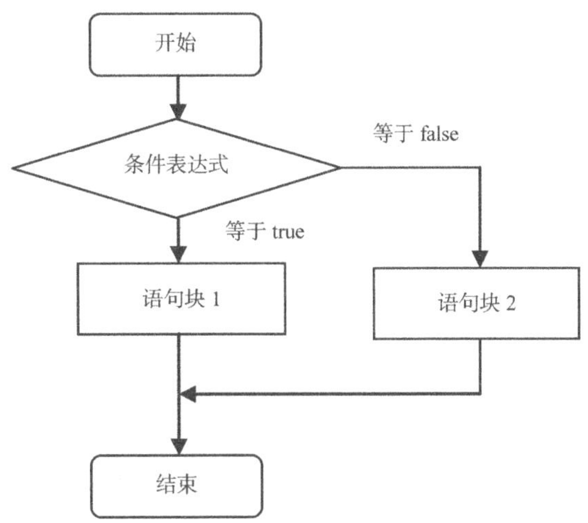

图2-5　if…else…语句程序的执行流程

当出现多分支情况时，则可以使用elif语句实现，其语法结构如下：

```
if 条件表达式1:
    语句块1
elif 条件表达式2:
    语句块2
elif 条件表达式3:
    语句块3
…
else
    语句块n
```

在一个if语句中，可包含多个elif语句。if…elif…else…语句的执行流程如图2-6所示。求x、y、z中最小数的示例代码如下：

```
if x < y and x < z:
    print("x最小")
elif y < z:
    print("y最小")
else
    print("z最小")
```

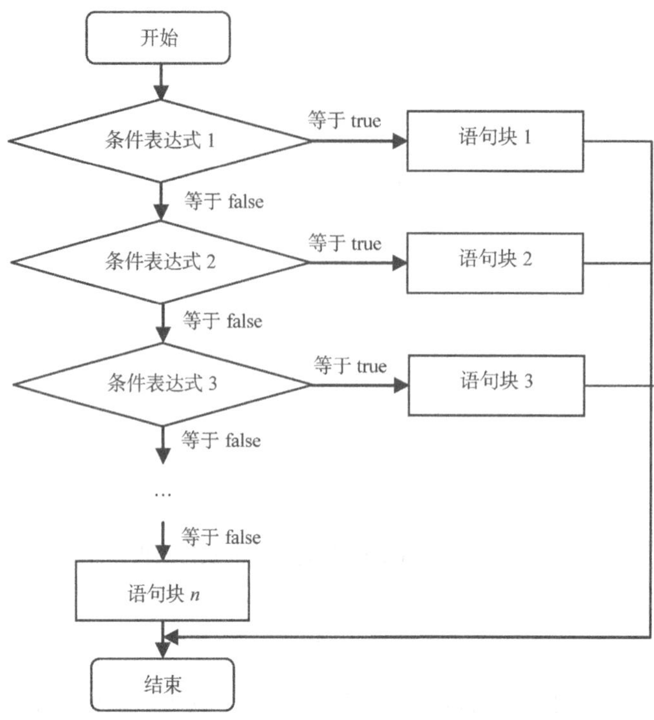

图2-6　if…elif…else…语句程序的执行流程

2.4.3　循环流程

循环流程可以使程序在满足一定条件时重复循环执行一段代码。Python的循环语句包括while语句和for语句。此外，还有可以与while语句和for语句配合使用的continue语句与break语句。

1. while语句

while语句的基本语法如下：

```
while 条件表达式
   循环体
```

当条件表达式为true时，程序循环执行循环体中的代码块。while语句的执行流程如图2-7所示。利用while循环语句可以计算1 ~ 20的整数累加和，其代码如下：

```
i = 1
sum = 0
while i<=20:
   sum = sum + i
   i = i + 1
```

每次执行循环体时，变量i的值增加1，当i的值大于20时，循环自动退出。

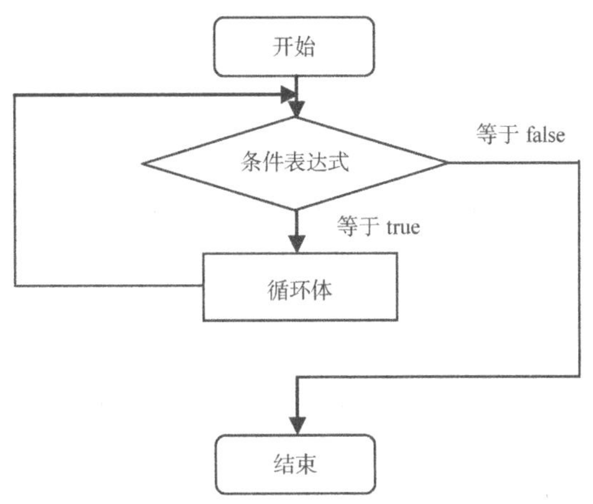

图2-7　while语句程序的执行流程

2. for语句

当循环次数固定时，可以使用for语句实现。for语句的基本语法结构如下：

```
for i in range(start,end):
    循环体
```

在程序执行时，循环计数器变量i被设置为start，然后执行循环体。每执行1次循环体，i的值增加1。当i的值累加至end+1时，退出循环。

也可以利用for语句实现1～20的整数累加和，其示例代码如下：

```
i = 1
sum = 0
for i in range(1,20):
    sum = sum + i
```

上述循环计数器i的初值被设置为1，每次循环，变量i增加1。当i等于21时退出循环。

for语句主要用于遍历元祖、列表、字典和集合等序列对象，具体使用方法在后续章节介绍。

3. continue语句

在循环流程中，当需要跳过某一次循环而直接进入下一次循环时，可以使用continue语句实现。如需要计算1～20中所有偶数的累加和，则当循环计数器为奇数时，就退出当前循环直接进入下一次循环。该功能示例代码如下：

```
i = 1
sum = 0
for i in range(1,20):
```

```
if i % 2 == 1:
    continue
sum = sum + i
```

当循环计数器的值为奇数时，则执行continue语句跳过当前循环，开始执行下一次循环。

4. break语句

当在循环体中需要根据某一条件终止循环时，则可以使用break语句实现。如需要计算1～n的连续整数累加时，当累加和小于等于300时，n的最大值是多少。实现该功能的代码如下：

```
i = 1
sum = 0
while true
    sum = sum + i
    if sum > 300:
        break
print(i–1)
```

当while语句的条件为true时，程序将会一直循环下去。在循环体中，如果sum的值超过300则退出循环，此时i-1的值即为需要求的n值。

2.5 类和对象

面向对象编程是Python采用的基本编程思想。它可以将属性和代码封装在一起，统一定义为类，从而使得程序设计更加简单、规范和有序。

2.5.1 使用已有的类

当我们使用class关键字定义一个Person类时，事实上并没有创建一个Person，只有当其实例化之后，才会拥有一个Person。假设现在有一个已经写好的Person类，代码如下：

```
class Person:
    def SayHello(self):
        print("Hello!")
```

对象是类的实例，如果人类是一个类的话，那么某个具体的人就是一个对象。因此，只有定义了具体的对象，才能使用类。创建对象的代码如下：

```
对象名 = 类名()
```

创建一个Person类的p对象并调用SayHello方法的代码如下：

```
p = Person()
p.SayHello()
```

运行结果如下：

```
Hello!
```

2.5.2　定义新的类

在Python中可以使用class关键字来定义一个新类，其基本语法如下：

```
class 类名：
    成员变量
    成员函数
```

如，可以定义一个Coordinate类，用于计算两个坐标点之间的距离，示例代码如下：

```
class Coordinate():
    def __init__ (self,x,y):
        self.x=x
        self.y=y
    def distance(self,other):
        x_diff_sq = (self.x-other.x)**2
        y_diff_sq = (self.y-other.y)**2
        return (x_diff_sq + y_diff_sq)**0.5
```

其中：

class是关键字；

Coordinate为类名；

__init__是方法名，前后带两个下划线是Python预定义的特殊方法，该特殊方法在创建类时自动调用；

self参数由Python自动传入，绑定到对象自身。

除了self以外，类的方法与普通函数是类似的。

当类创建完之后，可通过类名来调用，Coordinate类的调用代码如下：

```
c = Coordinate(3,4)                #创建一个对象c
origin=Coordinate(0,0)             #创建一个对象origin
print(c.distance(origin))
```

运行结果如下所示。

```
5.0
```

案例1　投掷骰子

【案例名称】投掷骰子

注意：在阅读案例和实践过程中，请参考本书提供的源代码。本书的源代码都包含在本书的网络资源中，请读者访问人邮教育社区（www.ryjiaoyu.com）搜索本书，然后下载。

【案例目的】

（1）理解项目的概念，掌握在IDE中创建项目的方法；
（2）理解随机数的概念；
（3）掌握while语句的基本使用方法；
（4）掌握if语句的基本使用方法；
（5）掌握函数调用的基本方法。

【案例思路】

投掷骰子案例程序，可交互式地询问用户的意见，根据用户的选择来投掷骰子，并告诉用户投掷结果的点数。

【案例环境】

操作系统：Linux。
开发环境：PyCharm。

【案例步骤】

➢ 步骤一　在IDE中创建项目

在PyCharm中创建名为dice的项目，创建sugon.edu包，并将dice.py复制到对应位置，见下图。

➢ 步骤二　创建README.md文件

README.md是接触该项目的程序设计人员应该看的第一个文件，用于给刚接触项目的程序设计人员一个基本的引导，每个项目都必须含有这个文件。

README.md文件采用Markdown格式编写。Markdown是一种简单的文本格式。

文件内容主要是项目概况、项目安装与配置使用说明、项目其他文档的位置和说明等。

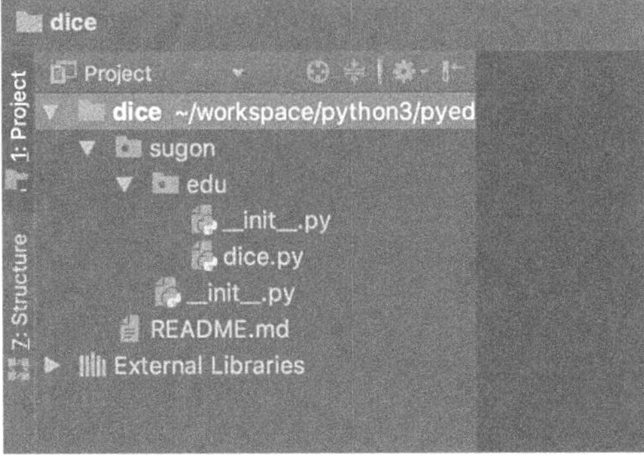

➢ 步骤三　在已有的代码骨架上，补充项目代码

代码骨架见dice.py文件。请在代码中标记为'*** 处补充你的代码。

注意：共有4个部分的代码需要补充。

➢ 步骤四　在IDE中运行项目

在dice.py上单击鼠标右键，再单击菜单项中的运行命令，如下图所示：

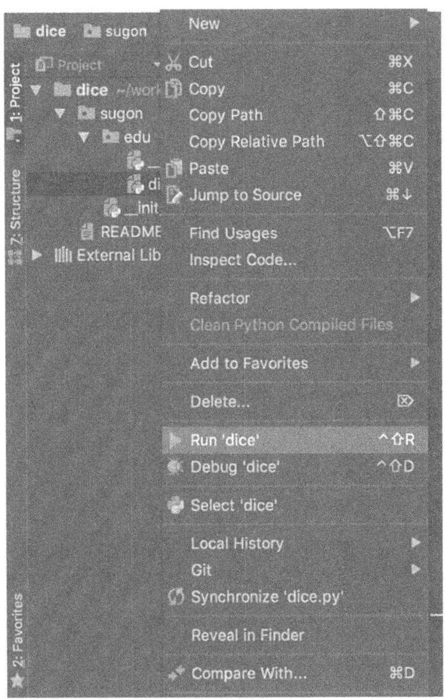

➢ 步骤五　在命令行中运行项目

执行如下代码运行项目。

```
cd <项目根目录>
python3 sugon/edu/dice.py
```

第3章 循环程序设计

在第2章中，我们已经简要地了解了Python中的循环语句，本章我们将更加深入地学习循环程序设计。本章会更加详细地介绍Python循环语句，引入帮助循环设计的常用内置函数，讲述程序设计中如何设计循环控制结构，并讨论猜测和检验的循环算法设计思路和循环不变式的概念，最后还将介绍典型的循环程序设计实例——累积、递推等。

本章重点

◎ Python循环语句。

◎ 循环中常用的内置函数。

◎ 循环的设计流程。

◎ 典型的循环控制。

3.1 Python中的循环

3.1.1 while循环

while循环语句作为Python中最通用的循环结构，它能够适用于任何需要循环的场景。当表达式条件为true时，重复执行循环体；当表达式条件为false时，执行while循环体后面的语句。

while循环的执行流程如图3-1所示。

while循环语句的基本格式如下：

while条件表达式：

```
    语句                # 循环体
else:                   # 可选
    语句
```

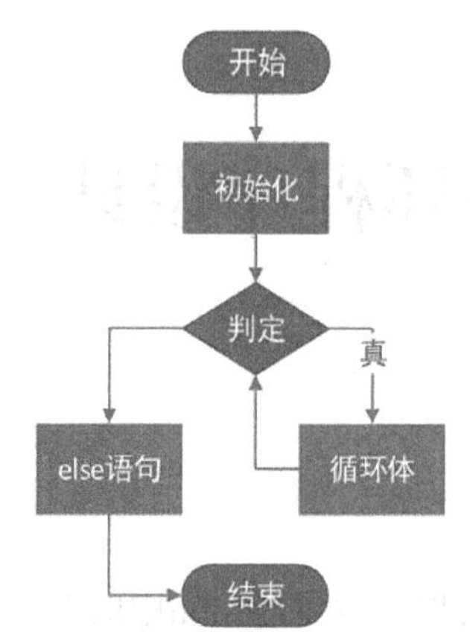

图3-1　while循环的执行流程图

使用while循环打印字符串中字符的代码如下：

```
>>> sample = "python"
>>> index = 0
>>> while index < len(sample):  # 当索引变量小于字符串长度时，执行循环体的代码
...   print(sample[index], end = " ")
...   index += 1
...
python
```

上述代码使用下标法访问sample中的各个字符，为了使字符都在一行中显示，使用了end=" "关键字参数。

使用while循环计算1～10的整数累加和，代码如下：

```
>>> i = 1
>>> sum = 0               # 初始化
>>> while i < 11:         # 判断语句
...   sum += i            # 循环体
...   i += 1
...
>>> print(sum)            # 输出结果
55
```

在上述代码中，首先初始化变量，i用来表示加数，sum表示和。因为是求1～10的

整数累加和，所以i刚开始初始化为1，i的最大值为10，也就是小于11，然后在循环体中使用sum累加，求得1 ~ 10的整数累加和，最后输出结果。

3.1.2　for循环

for循环用于遍历可迭代对象，当可迭代对象还有元素时，就重复执行循环体。可迭代对象包含序列对象（字符串、列表、元祖）、支持迭代协议的对象。

for循环首行定义目标变量，以及待遍历的对象，然后是缩进相同的循环体语句，最后是可选的else语句（离开循环体时没有执行break语句，就会执行else语句）。for循环的格式如下：

```
for 目标变量 in 可迭代对象:
    语句
else:
    语句
```

当Python运行for循环时，会把可迭代对象中的元素逐一赋值给目标变量，然后在循环体中使用目标变量，对目标变量进行一系列处理，如图3-2所示。

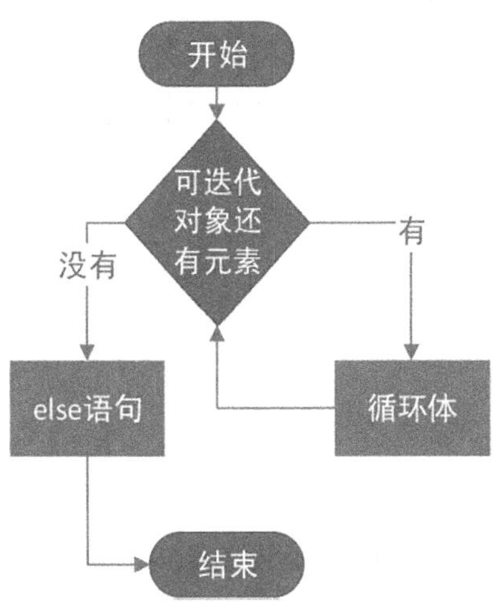

图3-2　for循环的执行流程图

使用for循环打印字符串中字符的代码如下：

```
>>> for char in "python": # 遍历字符串中的每一个字符，在循环体中使用char变量引用该字符
... print(char, end = " ")
...
python
```

与while循环的打印字符串代码相比，for循环的代码要简洁很多，比while循环少了下标索引的初始化，在循环体中少了下标索引的更改。由此我们可以看出，for循环在可迭代对象的循环操作上比while循环编程效率更高，且更不容易出错。而且通过实际测试表明，使用for循环迭代可迭代对象比while循环执行效率更高，所以在迭代可迭代对象的时候尽量使用for循环。当然也有不适合for循环的地方，如让用户输入一个答案，在答案为no的时候，跳出循环，这种明显不是属于可迭代对象的情况，使用while循环会比for循环更加合适。

使用for循环求1 ~ 10的整数累加和，代码如下：

```
>>> sum = 0
>>> for i in [1, 2, 3, 4, 5, 6, 7, 8, 9, 10]:
...     sum += i
...
>>> print(sum)
55
>>>
```

上述代码执行的结果与while的循环代码一致，但是比之前的代码看起来更加简洁。但是有人会问，如果要求1 ~ 10000的整数累加和，难道我们要在可迭代对象那里手动输入10000个数字吗？答案并非如此。下面我们再把上面的代码优化一下。

```
>>> sum = 0
>>> for i in range(1, 11):
...     sum += i
...
>>> print(sum)
55
```

在优化版中，我们使用了一个内置函数range()，它会产生一个可迭代对象，注意并不是一个列表，这个可迭代对象就会生成1 ~ 10范围内的整数。

下面的示例为使列表中的数字都加1，代码如下：

```
>>> num_list = [0, 1, 2, 3, 4, 5, 6, 7, 8, 9]
>>> for index, value in enumerate(num_list):  # 使用enumerate同时获得索引和
元素值
...     num_list[index] = value + 1
...
>>> num_list
```

```
[1, 2, 3, 4, 5, 6, 7, 8, 9, 10]
>>>
```

上述代码用到了Python语言内置的enumerate类，它能够根据一个可迭代对象生成一个新的可迭代对象。遍历新生成的可迭代对象，能够同时获得原有可迭代对象的元素值和索引值。上面的代码基于num_list构造了enumerate对象，并且使用for循环遍历enumerate对象，就可以在循环体中同时获得num_list的元素值及对应的索引。

下面的代码进一步演示了enumerate的用法，并且使用另外一种方式实现了将列表中的每一个元素值加1的功能。

```
>>> seasons = ['Spring', 'Summer', 'Fall', 'Winter']
>>> list(enumerate(seasons))
[(0, 'Spring'), (1, 'Summer'), (2, 'Fall'), (3, 'Winter')]
>>> list(enumerate(seasons, start=1))
[(1, 'Spring'), (2, 'Summer'), (3, 'Fall'), (4, 'Winter')]
>>> num_list = [0, 1, 2, 1, 4, 5, 6, 7, 8, 9]
>>> num_list = list(map(lambda i: i + 1, num_list))
>>> num_list
[1, 2, 3, 2, 5, 6, 7, 8, 9, 10]
>>>
```

这段代码是对列表中数字加1的一种改写，还用到了匿名函数lambda，需要知道的是lambda后面的i是函数的参数，这个匿名函数会返回i+1。map函数有两个参数：第一个是可调用对象，后面的参数是可迭代对象。map函数会把可迭代对象中的元素逐一作为参数，调用可调用对象。

3.1.3 continue和break

1. continue

continue语句的作用是结束本次循环，continue后的语句不会被执行，继续进行下一次循环条件判断。continue语句仅在while和for循环中使用，具体位置是在循环结构的循环体中。以while循环为例，continue使用形式如下（见图3-3）。

```
while 条件表达式1:
    语句1
    if 条件表达式2:
     continue;
    语句2
```

下面通过使用continue语句求1 ~ 10内偶数的累加和，并输出和值。代码如下：

```
>>> sum = 0
>>> for i in range(1, 11):
...   if  i % 2 != 0:
...      continue
...   sum += i
...
>>> print(sum)
30
```

代码执行后输出结果为30。

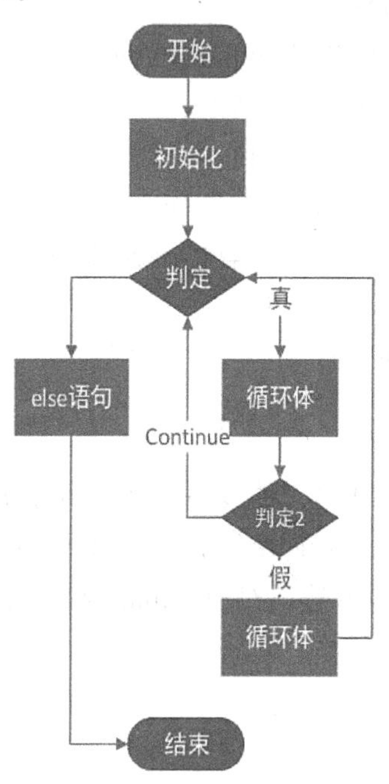

图3–3　在while循环中使用continue语句的流程

2. break

break语句的作用是终止整个循环结构的执行。break语句在while和for循环中使用，具体位置是在循环结构的循环体中。以while循环为例，break语句的使用形式如下（见图3–4）。

```
while 条件表达式1:
    语句1
    if 条件表达式2:
      break;
    语句2
```

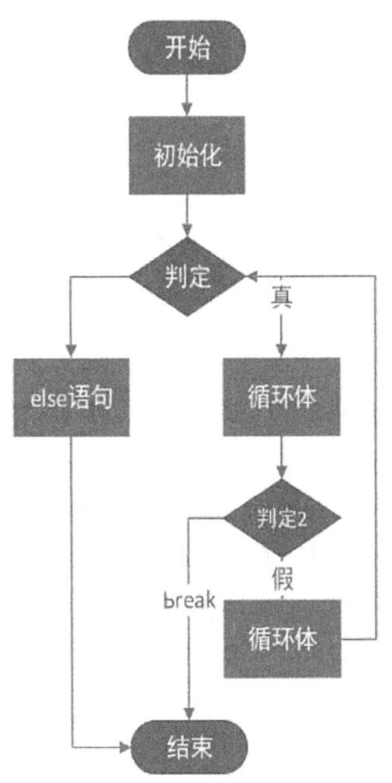

图3-4　while循环中使用break语句的执行流程

下面的示例为查找字符是否在字符串中。代码如下：

```
>>> char = "o"
>>> char = "python"
>>> char = "o"
>>> str = "python"
>>> for tmp_char in str:
...   if char == tmp_char:
...     print("found")
...     break
...   else:
...   print("not found")
...
found
```

当找到与char相同的字符时，打印结果并跳出循环，如果直到字符串遍历完成仍没执行break，则说明没有找到这个字符，打印输出“not found”。

3.2 如何设计循环

3.2.1 循环控制结构

循环控制结构是在一定条件下，反复执行某段程序的流程结构。被反复执行的代码即为循环体。循环控制结构是程序中非常重要和最基本的一种结构，它是由循环语句来实现的。

一个循环控制结构一般包括以下4个部分的内容。

（1）初始化部分：用来设置循环的一些初始条件，如为循环控制计数的变量设置初始值，变量初始化等。

（2）循环体部分：这是循环结构程序的核心部分，是反复被执行的代码，所以被称为循环体。该部分可以是一条语句，也可以是多条语句组成的复合语句。

（3）循环控制部分：在重复执行循环体的过程中，不断地修改循环控制变量，直到符合结束条件，结束循环程序的执行。循环结束控制方法分为循环计数控制法和循环条件控制法，图3–2所示循环使用的是循环计数控制法，图3–3与图3–4所示循环使用的是循环条件控制法。

（4）终止部分：通常是布尔表达式，每一次循环要对该表达式求值，以验证是否满足循环终止条件。

上面介绍的四部分有时能较明显地区分，有时则相互包含，不一定能明确区分。

3.2.2 一种循环算法设计思路：猜测和检验

算法是解决问题的流程和步骤。许多问题的解决算法中都需要用到循环。那么，如何设计循环呢？有没有较为通用的思路？这里介绍一种常见的设计循环算法的思路，我们称之为猜测和检验，对应的英文是Guess And Check。

猜测和检验是一种逐步逼近的思路。假设要解决的问题有一个最终的解，我们的目的是设计一个循环算法求得这个解。首先，以简单可行的方式设定一个对最终解的猜测值。接下来进入循环流程，循环的终止条件是获得了最终的解或者已经确认无法获得最终的解。判断循环是否终止的过程就是这种思路中检验的环节。每一次循环，基于上一次的猜测值，朝着最终解的方向逼近一步。这样，从最初的猜测值开始，一次次循环向着最终的方向一步步逼近，当检验出已经得到最终的结果，算法流程结束。使用流程图可以将猜测和检验的思路表达成如图3–5所示的形式。接下来，通过一个具体的例子来理解这种猜测和检验的思路。

这个例子是寻找正整数x的正整数立方根。在计算过程中，只能够使用加法和乘法操作。根据猜测和检验的思路，首先需要设定一个初始猜测值。根据题目的要求，问题的解的最小可能值是1，那么，就以1作为最初的尝试。

然后进入循环过程，这个过程要解决两个问题，一个是如何基于上一次的猜测值计算出下一次的猜测值，另一个是如何检验是否得到了最终结果。这里使用名为i的变量来表示猜测值。第一个问题很简单，因为初始猜测值设定为可能的最小值1，所以i+1就可以进一步逼近最终解。关于第二个问题，如果i正好是x的正整数立方根，那么，i * i * i的值应该等于x。此外，x的立方根未必是正整数，如果i * i * i的值大于x，则说明x没有正整数立方根。因此，可以使用i * i * i的值是否小于x作为检验条件。

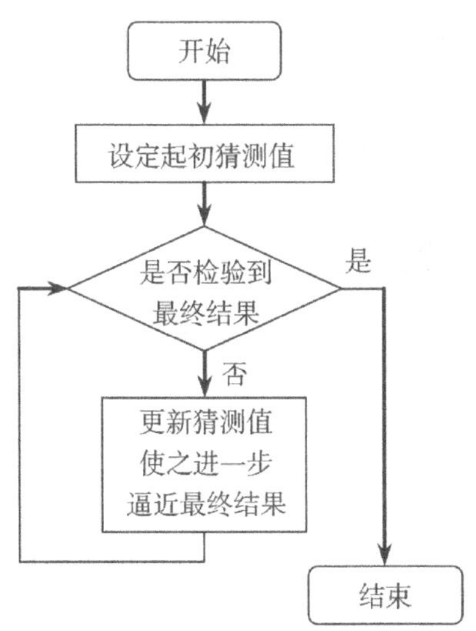

图3–5　猜测和检验的思路

根据前面的分析，定义计算正整数x的正整数立方根的函数cube_root如下：

```
def cube_root(x):
i = 1
while i * i * i < x:
   i = i + 1
if i * i * i == x:
   return i
else:
   return None
```

当x的正整数立方根存在时，cube_root()函数返回这个立方根；否则，返回None，表示不存在这样的立方根。

3.2.3　循环不变式

循环不变式，是我们为确保某些事情对于循环中每次迭代操作都成立而设置的一些前提条件。之所以叫作循环不变式，是因为它在相关操作中自始至终在数学上都是成立的，并阐述了通过循环（迭代、递归）去计算一个累计的目标值的正确性。循环变式属于基础数学的范畴，其在计算机领域的应用也十分广泛。

循环不变式的主体是不变式，也就是一种描述规则的表达式。其过程分3个部分：初始、保持和终止。关于循环不变式，其必须满足以下3个条件。

（1）初始化：循环的第一次迭代之前，它为真。

（2）保持：如果循环在某次迭代之前它为真，那么下次迭代之前它仍为真。

（3）终止：在循环终止时，不变式提供了一个有用的性质，该性质有助于证明算法是正确的。

在这三个部分中，前两个是条件，最后一个是结论。

3.3 典型的循环控制

下面介绍使用Python实现一些典型循环程序的方法。

3.3.1 重复处理一批数据

1. 冒泡排序

对数据的处理操作主要有排序、查找、插入和删除等，其中，排序操作又是最常见的操作。本小节将介绍经典的冒泡排序算法。使用冒泡法对数据进行排序，在排序中会使用嵌套循环、条件语句。冒泡法是一个典型的重复处理一批数据的实用算法。示例如下：

使用冒泡法对{1,8,2,6,3,9,4,12,0,56,45}进行排序。具体实现的代码如下：

```
###冒泡排序
>>> mppx = [1,8,2,6,3,9,4,12,0,56,45]
>>> for i in range(len(mppx)):
...   for j in range(i+1, len(mppx)):
...     if mppx[i] < mppx[j]:
...       mppx[i], mppx[j] = mppx[j], mppx[i]
...
>>> print(mppx)
[56, 45, 12, 9, 8, 6, 4, 3, 2, 1, 0]
```

说明：遍历列表，用最前面未排序的数值与后续数值一一比较，如果后续数值比最前面的数值大，则交换两个值的位置。当遍历完一次后，就能使得最前位置为最大值，以此类推，遍历列表长度次后，就能对整个列表进行排序。

2. 选择排序

经典的排序算法除了冒泡排序，还有选择排序。使用选择排序法对上述数据进行排序，代码如下：

```
###选择排序
>>>xzpx = [1,8,2,6,3,9,4,12,0,56,45]
>>>for i in range(len(xzpx)):
…  max_index = 0
…  for j in range(len(xzpx)-i):
…    if xzpx[max_index] < xzpx[j]:
…        max_index = j
…  xzpx[max_index], xzpx[len(xzpx)-i-1] = xzpx[len(xzpx)-i-1], xzpx[max_index]
#互换变量的位置
>>>print(xzpx)
```

上述代码执行后，输出结果为[0, 1, 2, 3, 4, 6, 8, 9, 12, 45, 56]。

3.3.2　累积

一个正整数的阶乘（factorial）是所有不大于该数的正整数的积。自然数n的阶乘写作n!。用Python实现n!的示例代码如下：

```
>>>num = int(input("请输入一个数字: "))
>>>if num < 0:
…    print("抱歉，负数没有阶乘")
… elif num == 0:
…    print("0 的阶乘为 1")
… else:
…  factorial = 1
…  for i in range(1,num + 1):
…    factorial = factorial*i
…  print("%d 的阶乘为 %d" %(num,factorial))
```

3.3.3　递推

递推算法是一种用若干步可重复运算来描述复杂问题的算法。递推是序列计算中的一种常用算法，通常是通过计算前面的一些项来得出序列中的指定项的值。典型的递推案例有斐波那契数列。斐波那契数列指的是这样一个数列{0, 1, 1, 2, 3, 5, 8, 13,…}，特别指出：第零项是0，第一项是1，从第三项开始，每一项都等于前两项之和。

用Python实现斐波那契数列的示例代码如下：

```
>>> num = int(input("请输入一个数字: "))
请输入一个数字: 10
>>> last_one = 0
>>> last_two = 1
>>> result = 0
>>> for index in range(2, index+1):
...     result = last_one + last_two
...     last_one, last_two = last_two, result
...
>>> print(result)
34
>>>
```

案例2　猜数字

【案例名称】猜数字

注意：在阅读案例和实践过程中，请参考本书提供的源代码。

【案例目的】

（1）理解随机数的概念；
（2）掌握while循环的基本使用方法；
（3）掌握if语句的基本使用方法；
（4）掌握函数调用的基本方法；
（5）掌握基本的输入和输出函数的使用方法。

【案例思路】

（1）随机产生一个1～100范围内的数字；
（2）让用户猜这个数字，并读取用户的输入；
（3）当用户没有猜对的时候：提示用户的输入太大或太小；
（4）再次读取用户的输入，当用户猜对的时候，输出用户猜测的次数。

【案例环境】

操作系统：Linux。
开发环境：PyCharm。

【案例步骤】

➢ 步骤一　在IDE中创建项目

在PyCharm中创建名为guess的项目，创建sugon.edu包，并将guess.py复制到对应位置（见下图）。

➢ 步骤二　创建README.md文件

同本书第2章的案例1。

➢ 步骤三　在已有的代码骨架上，补充项目代码

代码骨架见guess.py文件。请在代码中标记为'*** 处补充你的代码。
注意：文件中共有4个部分的代码需要补充。

➢ 步骤四　在IDE中运行项目

在guess.py上单击鼠标右键，再单击菜单项中的运行命令，如下图所示。

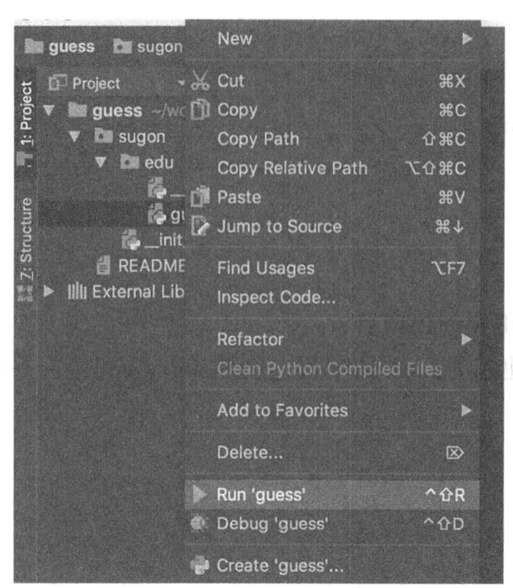

➢ 步骤五　在命令行中运行项目

执行如下代码运行项目。

```
cd <项目根目录>
   python3 sugon/edu/guess.py
```

第4章 Python数据结构

前面几章所讲的内容，重点放在使用Python语言表达计算流程上，本章的重心则在如何使用Python语言来表达数据。数据在程序运行过程中如何表示，如何使用，如何叠加、复合以构造更复杂的结构，如何针对不同的目标选择不同的结构来解决问题，这些都属于数据结构研究的范畴。Python语言内置了几种通用的数据结构，它们的适用性非常广，可以用来解决很多问题。这几种数据结构还可以进一步组合，进而能够极大地扩展Python应用的领域。

本章重点

◎ Python数据结构包括元组、列表、字典和集合。

◎ 迭代器和生成器技术。

4.1 元组

我们在前面的章节介绍过，Python的对象是具有数据类型的。例如，3.14这个值的数据类型是float，字符串'python'的数据类型是str。进一步比较float类型和str类型可以发现，str类型对象能够进一步分解。例如，'python'能够分解为6个元素：'p'、'y'、't'、'h'、'o'、'n'。因此，str类型是一种复合的数据类型。同时，str的元素是有序的，显然，'python'和'nohtyp'是两个不同的字符串对象。此外，str类型还有一个不太明显的特征，str对象是不可变的（Immutable）。一旦创建，str对象始终保持固定的值，既无法为它增加字符，也无法修改其中的字符。

元组（Tuple）是本章新引入的第一种复合数据类型，元组的性质在许多方面和str类型相似。首先，元组是一种复合的容器，能够容纳一系列的元素；其次，元组的元素也是有序的；第三，元组是一种不可变的（Immutable）容器，换句话说，一旦创建之后，元组对象就无法修改。

元组和str类型不同的地方主要在于所容纳元素的类型。str类型对象中的元素必须是字符，而元组对象的元素类型则可以是任意的，并且，同一个元组对象的元素类型可以互不相同。

下面将具体地介绍元组类型的使用方法。

4.1.1 元组的创建

可以使用小括号创建元组对象，方法如下：

```
>>> t = ()              # 使用小括号创建元组对象
>>> t
()
>>> type(t)             # 查看元组对象的类型
<class 'tuple'>
```

元组的元素使用英文逗号分隔，最后一个元素后面的逗号可以省略。

```
>>> (1, 2, 3)
(1, 2, 3)
>>> (1, 2, 3,)          # 多个元素的情况下，最后一个逗号可以省略
(1, 2, 3)
```

需要注意的是，如果只有一个元素，则元素后面的逗号必须写上，否则表达的就是另外一种含义。

```
>>> (3,)                # 当元组只有一个元素时，必须写出最后一个逗号
(3,)
>>> (3)                 # 否则就会变成表达式外层的普通括号
3
>>> type( (3,) )
<class 'tuple'>
>>> type( (3) )
<class 'int'>
```

元组中的元素类型是任意的，并且，同一个元组对象的元素类型可以互不相同。

```
>>> ('abc', 'xyz')
('abc', 'xyz')
>>> (12, 2.99, 'abc')       # 元组中的元素类型可以混合存在
(12, 2.99, 'abc')
```

4.1.2 元组的操作

如前所述，元组和str类型有很多相似之处。因此，许多应用在str类型对象上的操

作，也可以应用在元组对象上。元组的主要操作包含以下几种。

（1）元组类型支持拼接操作。

```
>>> (12, 89) + ('abc', 'xyz')          # 拼接操作
(12, 89, 'abc', 'xyz')
```

（2）元组类型支持重复操作。

```
>>> 3 * ('x', 'y')                     # 重复操作
('x', 'y', 'x', 'y', 'x', 'y')
```

（3）元组类型支持len()函数。

```
>>> len( ('a', 'b', 'c') )      # 调用len()函数获取元素个数
3
```

（4）元组类型支持下标（index）操作。

```
>>> ('x', 'y', 'z')[0]                 # 获取index为0位置的元素
'x'
>>> ('x', 'y', 'z')[2]
'z'
>>> ('x', 'y', 'z')[3]                 # index超过有效范围，抛出异常
Traceback (most recent call last):
  File "<stdin>", line 1, in <module>
IndexError: tuple index out of range
```

（5）元组类型支持切片（slice）操作。

```
>>> ('a', 'b', 'c', 'd', 'e')[2:5]  # 获取index为2、3、4位置的元素构成新元组
('c', 'd', 'e')
```

（6）元组类型支持in操作，并测试某个对象是否存在其中。

```
>>> 'python' in ('abc', 'xyz', 'python')  # 元组中是否存在某个值
True
>>> 'ruby' in ('abc', 'xyz', 'python')
False
```

完整的操作列表和说明，请查阅Python官方参考手册。

下面给出元组的两个应用示例。

（1）第一个例子，交换两个变量的值。如果不使用元组，通常的做法是引入一个临时变量。

```
>>> x = 3
>>> y = 9
>>> tmp = x                              # 使用临时变量tmp
>>> x = y
>>> y = tmp
>>> print(x, y)
9   3
```

使用元组，能够使代码更简洁、清晰。

```
>>> (x, y) = (y, x)  # 不使用临时变量
```

（2）第二个例子，使用元组从函数中返回多个值。Python中的函数只能够返回一个值，如果需要返回多个值，则可以返回一个元组对象，将多个值存放在元组对象中。下面的代码定义了一个函数，用于计算x除以y的商（整数部分）以及余数。通过返回一个元组对象，可将商和余数同时返回给调用者。

```
>>> def quotient_and_remainder(x, y):
... '''返回x除以y的商（整数部分）以及余数。
... x和y都是整数。'''
...     q = x // y
...     r = x % y
...     return (q, r)
...
>>> (quot, rem) = quotient_and_remainder(42, 5)
>>> print(quot, rem) # 显示商和余数
8   2
```

4.1.3　元组的遍历

类似于str类型，用户可使用range()函数生成下标，通过下标遍历访问元组的元素。

```
>>> for i in range(len(t)):                # 使用range()函数遍历元组
...     print(t[i])
...
```

for语句可以直接应用在序列类型的对象上，str类型、元组类型都属于序列类型，

因此上述代码可以用更简单的方式改写，如下所示。

```
>>> for item in t:              # 直接使用for循环遍历元组，推荐使用这种方式
...     print(item)
...
```

下面通过一个例子展示元组的遍历和应用。通过统计一篇英文文章，得到文章的每一行的单词出现次数。将统计结果存放到一个元组对象中，它的每一个元素存放了一个单词在一行中的出现次数。这个元素对象仍然是元组，内层元组固定有两个元素，第一个是单词在行内的出现次数，第二个是单词本身。元组对象的结构如图4-1所示。

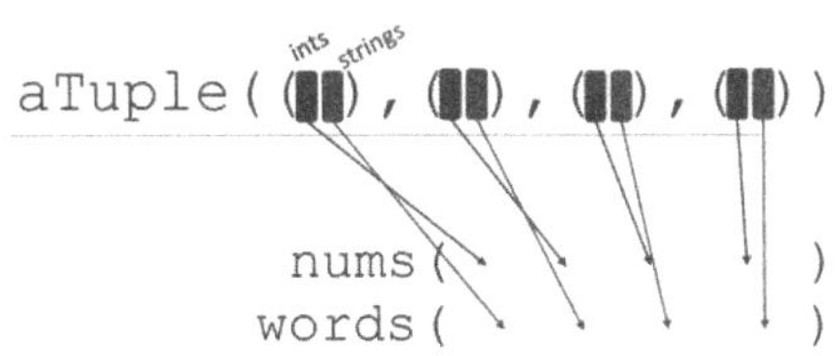

图4-1 单词统计结果的元组结构

现在，需要找出最多的单词出现次数、最少的单词出现次数，以及文章中一共有多少个（不重复的）单词。下面的函数实现了这一功能。

```
def get_data(aTuple):
    '''
    返回最小数字、最大数字、不重复的单词个数。
    aTuple是一个元组对象，结构如图4-1所示。
    '''
    nums = ()
    words = ()
    for t in aTuple:
        nums = nums + (t[0],)           # t[0]是单词在行内的出现次数
        if t[1] not in words:
            words = words + (t[1],)     # t[1]是单词本身
    min_nums = min(nums)
    max_nums = max(nums)
    unique_words = len(words)
    return (min_nums, max_nums, unique_words)
```

首先，新建两个元组nums和words。然后开始遍历初始的结果元组aTuple。在遍历过程中，将aTuple中的元素拆分，将次数和单词分别存入nums和words。注意，由于元组是不可变的数据结构，因此在每次循环中，nums和words都会被赋予新的元组对象。

在循环中，使用not in操作判断单词是否未出现过，用于确保words中不存在重复的单词。循环遍历完成后，使用min()、max()和len()这3个函数求出元组的最小值、最大值和长度。最后返回的结果也是一个元组对象，其中包含3个元素。

使用模拟输入调用get_data()函数的代码如下：

```
>>> t = ((1, 'mine'),
...      (3, 'yours'),
...      (5, 'ours'),
...      (7, 'mine'))
>>> get_data(t)
(1, 7, 3)
```

4.2 列表

列表（List）是本章引入的第二种复合数据类型。类似于元组，列表也是一种有序的容器，用于存放一系列的元素。列表同样可以存放不同类型的元素，前面介绍的元组的相关操作，也都可以应用在列表对象上。

列表的创建和元组相似，它们之间唯一的区别是，列表使用方括号[]，而元组使用小括号()。

列表和元组最大的区别是，元组是不可变的（Immutable），而列表是可变的（Mutable）。下面进行具体分析。

在分析可变性质之前，介绍列表的基本操作。

4.2.1 列表的操作

使用方括号[]创建列表对象。列表的元素类型可以互不相同。

```
>>> ls = [1, 'two', 3]  # 使用方括号创建列表对象
>>> ls
[1, 'two', 3]
```

前面所讲的应用于元组类型的操作都可以应用在列表类型上。

（1）拼接操作。

```
>>> [12, 89] + ['abc', 'xyz']  # 拼接
[12, 89, 'abc', 'xyz']
```

（2）重复操作。

```
>>> 3 * ['x', 'y'] # 重复
['x', 'y', 'x', 'y', 'x', 'y']
```

（3）len()函数。

```
>>> len( ['a', 'b', 'c'] ) # 获取元素个数
3
```

（4）下标（index）操作。

```
>>> ['x', 'y', 'z'][0] # 获取index为0位置的元素
'x'
```

（5）切片（slice）操作。

```
>>> ['a', 'b', 'c', 'd', 'e'][2:5] # 获取index为2、3、4位置的元素构成的新列表
['c', 'd', 'e']
```

（6）in操作。

```
>>> 'python' in ['abc', 'xyz', 'python'] # 列表中是否存在某个值
True
```

此外，列表还支持以下操作。

（1）赋值给列表的下标，从而改变下标位置的元素。

```
>>> ls = [2, 1, 3]
>>> ls[1] = 5 # 修改index为1位置的元素值
>>> ls
[2, 5, 3]
```

（2）列表支持append()方法。使用ls.append(element)可添加元素到列表的末尾。注意，append操作修改了列表对象。

```
>>> ls = [2, 1, 3]
>>> ls.append(5) # 在列表末尾添加一个值
>>> ls
[2, 1, 3, 5]
```

（3）列表支持extend()方法。使用a_list.extend(b_list)连接并修改a_list。

```
>>> ls = [3, 5, 9]
>>> ls.extend( [1, 2] ) # 扩展ls，在末尾添加两个值
>>> ls
[3, 5, 9, 1, 2]
```

（4）列表还支持以下几种删除操作。

① del -：按索引删除单个元素。

② pop -：删除末尾的元素并返回。

③ remove -：查找并删除元素。若有多个，则只删除第一个；若元素不存在，则抛出异常。

4.2.2 列表是可变的

列表可变意味着列表对象中的元素能够被重新赋值，列表对象能够增减元素。下面使用方括号[]创建列表对象，同时创建元组对象用于对比。

```
>>> ls = [2, 1, 3]
>>> ls[1] = 5 # 列表能够修改其中的元素值
>>> ls
[2, 5, 3]
>>> t = (2, 1, 3)
>>> t[1] = 5 # 修改元组的元素值，导致系统抛出异常
Traceback (most recent call last):
  File "<stdin>", line 1, in <module>
TypeError: 'tuple' object does not support item assignment
```

可以看到，通过对列表对象的下标赋值，改变了下标所标示位置的元素。与之形成对比的是，对元组对象的下标赋值则会导致系统抛出异常。这是可变对象与不可变对象的区别。读者需要特别注意可变性，引入可变的数据类型之后，程序设计的很多方面都会受到影响。

首先来看可变对象与别名的关系。程序中的变量，有一个名字，这个名字引用了一个对象。如果多个变量引用了同一个对象，那么这个对象同时具有多个名字，这就是别名的含义。如果多个别名指向的对象是不可变的，并不会导致问题的出现。但是，如果这个对象是可变的，就会导致意料之外的问题。

```
>>> cool = ['blue', 'green', 'grey']  # cool绑定了一个列表对象
>>> chill = ['blue', 'green', 'grey']  # chill绑定了另一个列表对象
>>> chill[2] = 'blue'
```

在上述代码中，cool和chill分别引用了不同的对象，因此不存在别名的现象。此

时，可以采用如图4-2所示的方式描述代码运行的存储模型。

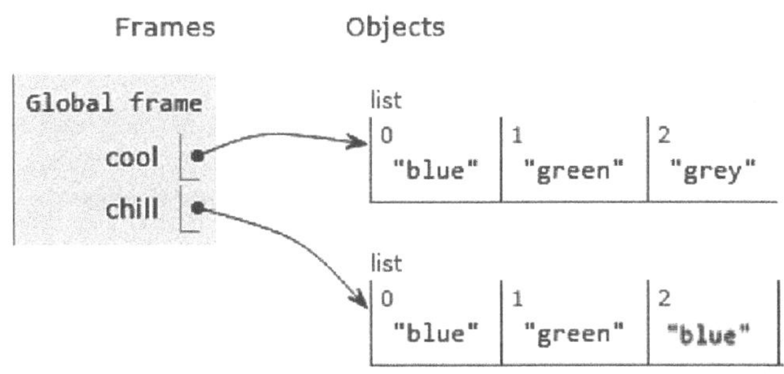

图4-2　变量的存储模型

在图4-2中，左边是当前的程序运行环境，其中定义了两个变量：cool和chill；右边是变量引用的对象。可以清楚地看出，此时两个变量引用了两个不同的对象，因此它们是互相独立、互不影响的。

然而，当两个变量引用同一个对象时，就出现了别名的现象。示例代码如下：

```
>>> warm = ['red', 'yellow', 'orange']      # warm绑定了一个列表对象
>>> hot = warm                              # hot绑定了同一个列表对象
>>> warm
['red', 'yellow', 'orange']
>>> hot
['red', 'yellow', 'orange']
```

如图4-3所示，此时warm和hot变量引用了同一个对象。如果此时修改hot变量，会出现什么情况？

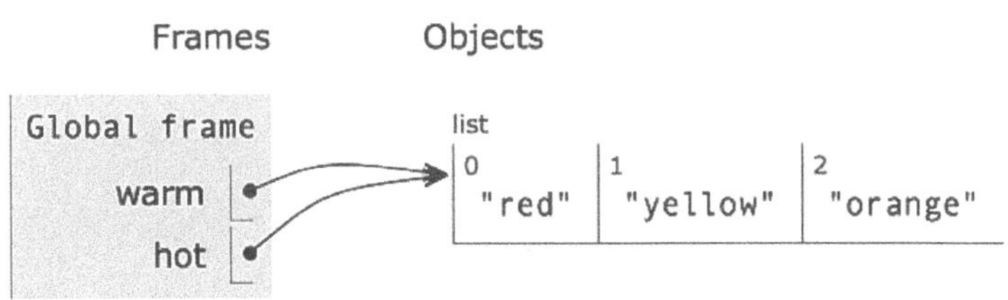

图4-3　两个变量引用同一个对象

```
>>> hot.append('pink')  # 修改hot
>>> hot
['red', 'yellow', 'orange', 'pink']
>>> warm          #并没有直接修改warm，但warm仍然发生了改变
['red', 'yellow', 'orange', 'pink']
```

可以看到，warm的值也发生了改变。这就是别名带来的影响，会很容易地导致误

改了其他变量，使程序出现意料之外的结果。

接下来再来看一下可变性对遍历列表元素的影响。因为列表是可变的，在遍历列表元素的过程中也可以修改列表，这种操作也会引发很多问题。下面的例子，本来的目的是移除ls1列表中与ls2列表重复的元素。

```
>>> ls1 = [1, 2, 3, 4]
>>> ls2 = [1, 2, 5, 6]
>>> for e in ls1:
...     if e in ls2:
...         ls1.remove(e)
...
>>> ls1 # 结果不符合预期
[2, 3, 4]
```

但是结果却不符合预期，为什么会出现这样的结果？因为在for循环中，Python解释器使用一个内部计数器记录当前位置，在循环中删除了列表的元素，也就是改变了列表的结构，导致内部计数器和列表不匹配，所以没有访问到每一个元素，最终导致出现错误的结果。因此，在编程时要注意这种情况，避免在遍历列表元素的过程中修改列表的结构。上面的例子应将ls1列表复制一份，使用副本进行遍历，才能达到预期的目的。

```
>>> ls1 = [1, 2, 3, 4]
>>> ls2 = [1, 2, 5, 6]
>>> ls1_copy = ls1[:]        # 创建ls1的副本
>>> for e in ls1_copy:       # 在副本上遍历
...     if e in ls2:
...         ls1.remove(e)
...
>>> ls1 # 得到正确的结果
[3, 4]
```

4.3 迭代器

到目前为止，本书已经多次使用for循环。例如，在range()函数的结果上进行遍历；又如，本章前面的内容使用for循环遍历列表的元素。for循环能够应用在多种类型的对象上，只要该对象是一个可迭代的（Iterable）对象。可迭代的对象与Python语言中的迭代器（Iterator）功能有关。

4.3.1　迭代器和可迭代对象

迭代器的概念很简单。在Python语言中，任何定义了__next__方法的对象都是迭代器。方法名前后带双下划线，这是Python语言的一个约定，用于表示具有特殊功能的方法。__next__方法必须遵守下面的约定：

（1）每次调用__next__方法后，返回迭代器的下一个值；

（2）如果没有下一个值，则抛出StopIteration异常。

Python语言具有一个名为next的内置函数，该函数接受一个参数，即一个迭代器对象，返回该迭代器对象的下一个值。实际上，next函数内部调用了迭代器对象的__next__方法。

可迭代对象是另外一个概念，指的是定义了__iter__方法的对象。根据约定，__iter__方法必须返回一个迭代器对象。

Python语言具有一个名为iter的内置函数，该函数接受一个参数，即一个可迭代对象，返回一个迭代器对象。实际上，iter()函数内部调用了可迭代对象的__iter__方法。

列表对象是可迭代对象，但不是迭代器对象。下面的代码可以验证这一点。

```
>>> from collections import Iterable        # 引入可迭代类型
>>> from collections import Iterator        # 引入迭代器类型
>>> x = [1, 2, 3]
>>> isinstance(x, Iterable)                 # 列表是可迭代类型的实例
True
>>> isinstance(x, Iterator)                 # 列表不是迭代器类型的实例
False
```

既然列表对象是可迭代对象，那么，用户就可以使用iter()函数获取与之相关的迭代器对象。

```
>>> x_iter = iter(x)                        # 获取与x关联的迭代器对象
>>> isinstance(x_iter, Iterator)            # x_iter是迭代器类型的实例
True
```

获取与列表关联的迭代器对象之后，就可以使用next()函数访问下一个元素。

```
>>> next(x_iter)                            # 获取迭代器的下一个值
1
>>> next(x_iter)
2
>>> next(x_iter)
3
```

```
>>> next(x_iter)          #当迭代器已经不存在下一个值时，抛出StopIteration异常
Traceback (most recent call last):
  File "<stdin>", line 1, in <module>
StopIteration
```

每次在x_iter对象上调用next()函数，就会返回列表x的下一个元素。当遍历访问了列表x的所有元素之后，再次调用next()函数时，将会抛出StopIteration异常。显然，next()函数内部进一步调用了x_iter对象的__next__方法，遵守了前述的迭代器约定。

除了列表类型外，元组类型的对象也是可迭代的对象，同样能够通过iter()函数获取与之关联的迭代器，进而遍历访问元组对象的元素。

在前面的内容提到过，Python语言的for循环与迭代器有关。具体来说，能够用在for循环上的对象必须是可迭代对象。在for循环内部，首先调用iter()函数，从需要遍历的对象中获取迭代器对象，再进一步地在迭代器对象上重复调用next()函数，直到抛出StopIteration异常。整个过程如图4-4所示。

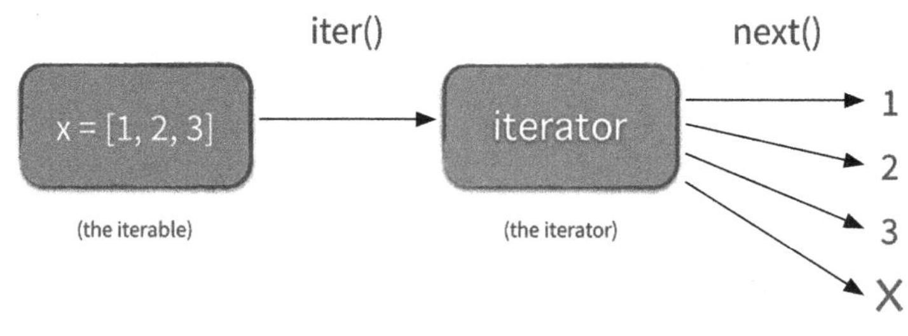

图4-4　for循环图解

4.3.2　自定义迭代器

除了使用Python语言内置的迭代器外，用户还可以自定义迭代器类型以及可迭代类型。定义迭代器类型和可迭代类型并不困难，只需符合前述的约定即可。下面用一个例子进行说明。

```
class Reverse:
    """反向遍历序列的迭代器。"""

    # 创建对象时，自动调用的初始化方法
    def __init__(self, data):
        self.data = data    # 创建对象的一个属性，名称为data，用于存放原始序列
```

```
        self.index = len(data)    # 创建对象的另一个属性，名称为index，存放在当前位置

    # Reverse是可迭代对象（iterable）
    def __iter__(self):
        return self

    # Reverse也是迭代器（iterator）
    def __next__(self):
        if self.index == 0:                          # 反向遍历已结束
            raise StopIteration
        self.index = self.index - 1                  # 反向前进一个位置
        return self.data[self.index]
```

这个例子定义了一个迭代器类型，用于反向遍历一个序列。这种迭代器能够操作所有支持下标操作的序列，如str类型、元组类型或者列表类型。

因为迭代器是一种类型，因此需要使用class关键字定义一个类型，类型名称为Reverse。在__init__初始化方法中，用data传入需要反向遍历的序列，并将索引位置指向序列的结尾。

综上所述，迭代器类型需要实现__next__方法。在__next__方法中，首先通过索引位置判断是否已经反向遍历所有的元素。如果完成遍历，则按照迭代器的约定，抛出StopIteration异常。如果没有完成遍历，则将索引减1，然后返回前一个元素。

Reverse类型同时还实现了__iter__方法，因此它也是一种可迭代的类型。__iter__方法需要返回一个迭代器对象，而Reverse类型对象本身就是迭代器对象，因此，__iter__方法只需将自身（self）返回即可。

接下来使用刚才所定义的Reverse类型。

```
>>> x = [1, 2, 3]
>>> rev = Reverse(x) # 创建一个Reverse类型的对象
>>> isinstance(rev, Iterable)
True
>>> isinstance(rev, Iterator)
True
```

在上述代码中可以看到，Reverse类型对象既是可迭代对象，又是迭代器对象。

```
>>> for i in rev: # rev是可迭代对象，因此可以使用for循环进行遍历
...     print(i)
```

```
...
3
2
1
```

正如预期一样，使用for循环遍历Reverse对象，将会反向遍历其底层的列表。

4.3.3 生成器

生成器（Generator）是Python语言提供的一种强大的机制，它的基本功能是用于创建迭代器。

上一节使用自定义类型创建了一个反向遍历序列的迭代器类型。对于这种比较简单的情况，仍然需要处理不少底层的细节。如果是更复杂的情况，实现难度会更大。

生成器的机制能够降低创建自定义迭代器的复杂性。生成器机制的表现形式类似于普通函数，只是这种函数内部使用了yield关键字，称为生成器函数。生成器函数返回的结果是一个生成器。yield关键字类似于return关键字，用于退出相关的代码段，同时返回一个值。与return不同的是，使用return退出后，本次调用的信息就被全部丢弃了；而使用yield退出后，代码调用的相关信息仍然会保留。因此，下一次再进入这个代码段时，上次执行的状态仍然存在，代码能够接着从上次退出的位置继续执行。

生成器机制使用文字来描述会很抽象，下面举一个简单的例子进行说明。

```
def generator_demo():                # 定义一个特殊的函数，生成器函数
    yield 1
    yield 2
    yield 3
```

上面一段看起来像函数的代码，实际上是定义了一个生成器函数。

```
>>> g = generator_demo()           # 调用生成器函数，并不执行函数体，而是返回一个生成器对象
>>> type(g)
<class 'generator'>
```

调用生成器函数，返回的结果是一个生成器对象。

```
>>> hasattr(g, '__next__')
True
>>> hasattr(g, '__iter__')
True
```

```
>>> isinstance(g, Iterable)          # 生成器对象是可迭代对象
True
>>> isinstance(g, Iterator)          # 生成器对象也是迭代器对象
True
```

Python语言的内置函数hasattr()用于判断一个对象是否具有某个属性。可以看到，生成器对象g实现了__next__方法，因此g是一个迭代器对象；同时g也实现了__iter__方法，因此g同时也是一个可迭代对象。

```
>>> next(g)                          # 获取生成器对象的下一个值
1
>>> next(g)
2
>>> next(g)
3
>>> next(g)
Traceback (most recent call last):
  File "<stdin>", line 1, in <module>
StopIteration
```

既然g是迭代器对象，便可以在g对象上调用next函数。第一次调用next()函数时，生成器函数的代码执行以下语句，并返回数值1。

```
yield 1
```

第二次调用next()函数，生成器函数并没有从头开始执行，而是记住了上次的执行状态，从上次的yield语句之后接着往下执行。因此，这一次代码执行以下语句，并返回数值2。

```
yield 2
```

继续调用next()函数，代码每一次从上次的执行位置往下继续执行。直到最后一次调用next()函数，生成器函数的代码已经执行完毕。这一次就抛出了StopIteration异常。

作为对比，下面使用生成器来重写反向遍历序列的迭代器例子。

```
def make_reverse_iter(data): # 参数data是一个序列，如元组、列表、字符串等
    for index in range(len(data)-1, -1, -1):
        yield data[index]
```

与上一节的自定义类型的实现方式进行比较。显然，使用生成器实现迭代器，极大地减少了代码行数。更为重要的是，生成器的实现能够使用一种更接近普通循环遍历的方式实现迭代器，将程序设计人员从复杂的底层状态处理中解放出来。

对于使用者来说，使用生成器的方式与使用自定义迭代器的方式类似。

```
>>> x = [1, 2, 3]
>>> rev = make_reverse_iter(x)
>>> for i in rev:
...     print(i)
...
3
2
1
```

4.4 字典

在程序设计中，存储成对的数据是十分常见的需求。例如，如果想要统计一篇英文文章中，各个单词的出现次数。在这种情况下，如果有一种数据结构，能够成对地存放单词和对应的次数，就会对完成单词次数统计的任务很有帮助。Python内置的字典（Dict）正是这样一种数据结构。

4.4.1 字典的操作

字典（Dict）用于存储成对的元素，其中一个称为键（Key），另一个称为值（Value）。在一个字典对象中，键不能重复，用于唯一标识一个键值对，而对于值的存储则没有任何限制。

使用英文大括号{}来创建一个字典对象。

```
score_dict = {'张三':90, '李四':75, '王五':82}
```

上面的代码创建了一个字典对象，用于存储学生的成绩。其中，键是str类型，存放学生的名字；值是int类型，存放学生的成绩。

在字典中根据键查找相应的值是一个高效的操作，因为查找操作无须遍历字典的所有键值对，而是通过键计算出一个数值，进而根据这个数值定位到键值对的位置。查找的语法与列表下标操作类似，使用方括号[]作为操作符。如果字典中存在该键，则返回对应的值；如果不存在，则抛出异常。

```
>>> score_dict['王五'] # 获取'王五'这个key所对应的值
82
```

```
>>> score_dict['孙悟空'] # key不存在会抛出异常
Traceback (most recent call last):
  File "<stdin>", line 1, in <module>
KeyError: '孙悟空'
```

在字典中添加一个条目（entry，即键值对）。

```
>>> score_dict['赵六'] = 93 # 添加一个条目，key为'赵六'，value为93
>>> score_dict
{'张三': 90, '李四': 75, '王五': 82, '赵六': 93}
```

如果添加的键原本已存在于字典对象中，则使用新的值覆盖原有的值。

```
>>> score_dict['王五'] = 69 # 更新'王五'这个key所对应的值
>>> score_dict
{'张三': 90, '李四': 75, '王五': 69, '赵六': 93}
```

使用in操作符检测字典中是否存在某个键。

```
>>> '王五' in score_dict # 字典中是否存在'王五'这个key
True
>>> '孙悟空' in score_dict
False
```

使用del操作符删除键值对。

```
>>> score_dict
{'张三': 90, '李四': 75, '王五': 69, '赵六': 93}
>>> del(score_dict['张三']) # 删除key值为'张三'的键值对
>>> score_dict
{'李四': 75, '王五': 69, '赵六': 93}
```

字典类型的keys()方法，返回一个可迭代对象，从而能够遍历字典对象的所有键。

```
>>> for k in score_dict.keys():
...     print(k)
...
李四
王五
赵六
```

字典本身也是可迭代对象，可以用于遍历字典对象的所有键，因此上面的代码可以简写为如下形式。

```
>>> for k in score_dict:
...     print(k)
...
李四
王五
赵六
```

字典类型的values()方法，可返回一个可迭代对象，从而能够遍历字典对象中的所有值。

```
>>> for v in score_dict.values():
...     print(v)
...
75
69
93
```

字典类型的items()方法，可返回一个可迭代对象，从而能够遍历字典对象的所有键值对。

```
>>> for k, v in score_dict.items():
...     print(k, v)
...
李四 75
王五 69
赵六 93
```

需要注意的是，上面介绍的各种遍历字典元素的方法，都不能保证按照某种顺序遍历。使用字典类型时，请不要编写依赖于遍历顺序的代码。

4.4.2 字典应用示例：词频统计

统计文章中单词的出现次数，即词频统计，是字典的一个典型的应用。

下面的列表对象，存放了披头士乐队的一首歌（《She loves you》）的歌词，其中，每个元素都是一个单词。

```
she_loves_you = ['she', 'loves', 'you', 'yeah', 'yeah', 'yeah',
'she', 'loves', 'you', 'yeah', 'yeah', 'yeah',
```

```
'she', 'loves', 'you', 'yeah', 'yeah', 'yeah',

'you', 'think', "you've", 'lost', 'your', 'love',
'well', 'i', 'saw', 'her', 'yesterday-yi-yay',
"it's", 'you', "she's", 'thinking', 'of',
'and', 'she', 'told', 'me', 'what', 'to', 'say-yi-yay',

'she', 'says', 'she', 'loves', 'you',
'and', 'you', 'know', 'that', "can't", 'be', 'bad',
'yes', 'she', 'loves', 'you',
'and', 'you', 'know', 'you', 'should', 'be', 'glad',

'she', 'said', 'you', 'hurt', 'her', 'so',
'she', 'almost', 'lost', 'her', 'mind',
'and', 'now', 'she', 'says', 'she', 'knows',
"you're", 'not', 'the', 'hurting', 'kind',

'she', 'says', 'she', 'loves', 'you',
'and', 'you', 'know', 'that', "can't", 'be', 'bad',
'yes', 'she', 'loves', 'you',
'and', 'you', 'know', 'you', 'should', 'be', 'glad',

'oo', 'she', 'loves', 'you', 'yeah', 'yeah', 'yeah',
'she', 'loves', 'you', 'yeah', 'yeah', 'yeah',
'with', 'a', 'love', 'like', 'that',
'you', 'know', 'you', 'should', 'be', 'glad',

'you', 'know', "it's", 'up', 'to', 'you',
'i', 'think', "it's", 'only', 'fair',
'pride', 'can', 'hurt', 'you', 'too',
'pologize', 'to', 'her',

'Because', 'she', 'loves', 'you',
'and', 'you', 'know', 'that', "can't", 'be', 'bad',
'Yes', 'she', 'loves', 'you',
'and', 'you', 'know', 'you', 'should', 'be', 'glad',
```

```
'oo', 'she', 'loves', 'you', 'yeah', 'yeah', 'yeah',
'she', 'loves', 'you', 'yeah', 'yeah', 'yeah',
'with', 'a', 'love', 'like', 'that',
'you', 'know', 'you', 'should', 'be', 'glad',
'with', 'a', 'love', 'like', 'that',
'you', 'know', 'you', 'should', 'be', 'glad',
'with', 'a', 'love', 'like', 'that',
'you', 'know', 'you', 'should', 'be', 'glad',
'yeah', 'yeah', 'yeah',
'yeah', 'yeah', 'yeah', 'yeah'
]
```

定义一个函数，统计歌词中各个单词的出现次数。在函数中使用字典对象存放单词和对应的次数。字典的键是str类型，用于存放单词；字典的值是int类型，用于存放单词的出现次数。统计完成后，将存放统计结果的字典对象返回。

```
def words_to_frequencies(words):
    '''
    统计列表中各个单词的出现次数，返回dict。
    words是一个单词列表。
    '''
    word_dict = {}
    for word in words:
        if word in word_dict: # word已经出现过，将计数增加1
            word_dict[word] += 1
        else:                 # word还没有出现过，创建新的键值对
            word_dict[word] = 1
    return word_dict
```

得到词频统计结果的字典对象后，希望进一步找出出现次数最多的单词。下面定义一个函数完成这个任务。因为有可能发生多个单词出现的次数都一样的情况，所以函数最终返回一个元组，第一个元组是出现次数最多的单词的列表，第二个元组是次数。

```
def most_common_words(word_dict):
    '''
    找出出现次数最多的单词。
    word_dict：词频统计结果字典。
    返回元组，其中第一个元素是单词列表，第二个元素是出现次数。
```

```
    '''
    best = max(word_dict.values())  # 单词出现的最大次数
    words = []
    for k in word_dict:
        if word_dict[k] == best:          # 单词出现次数等于最大次数，添加到结果列表
            words.append(k)
    return (words, best)
```

依次调用上面两个函数查看结果。可以看到，在《She loves you》这首歌中，出现次数最多的单词是you，一共出现了36次。

```
>>> word_dict = words_to_frequencies(she_loves_you)
>>> common_words, common_word_count = most_common_words(word_dict)
>>> common_words
['you']
>>> common_word_count
36
```

4.5 集合

与元组、列表类似，Python中的集合数据结构，可用于存储一系列的元素。同时，集合数据结构又具有数学上集合的性质，且集合中的元素是唯一的。

4.5.1 集合的基本操作

与字典相同，集合也是使用英文大括号{}创建。需要注意的是，重复的元素只会保存一份，示例代码如下：

```
>>> s = {'apple', 'orange', 'apple', 'pear', 'orange', 'banana'}
>>> s
{'pear', 'orange', 'apple', 'banana'}
```

另外，还可以使用集合的构造函数set()应用在可迭代对象上，创建集合对象，示例代码如下：

```
>>> set('abracadabra')
{'d', 'c', 'b', 'r', 'a'}
```

集合类型支持len()函数，示例代码如下：

```
>>> len( {1,2,3} )
3
```

集合类型支持in操作，测试某个对象是否存在其中，示例代码如下：

```
>>> 'b' in {'a', 'b', 'c'}
True
>>> 'e' in {'a', 'b', 'c'}
False
```

4.5.2　集合的关系操作

除了单个集合自身的操作，集合对象之间还支持数学意义上的关系运算操作。Python支持的集合关系操作包括：两个或多个集合的并、交、差、对称差。

下面以两个集合的关系运算操作为例进行说明。

（1）构造两个元素为字母的集合a和b，代码如下：

```
>>> a = set('abracadabra')
>>> b = set('alacazam')
>>> a
{'d', 'a', 'c', 'b', 'r'}
>>> b
{'a', 'z', 'c', 'm', 'l'}
```

（2）a和b的并操作，返回一个新的集合，由所有属于a或者属于b的元素构成，代码如下：

```
>>> a | b
{'d', 'a', 'z', 'c', 'm', 'b', 'l', 'r'}
```

（3）a和b的交操作，返回一个新的集合，由所有属于a并且属于b的元素构成，代码如下：

```
>>> a & b
{'a', 'c'}
```

（4）a和b的差操作，返回一个新的集合，由所有属于a但不属于b的元素构成，代码如下：

```
>>> a - b
{'d', 'b', 'r'}
```

（5）a和b的对称差操作，返回一个新的集合，由所有属于a或者属于b，但不同时属于a和b的元素构成，代码如下：

```
>>> a ^ b
{'l', 'd', 'b', 'z', 'm', 'r'}
```

4.6　数据抽象

本章所学习的Python数据结构，均属于复合的数据类型。与int、float这种基本的数据类型不同，复合数据类型由更小级别的元素复合而成。在程序设计中，用户希望表现的现实事物，很大一部分也具有复合的结构。例如，一个地理上的位置可以使用经度、纬度来表示。程序中表现的地理位置，如果既能够作为一个整体单元来操作，又能够单独操作其中的经度或维度，将有助于用户设计出更加清晰的程序结构和更加灵活的程序接口。复合数据类型可以提供这种功能，满足用户的需求。

复合数据类型有助于提升程序的模块性。在地理位置的示例中，将一个地理位置作为一个整体单元来操作，可以进一步将使用地理位置的代码与如何表现地理位置内部细节的代码隔离。这种将使用数据的代码与表现数据的代码相隔离的方法称为数据抽象，是一种强大的程序设计技术。数据抽象使得程序的设计、维护和使用都变得更加容易。

数据抽象的基本思路是，通过一种构建程序的方式，使得程序可在抽象的数据上操作。也就是说，使用数据的那部分程序代码，对所操作的数据做尽可能少的假设；与此同时，单独构建一块独立的代码，用于具体表现数据。这两部分代码，操作抽象数据的代码，以及实现具体数据细节的代码，可通过一个小的函数集合连接起来。

4.6.1　精确的有理数

数学上的有理数可以使用分数的形式来表现。例如，1/5、5/21，即分子/分母的形式，其中的分子和分母都是整数。

如果直接使用Python的int和除法操作“/”来表现有理数，只能够得到近似的float类型，丢失了一些精度。例如：

```
>>> 1/3 # 结果是一个近似的float值
0.3333333333333333
>>> 1/3 == 0.333333333333333300000 # 精度是有限的
True
```

如果希望表现精确的有理数，则需要使用某种复合数据类型，将分子和分母记录下来。

这里从使用者的角度出发，开始构造能产出精确有理数的程序。假设具体的实现代码已经存在，并且对使用者提供了三个接口函数。这三个接口函数，形成了一种抽象的数据。使用者通过接口函数就可以操作这种抽象的数据，而不用关心具体的数据实现方式。

- rational(n,d)。

构造函数，返回一个有理数，其分子为n，分母为d。

- numer(x)。

返回有理数x的分子。

- denom(x)。

返回有理数的分母。

即使这3个函数还没有具体的实现，作为使用者，在假设它们存在的基础上，就可以开始编写实现有理数的代码了。例如：

（1）实现有理数的加法，代码如下：

```
def add_rationals(x, y):
    '''
    计算有理数x和有理数y之和，返回一个新的有理数。
    '''
    nx, dx = numer(x), denom(x)
    ny, dy = numer(y), denom(y)
    return rational(nx * dy + ny * dx, dx * dy)
```

（2）有理数的乘法，代码如下：

```
def mul_rationals(x, y):
    '''
    计算有理数x和有理数y的乘积，返回一个新的有理数。
    '''
    return rational(numer(x) * numer(y), denom(x) * denom(y))
```

（3）打印有理数，代码如下：

```
def print_rational(x):
    print(numer(x), '/', denom(x))
```

（4）判断两个有理数是否相等，代码如下：

```
def rational_equal(x, y):
    '''
    判断有理数x和有理数y是否相等，返回bool类型。
    '''
    return numer(x) * denom(y) == numer(y) * denom(x)
```

4.6.2　使用元组实现有理数

接下来需要具体实现上一节的3个接口函数：rational()、numer()、denom()。在这里，我们需要使用某种复合数据结构，将分子和分母组合成为一个整体。接口函数只需具备构造复合结构的能力，以及选取其中的组成部分的能力即可。因此，用户可以使用元组来具体实现这种抽象的数据。如下代码为一种非常简单的实现方式。

```
def rational(n, d):
    return (n, d)

def numer(x):
    return x[0]

def denom(x):
    return x[1]
```

实现接口函数后，就可以使用上一节中定义的操作函数了。

```
>>> half = rational(1, 2)
>>> print_rational(half)
1 / 2
>>> third = rational(1, 3)
>>> print_rational(mul_rationals(half, third))
1 / 6
>>> print_rational(add_rationals(third, third))
6 / 9
```

可以看到，使用这种实现方式可以计算出结果，但是结果没有约分成最简分数的形式。通过修改rational()函数，可以改进这一点。

```
from fractions import gcd
def rational(n, d):
```

```
    g = gcd(n, d)           # 计算分子n和分母d的最大公约数
    return (n//g, d//g)     # 返回最简分数形式的有理数
```

改用新的实现方式后，再次运行，就能够得到最简分数的结果。

```
>>> print_rational(add_rationals(third, third))
2 / 3
```

4.6.3 抽象屏障

通过实现构造函数rational()、分子选择函数numer()以及分母选择函数denom()，完成了有理数具体表现细节部分的代码。在这些接口函数的内部，元组以及相关操作被用来实现和操作有理数的细节。而作为使用者的add_rationals()和mul_rationals()等函数，只需通过这3个接口来操作有理数即可。因此，在与有理数相关的代码中，不同部分的代码使用了不同的操作，从而构成了不同的层次，如表4-1所示。

表4-1最后一列中的操作形成了抽象屏障。完成每一层功能的程序代码，只需使用该层的相关操作即可，而无须使用下面更低层次的接口。

抽象屏障使得程序更容易维护和修改。每一层的代码仅仅依赖少量的接口，只要接口保持不变，下层的修改不会影响上层的代码。例如，最下层的实现改为使用列表数据结构，上面两层的代码不会受到任何影响，用户无须做任何改动。

表4-1 抽象屏障

程序的不同部分	如何看待有理数	仅仅使用这些操作
使用有理数进行更复杂计算的代码	将有理数看作一个整体	add_rationals、mul_rationals、print_rational、rational_equal
创建有理数或者实现有理数基本运算（如加法）的代码	分子和分母	rational、numer、denom
实现有理数的构造函数和选择函数的代码	两个元素的元组	元组的创建和下标操作

案例3 链表和树

【案例名称】链表和树

注意：在阅读案例和实践过程中，请参考本书提供的源代码。

【案例目的】

（1）使用Python内置的list表示pair结构。
（2）使用pair结构实现链表。
（3）使用嵌套链表表示树结构。

【案例思路】

1. 使用list表示pair结构

一个pair对象具有两个属性，first和second。

使用list表示：[first, second]。

pair可以进一步组合：[1, [2, 3]]。

2. 使用pair结构实现链表（linked list）

链表是递归的数据结构。pair中的first存放一个元素，pair中的second存放其余元素，其余的元素同时也是一个链表。存放最后一个元素的pair的second指向空的list。如下面的链表。

```
[1, [2, [3, []]]]
```

该链表结构如下图所示。

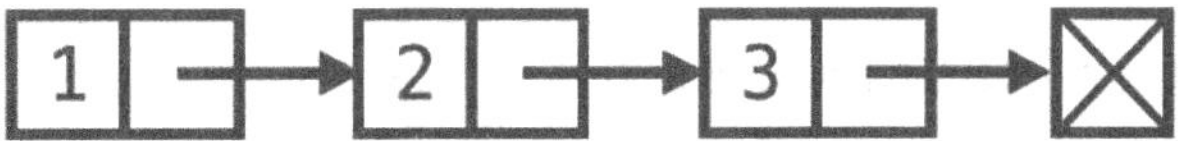

3. 使用嵌套链表表示树结构

在链表中存放嵌套的链表，可用于构成树。使用嵌套链表存放表达式这样构成的树称为表达式树。下图展示了一个表达式树的例子，左边是一种前缀表达式，中间是这个表达式对应的树示意图，右边是这个表达式对应的pair存储结构。

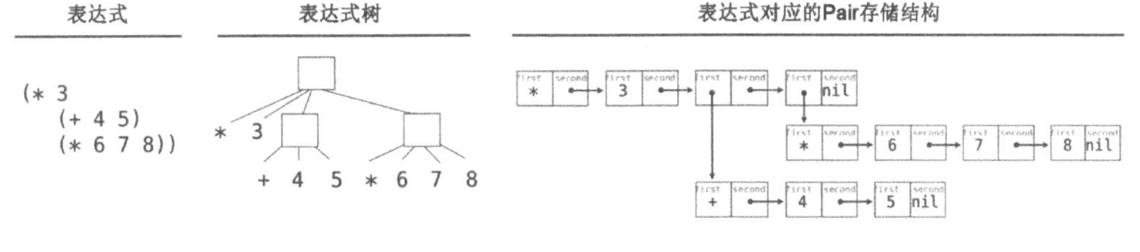

【案例环境】

操作系统：Linux。
开发环境：PyCharm。

【案例步骤】

➤ 步骤一　在IDE中创建名为tree的项目

创建sugon.edu包，并将tree.py和main.py复制到对应位置（见下图）。

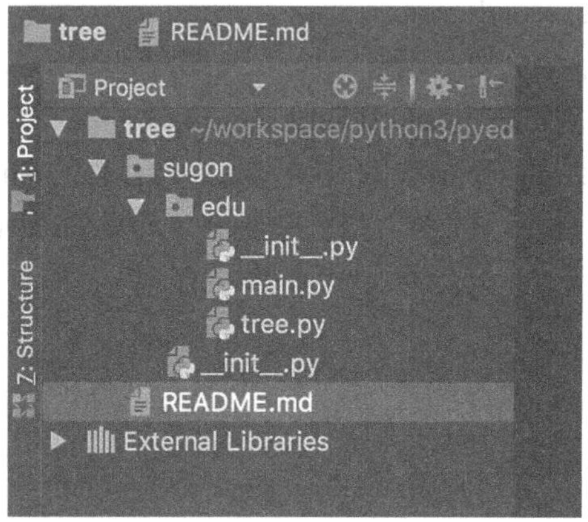

➤ 步骤二　运行项目的测试代码，并观察结果

在main.py上单击鼠标右键，再单击运行命令，如下图所示。

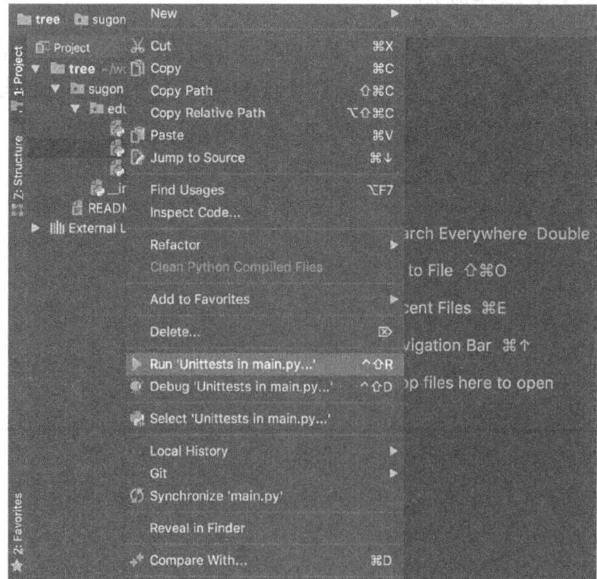

➢ **步骤三　补充完成make_list函数代码**

（1）补充完成tree.py文件中make_list函数标记为'***处的代码。

（2）然后再次如步骤二所示运行测试代码，并观察运行结果有什么不同？

➢ **步骤四　补充完成map_list函数代码**

（1）补充完成tree.py文件中map_list函数标记为'*** 处的代码。

（2）然后再次如步骤二所示运行测试代码，并观察运行结果有什么不同？

➢ **步骤五　补充完成test_tree测试用例代码**

（1）补充完成main.py文件中test_tree测试用例标记为'***处的代码。

（2）然后再次如步骤二所示运行测试代码，并观察运行结果有什么不同？

➢ **步骤六　填写README文件**

略。

➢ **步骤七　在命令行中运行项目**

执行如下代码运行项目。

```
cd <项目根目录>
PYTHONPATH=. python3 sugon/edu/main.py
```

上面一条命令的含义是，传递环境变量PYTHONPATH给Python3解释器，然后运行main.py。请解释这样做的目的是什么？请自行查阅资料，尝试回答这个问题。提示，这与python模块加载有关。

第5章 函数和递归

函数是组织好的，可重复使用的，用来实现单一或关联功能的代码段。简而言之，函数就是将语句集合在一起的工具，当调用这个函数时，系统就能把这些语句全部执行一遍。函数有以下两个优点。

（1）代码重用。函数把一些语句“打包”，然后供其他用户使用，这样就可以避免每个用户为了相同功能而编写重复的代码。

（2）流程分解。我们可以使用函数把一个大的系统分解为多个小的系统，把大功能分解为多个小功能，这就使得每个小系统、小功能更清晰，也更容易实现。

本章重点

◎函数的定义。

◎函数的调用。

◎函数的参数。

◎作用域。

◎递归函数。

◎匿名函数。

5.1 函数作为抽象的手段

我们已初步了解了函数的相关内容，也认识了一些内置函数abs()、pow()等。对内置函数，我们只需要知道它们实现了什么功能，无须知道具体如何实现。在本章中，我们要学会如何定义函数，以及如何调用函数。

5.1.1 定义函数

Python中保留了一个关键字def，用来定义函数。def是可执行语句。我们知道当语句没有执行时，是不起作用的。若没有执行def语句，则这个函数不存在。def语句的作用是创建一个对象，这个对象就是函数体（即被“打包”的语句），然后把这个对象赋值给一个变量（即函数名），函数名的实质是变量，我们还可以把这个变量再赋值给另一个变量，就相当于重命名函数。return交出控制权，返回给调用者，这个函数就停止执行。return语句可以在函数体的任何位置。函数体也可以没有return语句，相当于函数返回None。

函数的定义格式为：

```
def 函数名(参数1, 参数2, …, 参数n):
  函数体
```

当执行def语句时，系统会在内存中创建一个变量，引用函数对象（见图5-1）。

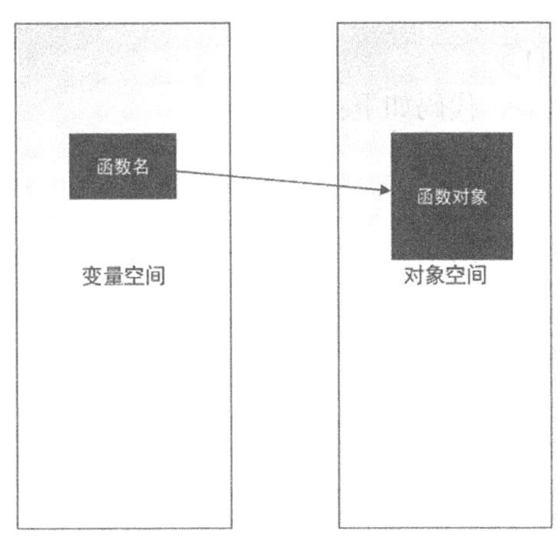

图5-1　函数创建示意图

定义一个max()函数，实现返回这两个参数中值较大的参数，代码如下：

```
>>>def max( a , b ) :
…   if ( a > b ):
…     return a
…   else:
…     return b
```

当执行def语句时，Python会创建一个函数对象，并使用变量max引用这个函数对象，注意，此时并不会执行函数体，只创建函数对象，并用函数名关联这个函数对象。

5.1.2　调用函数

函数被调用时就会执行函数名关联的函数体。函数调用方式为：

```
函数名(参数1, 参数2, …, 参数n)
```

我们可以看到，函数的调用与函数定义很相似，不同之处在于函数调用时没有使用

def关键字，也没有函数体。

使用前面定义的max()函数，求两个数字的较大值，代码如下：

```
>>>#调用函数，将3和5中的较大值赋值给c
>>>c = max(3, 5)
>>>print(c)
5
```

执行后输出结果是5，这与我们预期的一致。

Python中同样有很多已经定义好的内置函数，我们可以直接调用。例如，求绝对值函数abs()，输出函数print()等。

调用函数abs()求绝对值，代码如下：

```
>>> abs(-90)
90
>>> abs(50)
50
```

调用len函数，代码如下：

```
>>> len( ('a', 'b', 'c') ) #len函数获取元素个数
3
```

5.1.3　函数的参数

函数参数分两种，一种是函数定义时的参数，我们称之为形参；另一种是函数调用时的参数，我们称之为实参。

根据形参个数是否确定，可将形参划分为固定形参和可变形参两种。固定形参意为形参的个数是固定的，函数中定义了多少个，就只接受多少个实参；可变形参意为形参的个数是不确定的，在函数定义中通常会出现如*param，或者**param这种形式的形参。

```
>>> def fixed_param_func(arg1, arg2, arg3):  # 三个固定参数
...   print(arg1, arg2, arg3)
...
```

上面的代码形式就是固定形参。在函数调用时，实参的个数必须小于等于形参的个数。相等这种情况很好理解，至于为什么可以小于形参个数，详见后面的解释。

（1）实参和形参相同时，可正常调用，代码如下：

```
>>> fixed_param_func(1, 2, 3)
1 2 3
>>>
```

（2）当实参个数大于形参时，调用固定形参的函数，系统就会报错，代码如下：

```
>>> fixed_param_func(1, 2, 3, 4)
Traceback (most recent call last):
  File "<stdin>", line 1, in <module>
TypeError: fixed_param_func() takes 3 positional arguments but 4 were given
>>>
```

（3）如下形式的函数定义中的形参就是可变形参。在函数调用时，实参数量可以小于、等于或者大于形参的数量。*arg2形式的参数把多出来的位置参数集合成一个元祖，**arg3形式的参数把多出来的关键字参数集合成为一个字典。

```
>>> def var_param_func(arg1, *arg2, **arg3):  # 第一个参数固定，后两个参数可变
...   print(arg1, *arg2, **arg3)
...
>>> var_param_func(1)
1 () {}
>>> var_param_func(1, 2, a=2)
1 (2,) {'a': 2}
>>>
```

区分形参是固定的还是可变的，最简单的办法就是观察有没有出现*param或者**param这种形式的形参，如果出现就是可变形参，否则就是固定形参。

形参还可以根据其有无默认值划分为一般参数和默认值参数。示例代码如下：

```
>>> def no_default_val_func(arg1, arg2):
...   print(arg1, arg2)
...
```

上述函数中arg1和arg2都是没有默认值的，在调用时，没有默认值的参数必须赋值，否则系统会报错。

```
>>> no_default_val_func(1, 2)
1 2
>>> no_default_val_func(1)
Traceback (most recent call last):
  File "<stdin>", line 1, in <module>
TypeError: no_default_val_func() missing 1 required positional argument: 'arg2'
>>> def have_default_val_func(arg1, arg2=2):
...   print(arg1, arg2)
...
>>> have_default_val_func(1, 3)
1 3
>>>
>>> have_default_val_func(1)
1 2
>>>
```

在上面代码的参数定义中，由于arg1没有默认值，为一般参数；arg2有默认值，为默认值参数。当调用函数时，如果没有给默认值参数传递值，则就用默认值；如果传递了，就用传递的值。

注意 函数形参必须按如下形式的顺序进行定义，违反这个规则系统将会报错：任何一般参数（name），紧跟默认值参数（name=value），后面是*name形式参数，再后面跟**name形式参数（如果有的话）。

实参分为位置参数、关键字参数、*arg形式参数、**arg形式参数，分别说明如下：

（1）位置参数就是简单形式的值或者表达式形式的参数。

```
>>> have_default_val_func(1, 3)
1  3
```

上面函数调用的1和3都是实参，而且属于位置参数。

（2）关键字参数是name=value这种形式的参数，关键字参数是给特定形参赋值，所以名字必须和实参名字相同。

```
>>> have_default_val_func(arg1=10)
10  2
```

arg1=10就是关键字参数。

（3）*arg形式的参数，用于解包元祖，读者可以参考赋值一节相关的知识。

```
>>> args = (3, 4)
>>> have_default_val_func(*args)
3  4
```

（4）**arg形式参数，用于解包字典。

```
>>> args = {'arg1': 4, 'arg2': 5}
>>> have_default_val_func(**args)
4  5
```

```
>>> have_default_val_func(1, 3)
1  3
```

上面的函数调用，就如同先令arg1=4，arg2=5，然后再去执行函数体。

注意　函数的实参必须按如下形式的顺序进行排列，违反这个规则系统将会报错：位置参数（name），紧跟关键字参数（name=value），后面是*name形式参数，再后面跟**name形式参数（如果有的话）。函数调用时相当于把实参赋值给形参。

形参和实参按照如下顺序进行匹配。

（1）通过位置分配非关键字参数，从左到右把位置参数赋值给形参。

（2）通过匹配形参参数名分配关键字参数。

（3）其他额外的位置参数分配到*name元祖中。

（4）其他额外的关键字参数分配到**name字典中。

（5）用默认值分配给形参中没有得到分配的参数。

在应用了这些规则后，Python会检查每个参数是否只传递了一个值，否则系统就会报错。

5.2　函数和环境

在Python语言中，变量的可见范围称为该变量的作用域。简而言之，变量的作用域就是这个变量的使用范围。变量在第一次赋值时被创建出来，首次赋值语句所在的位置决定了该变量的作用域。变量一般有4种作用域：本地作用域、非本地作用域、全局作用域和内置作用域，相应地就产生了本地变量、非本地变量、全局变量和内置变量。示例如下：

```
>>> a = 1                        # a是全局变量
>>> def outer_func(arg1):        # outer_func是全局变量，arg1是本地变量
...   b = 2                      # b是本地变量
...   def inner_func():
...     c = 3                    # c是本地变量
...     print(c)                 # print是内置变量
```

变量可以在3种地方进行赋值，分别对应着如下3种作用域：

- 如果一个变量在函数体中赋值，则这个变量属于本地变量；
- 如果一个变量在外部函数中赋值，那么相对于内部函数来说这个变量属于非本地变量；
- 如果一个变量在def之外赋值，那么这个变量就是全局变量。

4种变量分别介绍如下：

（1）内置变量：内置变量都定义在__builtins__模块中，这个是Python解释预加载的一个模块，不需要我们去加载，所以我们平时能够随时使用这些内置函数。下面使用dir()函数来显示__builtins__模块包含哪些内置函数。

```
>>> dir(__builtins__)
['ArithmeticError', 'AssertionError', 'AttributeError', 'BaseException',
'BlockingIOError', 'BrokenPipeError', 'BufferError', 'BytesWarning',
'ChildProcessError', 'ConnectionAbortedError', 'ConnectionError',
'ConnectionRefusedError', 'ConnectionResetError', 'DeprecationWarning',
'EOFError', 'Ellipsis', 'EnvironmentError', 'Exception', 'False', 'FileExistsError',
'FileNotFoundError', 'FloatingPointError', 'FutureWarning', 'GeneratorExit',
'IOError', 'ImportError', 'ImportWarning', 'IndentationError', 'IndexError',
'InterruptedError', 'IsADirectoryError', 'KeyError', 'KeyboardInterrupt',
'LookupError', 'MemoryError', 'ModuleNotFoundError', 'NameError',
'None', 'NotADirectoryError', 'NotImplemented', 'NotImplementedError',
'OSError', 'OverflowError', 'PendingDeprecationWarning', 'PermissionError',
'ProcessLookupError', 'RecursionError', 'ReferenceError', 'ResourceWarning',
'RuntimeError', 'RuntimeWarning', 'StopAsyncIteration', 'StopIteration',
'SyntaxError', 'SyntaxWarning', 'SystemError', 'SystemExit', 'TabError',
'TimeoutError', 'True', 'TypeError', 'UnboundLocalError', 'UnicodeDecodeError',
'UnicodeEncodeError', 'UnicodeError', 'UnicodeTranslateError', 'UnicodeWarning',
'UserWarning', 'ValueError', 'Warning', 'WindowsError', 'ZeroDivisionError', '_',
```

```
'__build_class__', '__debug__', '__doc__', '__import__', '__loader__', '__
name__', '__package__', '__spec__', 'abs', 'all', 'any', 'ascii', 'bin', 'bool', 'breakpoint',
'bytearray', 'bytes', 'callable', 'chr', 'classmethod', 'compile', 'complex', 'copyright',
'credits', 'delattr', 'dict', 'dir', 'divmod', 'enumerate', 'eval', 'exec', 'exit', 'filter',
'float', 'format', 'frozenset', 'getattr', 'globals', 'hasattr', 'hash', 'help', 'hex', 'id',
'input', 'int', 'isinstance', 'issubclass', 'iter', 'len', 'license', 'list', 'locals', 'map',
'max', 'memoryview', 'min', 'next', 'object', 'oct', 'open', 'ord', 'pow', 'print',
'property', 'quit', 'range', 'repr', 'reversed', 'round', 'set', 'setattr', 'slice', 'sorted',
'staticmethod', 'str', 'sum', 'super', 'tuple', 'type', 'vars', 'zip']
>>>
```

（2）全局变量：指定义在模块顶层的变量，作用于全局。

（3）本地变量：指定义在函数之内的变量，包括函数形参。

（4）非本地变量：非本地变量是本地变量的一种相对称谓。在本节前面的示例中，变量arg1、b相对于inner_func是非本地变量。

所有变量的引用都遵循LEGB（Local→Enclosing Function Locals→Global→Builtin）规则：首先在本地作用域中查找变量，然后在嵌套作用域中找（如果有的话），然后在全局作用域中查找，最后到内置作用域查找。如果都没有查找到，则系统会报错。

5.2.1　全局变量

Python的全局变量是定义在函数之外，在模块文件顶层赋值的变量。全局变量可以在赋值位置之后的任何地方进行引用。全局变量的示例如下：

```
>>> global_var = 10
>>> def test():
...   print(global_var)
...
>>> print(global_var + 5)
15
>>> test()
10
>>>def  func():
…   num = 1
…   print("函数内修改后num=",num)
>>>num = 2
#函数内修改后num=1
```

```
>>>func()
>>>print("函数运行后num=",num)
函数运行后num=2
```

读者可能会对上面的示例代码有疑惑，明明num是个全局变量，在调用func()函数后值应该改变成1，为什么还是2呢。这是因为在函数体中赋值的变量是本地变量，和全局变量num是两个完全不同的变量。

如果需要修改全局变量的值，即可使用Python提供的global关键字。global关键字指示这是一个全局变量。如果已经有这个变量，用户可以直接引用；如果没有，则用户需要创建这个变量。

```
>>>def  func():
…   global num
…   num = 1
…   print("函数内修改后num=",num)
>>>num = 2
#函数内修改后num=1
>>>func()
>>>print("函数运行后num=",num)
函数运行后num=1
```

上面的代码确实修改了全局变量num的值，这是因为func()函数中使用了global关键字，指示这个num是全局变量。因此func()函数中后续的赋值，就是改变全局变量，而不是创建本地变量。

```
>>>def add_a():
…   global  a
…   a = 3
>>>add_a()
>>>print(a)
3
```

这个示例表明global关键字确实起到了创建全局变量的作用。

5.2.2　函数调用环境

函数调用时会在内存中分配一块空间，用来存放本地变量、调用者返回PC指针等信息，当函数运行完后，分配的这块空间就会被回收，所以这些变量就不能再被访问了。当再次调用这个函数时，系统会另外分配空间，这个时候新创建的变量和之前相同名字的变量是两个完全不同的变量。

```
>>> def outer_func():
...   a = 10
...   def inner_func():
...     a = 20
...     print(a)
...   inner_func()
...   print(a)
...
>>> outer_func()
20
10
>>>
```

上述代码本来的目的是改变非本地变量a的值，但是却失败了。这是由于在inner_func()函数中对a赋值时，创建了另外一个变量a，而不是引用非本地变量a。为了改变非本地变量的值，需要使用关键字nonlocal，它可申明变量为非本地变量。

```
>>> def outer_func():
...   a = 10
...   def inner_func():
...     nonlocal a
...     a = 20
...     print(a)
...   inner_func()
...   print(a)
...
>>> outer_func()
20
20
>>>
```

注意　关键字nonlocal只是声明变量是非本地变量，并不会创建这个变量，只是扩大变量搜索范围，最多搜索到非本地作用域范围，不会再搜索全局作用域和内置作用域。

```
>>> a = 10
>>> def test():
...   def do_test():
...     nonlocal a
...     print(a)
...   do_test()
...
  File "<stdin>", line 3
SyntaxError: no binding for nonlocal 'a' found
```

5.3 递归

递归函数是直接或者间接地调用自身的函数。递归作为一种算法，在程序设计语言中被广泛应用。递归函数在其定义或说明中有直接或间接调用自身的一种方法，它通常把一个大型、复杂的问题层层转化为一个与原问题相似的规模较小的问题来求解。递归策略只需少量的程序代码就可描述出解题过程所需要的多次重复计算，大大地减少了程序的代码量。

设计递归函数时用户需要明确设计返回条件，若不设计返回条件，则这个调用就会陷入死循环，最终占满分配给进程的内存空间。

5.3.1 使用递归实现阶乘

当计算n的阶乘时，假如已知$n-1$的阶乘，只需计算$n \times (n-1)!$。计算$n-1$的阶乘和计算n的阶乘一样，假如已知$n-2$的阶乘，则只需计算$(n-1) \times (n-2)!$。由此，可定义如下求阶乘函数。

```
>>>def  fact( n ):
···  if  n == 1:
···    return  1
···  return  n * fact( n  -  1 )
```

调用fact()函数的示例如下：

```
>>> fact(5)
120
>>> fact(3)
6
```

```
>>> fact(1)
1
```

5.3.2　Fibonacci数列

斐波那契数列（Fibonacci Sequence），又称黄金分割数列，因数学家斐波那契（Fibonacci）以兔子繁殖为例而引入，故又称为“兔子数列”，它指的是这样一个数列：1、1、2、3、5、8、13、21、34……

在数学上，斐波纳契数列以如下的递归方式定义：$F(1)=1$，$F(2)=1$，$F(n)=F(n-1)+F(n-2)$（$n\geqslant 2$，$n\in \mathrm{N}^*$）。

根据斐波纳契数列的定义，我们可定义fibs()函数如下：

```
>>>def fibs(n):
…   if n == 1 or n == 2:
…     return 1
…   else:
…     return fibs(n−1) + fibs(n−2)
```

调用fibs()函数，输出结果如下：

```
>>> fibs(1)
1
>>> fibs(3)
2
>>> fact(6)
8
```

与预期一致，fibs()函数可返回斐波纳契数列相应位置的数值。

5.3.3　递归与数学归纳法

数学归纳法的思想：①验证当n取第一个自然数值$n=n_1$（n_1=1、2或其他常数）时，命题正确；②假设当n取某一自然数k时命题正确，以此推出当n=k+1时这个命题也正确。由此就可推出命题对于从n_1开始的所有自然数都成立。

数学归纳法利用的是递推的原理，而递归利用的也是递推原理，在这一点上，递归与数学归纳法本质是相同的。

5.3.4　递归与分治法

分治法的基本思想：将一个规模为n的问题分解为k个规模较小的子问题，这些子问题互相独立且与原问题相同。递归地解这些子问题，然后将各个子问题的解合并成原问题的解。

递归是把问题转化为规模缩小了的同类问题的子问题。然后递归调用函数（或过程）来表示问题的解。简单地说：分治法是把一个复杂问题划分为多个简单子问题，递归法是把多个子问题归为一个问题的解决方法。

5.4 高阶函数

高阶函数是把函数作为参数的一种函数，是一种高度抽象的编程方式。函数本身是一个对象，函数名作为一个变量，引用函数对象，因为可以使用其他变量来引用这个函数对象，所以函数与其他对象没有什么区别。

5.4.1 匿名函数

匿名函数是一个函数对象，可以赋值给一个变量，此时这个变量就代表函数名。

有时无须显式地定义函数，直接传入匿名函数即可。Python使用lambda来创建匿名函数。lambda的主体是一个表达式，而不是代码块，并且拥有自己的命名空间，不能访问除自己参数列表之外或者全局命名空间里的参数。

先定义一个求和函数，分别用常规函数和lambda函数表示，示例如下：

```
#常规定义
>>>def  my_sum( x, y ):
        return x + y

#匿名函数
>>>my_sum = lambda x , y : x + y
```

通过如下代码可以观察到，调用匿名函数和调用常规函数的方式没有区别：

```
>>> print( my_sum )
<function <lambda> at 0x010462002093D07>
>>> my_sum( 3, 5 )
8
```

5.4.2 函数作为参数

在Python中，函数本身也是对象，可以将函数作为参数传入另一个函数进行调用。

首先定义一个求绝对值的函数。

```
>>>def  my_abs( a ):
…   if( a>0 ):
…       return a
…   else:
…       return  - a
```

然后定义一个加法函数add()，该函数接受3个参数，其中，x和y是数字，f是函数。add()函数首先将f()函数分别应用在x和y上，再把所得的结果相加。

```
>>>def add(x , y, func):
… return f(x) + f(y)
以不同的参数调用add()函数如下：
>>> add(8, -3, my_abs)
11
>>> add(-2, -4, my_abs)
6
```

5.4.3　函数作为返回值

高阶函数除了可以将函数作为参数外，还可以将函数作为结果返回。函数作为返回值可以将一些计算延迟执行。例如，我们定义一个求和函数calculate()。

```
>>>def  calculate (type_list):
…   return sum(type_list)
此时调用calculate()，可直接返回结果：
>>> calculate ([8,-3])
5
>>> calculate ([2,4])
6
```

我们可以通过返回一个函数，实现计算的延迟执行，重新定义求和函数calculate()。

```
>>>def  calculate (type_list):
…  def  lazy_cal():
…     return sum(type_list)
…  return lazy_cal
```

下面的代码在调用函数时并没有直接执行计算，而是先返回函数。

```
>>> func = calculate ([8,-3])
>>> func
<function lazy_sum at 0x1037bfaa0>
```

在调用返回的函数后，才会计算出结果。

```
>>>func()
5
```

第6章 Python面向对象程序设计

面向对象的程序设计是目前比较流行的程序设计方法，与面向过程的程序设计相比，它更符合人类的自然思维方式。在面向过程程序设计中，程序=数据+算法，数据和对数据的操作是分离的，如果要对数据进行操作，需要把数据传递到特定的过程或函数中。在面向对象程序设计中，程序=对象+消息，它把数据和对数据的操作封装在一个独立的数据结构中，该数据结构称为对象，对象之间通过消息的传递来进行相互作用。面向对象的程序设计具有重用性好、灵活性高和可扩展性强等优点。

Python是一种真正面向对象的高级动态编程语言，Python程序中用到的一切内容都可称为对象，函数也是对象。

本章重点

◎ Python中类的基本概念和应用。

◎ Python中的异常处理。

6.1 类和对象

6.1.1 类的定义与使用

类是用来描述具有相同的属性和方法的对象的集合，对象是类的实例。Python使用class关键字来定义类，类名的首字母一般要大写，如下例所示。

```
class Person(object):          # 定义一个类，类名是Person，派生自Object类
  def infor(self):             # 定义成员方法，方法名是infor
    print("This is a person")
```

在示例中，类名Person之后的一对圆括号中的Object，指的是新定义的Person类派生自Object基类。类名之后的一对圆括号中，也可以空着，代表没有派生自其他基类。首行定义类名后，接着写一个冒号，并换行来定义类的内部实现。示例中定义了类的infor

方法，其功能是输出一个字符串。

有别于普通的函数，类的实例的方法里必须有一个额外的第一个参数名称，按照惯例其名称是self，用以特指对象本身。在通过对象名调用对象方法时，无须为该参数赋值。

定义完类之后，就可以实例化类的对象。然后，可以通过“对象名.成员”的方式来调用类的数据成员或成员方法。

例如：

```
>>> per=Person()                # 实例化一个Person类的对象，对象名是per
>>> per.infor()                 # 调用对象的infor方法，无须为self参数赋值
This is a person                # 输出了一个字符串
```

类的成员分为公有和私有两类。如果成员名以两个下划线__开头，则表示其是私有成员，私有成员在类的外部不能直接访问，一般是在类的内部进行访问和操作。Python提供了一种特殊方式访问私有成员，即“对象名._类名__xxx”。公有成员可以在类的内部使用，也可以在外部程序中使用。例如：

```
>>>class Person(object):
   def __init__(self, name, height):          # 定义初始化方法
      self.__name=name                         # 私有成员
      self.height=height                       # 公有成员

>>>p=Person('Bruce',175)
>>>p.height                                    # 在类外部可以访问公有成员
175
>>>p.__name                                    # 在类外部不可以直接访问私有成员
Traceback (most recent call last):
  File "<pyshell#7>", line 1, in <module>
    q.__name
AttributeError: 'Person' object has no attribute '__name'

>>>p._Person__name                             # 在类外部访问私有成员
Bruce
```

Python还提供了一个关键字pass，可以用在类的定义中或程序语句中，表示空语句。如果某个功能暂时没有确定如何实现，或者为以后的软件优化预留空间，则可以使用关键字pass来“占位”。例如：

```
>>>class A:
    pass
```

6.1.2　属性

属性，是指类或对象的一些特征，如学生的学号、姓名、性别、年龄等，课程的编号、课程名、学分等。

类中的数据成员分为私有数据成员和公有数据成员。公有数据成员可以在外部访问和修改，介绍私有数据成员但不能保证用户修改时新数据的合法性。属性结合了公有数据成员和成员方法的优点，既可以像成员方法那样对值进行必要的检查，也可以进行灵活的访问和修改。

在Python 3.x中，属性的实现比之前的版本更为完善，支持更加全面的保护机制。属性的状态分为只读、可修改、可删除、不可删除。如果属性为只读，则只能访问不可修改，也不可以被删除。例如：

```
>>> class Person(object):
    def __init__(self,job):               #定义初始化方法
        self.__job=job                    #定义私有数据成员

    @property                             #修饰器，定义属性
    def job(self):                        #该属性为只读，不可以修改和删除
        return self.__job
>>> p=Person("doctor")
>>> p.job                                 #访问job属性
'doctor'
>>> p.job="teacher"                       #试图修改只读属性，失败
Traceback (most recent call last):
  File "<pyshell#5>", line 1, in <module>
    p.job="teacher"
AttributeError: can't set attribute
>>> p.age=30                              #动态增加新数据成员age
>>> p.age
30
>>> del p.age                             #动态删除数据成员
>>> del p.job                             #试图删除对象属性，失败
Traceback (most recent call last):
```

```
  File "<pyshell#9>", line 1, in <module>
    del p.job
AttributeError: can't delete attribute
>>>p.job
'doctor'
```

在下面的示例中，把属性设置为可读、可修改、不可删除。

```
>>> class Person:
    def __init__(self,job):
     self.__job=job                    #定义私有数据成员

    def __get(self):                   #返回私有数据成员的值
       return self.__job

    def __set(self,a):                 #修改私有数据成员的值
       self.__job=a

    job=property(__get,__set)          #设置job为可读、可修改的属性，指定相应的
读写方法

    def show(self):
       print(self.__job)

>>> p=Person("Doctor")
>>> p.job                              #读取属性值
'Doctor'
>>> p.job="Teacher"                    #修改属性值
>>> p.job
'Teacher'
>>> p.show()                           #属性对应的私有变量的值也被修改
Teacher
>>> del p.job                          #试图删除属性，失败
Traceback (most recent call last):
  File "<pyshell#24>", line 1, in <module>
    del p.job
AttributeError: can't delete attribute
```

还可以将属性设置为可读、可修改、可删除，例如：

```
>>> class Person:
    def __init__(self,job):
     self.__job=job                  #定义私有数据成员

    def __get(self):                 #返回私有数据成员的值
      return self.__job

    def __set(self,a):               #修改私有数据成员的值
      self.__job=a
    def __del(self):                 #删除对象的私有数据成员
      del self.__job

  job=property(__get,__set,__del) #设置job属性为可读、可修改、可删除

    def show(self):
      print(self.__job)

>>> p=Person("Doctor")
>>> p.job                            #读取属性值
'Doctor'
>>> p.job="Teacher"                  #修改属性值
>>> p.job
'Teacher'
>>> p.show()                         #属性对应的私有变量的值也被修改
Teacher
>>> del p.job
>>>p.job                             #访问属性对应的私有变量，该变量已被删除，
访问失败
Traceback (most recent call last):
  File "<pyshell#28>", line 1, in <module>
    p.job
  File "D:/科研/Python书籍编写/hello12.py", line 6, in __get
    return self.__job
AttributeError: 'Person' object has no attribute '_Person__job'
>>> p.job="Police"                   #为对象动态增加属性和相应的私有数据成员
```

```
>>> p.show()
Police
>>> p.job
'Police'
```

6.1.3 方法

方法（Method）用于描述对象的行为。如果把学生作为对象，那么，写作业、记笔记就是学生对象的方法。可以认为对象=属性+方法，属性描述了对象有什么特征，方法则描述了对象可以做什么。

在类中定义的方法分为4种：公有方法、私有方法、静态方法和类方法。公有方法和私有方法一般指的是属于对象的方法，这两类方法都可以访问属于类和对象的成员。公有方法可以通过对象名直接调用，私有方法不能通过对象名直接调用，只能在实例方法中通过self调用或在外部通过Python支持的特殊方式来调用。

前面已经介绍过，类的所有实例方法中必须有一个额外的名为self的参数，该参数必须是方法的第一个参数。在类的实例方法中，表示实例属性时，以self为前缀表示对象自身。在外部通过对象名调用方法时，无须为self参数赋值。而在外部通过类名调用对象的公有方法时，需要为self参数赋值，以说明访问的是哪个对象。

静态方法和类方法都可以通过类名和对象名调用，但只能访问属于类的成员。通常，将cls作为类方法的第一个参数，代表该类自身，在调用类方法时无须为该参数赋值，例如：

```
>>> class Rs:
    __total=0
    def __init__(self,i):                # 定义初始化方法
        self.__value=i
        Rs.__total+=1

    def show(self):                      # 定义普通实例方法
        print('self.__value:',self.__value)
        print('Rs.__total:',Rs.__total)

    @classmethod                         # 修饰器，用于声明类方法
    def classshow(cls):                  # 定义类方法
        print(cls.__total)

    @staticmethod                        # 修饰器，用于声明静态方法
    def staticshow():                    # 定义静态方法
```

```
    print(Rs.__total)
>>> r=Rs(3)
>>> r.classshow()         #通过对象名调用类方法
1
>>> r.staticshow()        #通过对象名调用静态方法
1
>>> r.show()
self.__value: 3
Rs.__total: 1
>>> q=Rs(5)
>>> Rs.classshow()        #通过类名调用类方法
2
>>> Rs.staticshow()       #通过类名调用静态方法
2
>>> Rs.show()             #试图通过类名直接调用实例方法，失败
Traceback (most recent call last):
  File "<pyshell#48>", line 1, in <module>
    Rs.show()
TypeError: show() missing 1 required positional argument: 'self'
>>> Rs.show(r)            #通过类名调用实例方法时，需通过self参数传递对象名
self.__value: 3
Rs.__total: 2
>>> r.show()              #通过对象名调用实例方法时，无须为self参数赋值
self.__value: 3
Rs.__total: 2
>>> Rs.show(q)
self.__value: 5
Rs.__total: 2
>>> q.show()
self.__value: 5
Rs.__total: 2
```

6.1.4　特殊方法

在Python的类中有很多方法的名字有特殊的重要意义。常见的特殊方法有__init__方法和__del__方法等。

__init__方法在类的一个实例被创建时执行，这个方法用于初始化对象，也称为构

造函数，其名称的开头和结尾都是双下划线。__init__方法无须被显式调用，在创建一个类的新实例时会自动调用，类名后圆括号内的参数，会传递给__init__方法。例如：

```
>>> class Person:
   def __init__(self, name) :                    # 定义初始化方法
      self.name = name
   def  hello(self):
     print("Hello, my name is", self.name)

>>> p=Person('Bruce')              # 创建一个类的实例，自动执行__init__方法
>>> p.hello()
Hello, my name is Bruce                          # 'Bruce'被传递给name参数
```

__del__方法在对象被删除之前调用，对象被删除即对象不再被使用，它所占用的内存将被释放。__del__方法也称为析构函数。如果用户没有编写析构函数，Python将执行一个默认的析构函数进行内存清理工作。Python中常见的特殊方法总结见表6-1。

表6-1　Python中常见的特殊方法

方法名称	方法说明
__init__(self,…)	在创建对象时调用
__del__(self)	在对象被删除之前调用
__str__(self)	在执行对象中的print语句或str()时调用
__getitem__(self,key)	使用x[key]索引操作符时调用
len(self)	对序列对象使用内建的len()函数时调用

6.2　自定义类型示例：有理数的实现

6.2.1　有理数回顾

本书用元组这一数据类型实现了有理数，用一个元组的两个整数元素，分别代表有理数的分子和分母。例如，1/5、5/21，即分子/分母。Python定义了下列函数表示有理数的运算。

- rational(n,d)。

构造函数，返回一个有理数，其分子为n，分母为d。

- numer(x)。

返回有理数x的分子。

- denom(x)。

返回有理数的分母。

- add_rationals(x,y)。

计算有理数x和有理数y之和，返回一个新的有理数。

- mul_rationals(x,y)。

计算有理数x和有理数y的乘积，返回一个新的有理数。

- print_rational(x)。

打印有理数。

6.2.2　使用类来实现有理数

在面向对象编程的方法中，可以把有理数作为一个类，分子和分母值均视为该类的属性，而6.2.1节中的函数可以定义为类的方法，从而将有理数的定义整合为一个整体。实现过程如下：

```
>>>class Rational():
    def __init__(self,n,d):     #初始化方法，n参数值传递分子，d参数值传递分母
        self.__n=n
        self.__d=d

    def numer(self):                                    #返回有理数的分子
        return self.__n
    def denom(self):                                    #返回有理数的分母
        return self.__d

    def print_rational(self):                           #输出有理数
        print(self.__n,'/',self.__d)

    def __add__(self,y):                                #实现有理数的加法
        if not isinstance(y,Rational):
            print("The element must be Rational")
            return False
        self.__n=self.__n*y.__d+self.__d*y.__n
        self.__d=self.__d*y.__d
        return

  def __mul__(self,z):                                  #实现有理数的乘法
        if not isinstance(y,Rational):
```

```
            print("The element must be Rational")
            return False
        self.__n=self.__n*z.__n
        self.__d=self.__d*z.__d
        return

    def  __equal__(self,a):                     #判断两个有理数是否相等
        if not isinstance(a,Rational):
            print("The element must be Rational")
            return False
        return self.__n*a.__d==self.__d*a.__n
```

将以上程序文件保存为rational.py，接着就可以按如下方式使用有理数类了。

```
>>> r=Rational(1,5)                            #创建有理数对象
>>> r.numer()                                  #返回该有理数的分子
1
>>> r.denom()                                  #返回该有理数的分母
5
>>> r.print_rational()                         #输出该有理数
1 / 5

>>> q=Rational(1,4)                            #创建另一个有理数对象
>>> r.__add__(q)                               #两个有理数相加
>>> r.print_rational()                         #输出相加结果
9 / 20

>>> t=Rational(1,2)                            #创建第三个有理数对象
>>> r.__mul__(t)                               #两个有理数相乘
>>> r.print_rational()                         #输出相乘结果
9 / 40

>>> u=Rational(9,40)                           #创建第四个有理数对象
>>> r.__equal__(u)                             #判断两个有理数是否相等
True
```

6.3　继承和多态

继承是面向对象编程中的一项重要功能。继承指的是，新设计的类可以使用现有类的所有功能，并可以对这些功能进行扩展。继承是代码复用和设计复用的重要途径，也是实现多态的必要条件之一。

6.3.1　继承

通过继承创建的新类称为“子类”或“派生类”，被继承的类称为“基类”或“父类”，继承的过程就是从一般到特殊的过程。例如：

```
>>> class Person(object):                    #定义一个父类
    def basicinfo(self):                     #父类的方法
        print("This is a person.")

    class Student(Person):                   #定义一个子类，继承Person类
    def detailinfo(self):                    #在子类中定义其自身的方法
        print("I am a Student.")

>>> s=Student()
    >>> s.basicinfo()                        #调用继承的Person类的方法
This is a person.
>>> s.detailinfo()                           #调用本身的方法
I am a Student.
```

如果要为实例s传递参数，就要使用初始化方法。那么，初始化方法该如何继承，同时子类中又如何定义自己的属性？

传统的写法是：父类名称.__init__(self,参数1,参数2,…)

新的写法是：super(子类,self).__init__(参数1,参数2,…)

例如：

```
>>>class Person(object):
    def __init__(self,name,age):
        self.name=name
        self.age=age
        self.weight='weight'

    def basicinfo(self):
        print("I am a person.")
```

```
    class Student(Person):                               #定义一个子类，继承Person类
        def __init__(self,name,gender,score):            #先继承再重构
            super(Student,self).__init__(name,gender)    #继承父类的构造方法
            self.score=score                             #定义Student类自己的属性
        def detailinfo(self):
            print("I am a student")
```

在上例中，super(Student,self). __init__(name,gender)的作用是初始化父类，否则，继承自Person的Student将没有name和gender属性。函数super(Student,self)也将返回当前类继承的父类，即Person，然后调用__init__()方法，注意self参数已在super()中传入，在__init__()中将隐式地传递，无须写出。也可以用经典写法 Person.__init__(self,name,gender)来继承父类的构造方法。

如果需要修改父类中的方法，则可以在子类中重构该方法。例如：

```
>>>class Person(object):
    def __init__(self,name,age):                     #父类的初始化方法
        self.name=name
        self.age=age
        self.weight='weight'

    def basicinfo(self):
        print("I am a person.")

    class Student(Person):
    def __init__(self,name,gender,score):            #子类的初始化方法
        super(Student,self).__init__(name,gender)
        self.score=score

    def  basicinfo(self):                            #重构父类的basicinfo()方法
        print("My name is ", self.name)

    def detailinfo(self):
        print("I am a student")

>>> s=Student("Bruce","Female",80)
>>> s.basicinfo()                                    #调用重构的父类的方法
My name is Bruce
```

6.3.2　多态

由于Student类继承了Person类，因此Student类的任何一个实例，它既是Student类也是Person类。那么，当Person类和Student类都有同一个方法时，Student类的实例会执行哪一个方法的代码呢？例如：

```
>>>class Person(object):
  def __init__(self,name,gender):
    self.name=name
    self.gender=gender

  def whoAmI(self):                     #定义whoAmI()方法
    return "I am a Person,my name is %s " % self.name

  class Student(Person):                #Student类继承的是Person类
  def __init__(self,name,gender,score):
    super(Student,self).__init__(name,gender)
    self.score=score
  def whoAmI(self):                     #定义whoAmI()方法
    return "I am a Student,my name is %s " % self.name

  class Teacher(Person):
  def __init__(self,name,gender,course):
    super(Teacher,self).__init__(name,gender)
    self.course=course
  def whoAmI(self):                     #定义whoAmI()方法
    return "I am a Teacher,my name is %s " % self.name
```

以上代码定义了Person类和它的两个子类Student类和Teacher类。3个类都有whoAmI()方法，方法名相同但内容不同。下面定义一个who_am_i()函数，该函数用于调用这些类的whoAmI()方法，并打印出方法的返回值。

```
>>>def  who_am_i(x)                     # 定义who_am_i()函数
    print x.whoAmI()                    # 打印实例的whoAmi()方法返回值

>>> p=Person('John','Male')
>>> s=Student('Lily','Female',80)
>>> t=Teacher('Henry','Male',"Math")
```

```
>>> who_am_i(p)
I am a Person,my name is John
>>> who_am_i(s)
I am a Student,my name is Lily
>>> who_am_i(t)
I am a Teacher,my name is Henry
```

在上例中，who_am_i()函数由于参数对象的类型不同，调用的whoAmI()方法也不同。也就是说，方法调用将作用在x的实际类型上。s是Student类型，它拥有自己的whoAmI()方法以及从Person继承的whoAmI方法，但调用s.whoAmI()总是先查找它自身的定义。如果函数中没有定义，则顺着继承链向上查找，直到在某个父类中找到为止。以上这种行为就称为多态。

由于Python是动态语言，所以，传递给函数who_am_i(x)的参数x不一定是Person或Person的子类型，实际是任何数据类型的实例都可以，只要它有一个whoAmI()方法就行。例如：

```
>>> class Book(object):
    def  whoAmI(self):
        return  'I am a book'
```

动态语言和静态语言最大的差别之一是：动态语言调用实例方法，不检查类型，只需方法存在、参数正确，就可以调用。

6.3.3　示例

下面的代码定义了一个学校成员类，并通过继承，定义了其子类：教师类和学生类。

```
>>> class SchoolMember(object):
    member=0
    def __init__(self,name,age,sex):
        self.name=name
        self.age=age
        self.sex=sex
        self.enroll()                    #初始化时会执行enroll()方法

    def enroll(self):                    #定义enroll()方法
        print('just enrolled a new school member ', self.name)
        SchoolMember.member+=1     #每新建一个ScoolMember实例，member的
值就加1
```

```
    def tell(self):                              #输出实例的基本信息
        print('----%s----' % self.name)
        for k,v in self.__dict__.items():
            print(k,v)
        print('----end----')

    def __del__(self):                           #每删除一个实例，member值减1
        print('开除了[%s]' % self.name)
        SchoolMember.member -=1

class Teacher(SchoolMember):                     #Teacher类继承了SchoolMember类
    def __init__(self,name,age,sex,salary,course):
        SchoolMember.__init__(self,name,age,sex)
        self.salary=salary
        self.course=course

    def teaching(self):                          #定义Teacher类自己的方法
        print('Teacher [%s] is teaching [%s]' % (self.name,self.course))

class Student(SchoolMember):                     #Student类继承了SchoolMember类
    def __init__(self,name,age,sex,course,tuition):
        SchoolMember.__init__(self,name,age,sex)
        self.tuition=tuition
        self.course=course
        self.amount=0

    def pay_tuition(self,amount):                #定义Student类自己的方法
        print('student [%s] has just paied [%s]' % (self.name, amount))
        self.amount += amount

>>> t1=Teacher('ZhangSir',30,'Male',5000,'python')      #创建了一个Teacher类的实例
just enrolled a new school member  ZhangSir      #执行了父类的enroll()方法
>>> t1.tell()                                    #执行了自身的tell()方法
----ZhangSir----
name ZhangSir
age 30
```

```
sex Male
salary 5000
course python
----end----

>>> s1=Student('Lily',20,'Female','python',10000)          #创建了一个Student类的实例
just enrolled a new school member  Lily                    #执行了父类的enroll()方法
>>> s1.tell()                                              #执行了自身的tell()方法
----Lily----
name Lily
age 20
sex Female
tuition 10000
course python
amount 0
----end----
>>> s2=Student('Bruce',22,'Male','python',12000)
just enrolled a new school member  Bruce
>>> print(SchoolMember.member)                             #输出父类的数据成员
3
>>> del s2
开除了[Bruce]
>>> print(SchoolMember.member)
2
```

6.4 异常处理

经验再丰富的程序员也无法预见代码运行时可能会遇到的所有情况。程序在运行过程中发生错误或异常是很常见的事。一般地，软件在发布前都会经过严格测试，模拟各种可能出现的异常，但测试再充分也不可能枚举所有可能出现的情况。因此，异常处理是避免特殊情况下软件崩溃的必要措施。

6.4.1 异常

作为Python初学者，在刚学习Python编程时，经常会看到一些报错信息。Python中程序的错误可分为两类：语法错误和异常。

Python的语法错误也称为解析错误，是初学者经常碰到的，例如：

```
>>>def main()
    print('hello world')
  main()
```

当运行这段程序时，系统会报错：

```
SyntaxError : invalid syntax
```

因为函数main()被检查到有错误，它后面缺少了冒号。语法分析器指出了出错的一行，并且在最先找到的错误位置标记了箭头。存在语法错误的程序将不会被Python执行。

即便Python程序的语法是正确的，在运行时，也有可能发生错误。在运行期检测到的错误被称为异常。大多数的异常都不会被程序处理，都以错误信息的形式展现，例如：

```
>>> 3/0                                #除0错误
Traceback (most recent call last):
 File " <pyshell#0> ", line 1, in <module>
  3/0
ZeroDivisionError: division by zero
>>> 4+s*3                              #变量名不存在
Traceback (most recent call last):
 File "<pyshell#1>", line 1, in <module>
  4+s*3
NameError: name 's' is not defined
>>> 'b'+2                              #操作数类型不匹配
Traceback (most recent call last):
 File "<pyshell#2>", line 1, in <module>
  'b'+2
TypeError: must be str, not int
```

异常以不同的类型出现，这些类型都作为信息的一部分打印出来，如上例中的异常类型有ZeroDivisionError、NameError、TypeError。错误信息的前面部分显示了异常发生的上下文，并以调用栈的形式显示具体信息。

6.4.2　捕捉和处理异常

异常处理指的是因为程序执行过程中出错而在正常控制流之外采取的行为。Python提供了多种不同形式的异常处理结构，基本思路都是一致的：先尝试运行代码，然后处理可能发生的错误。在实际使用时，可以根据需要来选择。

1. try…except…结构

try…except…结构是Python异常处理结构中最基本的一种结构。其中，try子句的代码模块描述可能会引发异常的代码，except子句用来捕捉相应的异常。该结构语法如下：

```
try:
  <语句>          #可能会引发异常的代码，先尝试执行
Except  Exception [as reason]:
  <语句>          #如果try中的代码抛出异常并被except捕捉，就执行这里的代码
```

try…except…语句将按照如下方式工作：

- 首先，执行try子句；
- 如果没有异常发生，忽略except子句，try子句执行后结束；
- 如果在执行try子句的过程中发生了异常，则try子句余下的部分将被忽略；如果异常的类型和except之后的名称相符，那么对应的except子句将被执行；最后，执行try子句之后的代码；
- 如果一个异常没有与任何的except匹配，那么这个异常将会传递给上层的try中；
- 如果所有层都没有捕捉到该异常，则程序崩溃，该异常的报错信息将呈现给最终用户。

例如：

```
>>>import sys

try:
   f = open('myfile.txt')
   s = f.readline()
   i = int(s.strip())
except OSError as err:
   print("OS error: {0}".format(err))
except ValueError:
   print("Could not convert data to an integer.")
except:
   print("Unexpected error:", sys.exc_info()[0])
raise
```

在上例中，一个try语句可以包含多个except子句，它们分别用于处理不同的异常，最多只有一个分支会被执行。最后一个except子句忽略异常的名称，它将被当作通配符使用，可以使用这种方法打印一个错误信息，然后再次把异常抛出。

另外，一个except子句可以同时处理多个异常，这些异常将被放在一个括号里成为一个元组，例如：

```
except (RuntimerError, TypeError, NameError):
    pass
```

2. try…except…else…结构

在try except语句中，else子句为可选子句。如果使用else子句，则必须放在所有的except子句之后，这个else子句将在try子句没有发生任何异常时执行。例如：

```
for arg in sys.argv[1:]:
  try:
    f = open(arg, 'r')
  except IOError:
    print('cannot open', arg)
  else:
    print(arg, 'has', len(f.readlines()), 'lines')
f.close()
```

使用else子句比把所有的语句都放在 try 子句里面更好，这样可以避免一些难以预料的、而except又没有捕获的异常。

3. 抛出异常

Python使用raise语句抛出一个指定的异常，例如：

```
>>>raise NameError('HiThere')
  Traceback (most recent call last):
  File "<stdin>", line 1, in ?
  NameError: HiThere
```

raise唯一的参数指定了要被抛出的异常，它必须是一个异常的实例或者是异常的类（也就是Exception的子类）。如果你只想知道它是否抛出了一个异常，而无须去处理它，那么，使用一个简单的raise语句就可以再次把它抛出。

```
>>>try:
    raise NameError('HiThere')
  except NameError:
    print('An exception flew by!')
    raise

  An exception flew by!
  Traceback (most recent call last):
```

```
    File "<stdin>", line 2, in ?
  NameError: HiThere
```

4. finally定义清理行为

finally作为try语句的可选子句，可定义在任何情况下都会执行的清理行为。例如：

```
>>>try:
    raise TypeError
  finally:
    print('Goodbye!')

Goodbye!
Traceback (most recent call last):
  File "<stdin>", line 2, in <module>
TypeError
```

在上例中，无论try子句里是否发生异常，finally子句都会执行。

如果一个异常在try、except或者else子句里被抛出，而没有被任何except子句捕捉，则这个异常会在finally子句执行后被重新抛出。

6.4.3 Python内置的异常类

Python内置的异常类的继承层次关系如下所示，其中，BaseException是所有内置异常类的基类。

```
BaseException
 +-- SystemExit
 +-- KeyboardInterrupt
 +-- GeneratorExit
 +-- Exception
      +-- StopIteration
      +-- StopAsyncIteration
      +-- ArithmeticError
      |    +-- FloatingPointError
      |    +-- OverflowError
      |    +-- ZeroDivisionError
      +-- AssertionError
      +-- AttributeError
```

```
+-- BufferError
+-- EOFError
+-- ImportError
|   +-- ModuleNotFoundError
+-- LookupError
|   +-- IndexError
|   +-- KeyError
+-- MemoryError
+-- NameError
|   +-- UnboundLocalError
+-- OSError
|   +-- BlockingIOError
|   +-- ChildProcessError
|   +-- ConnectionError
|   |   +-- BrokenPipeError
|   |   +-- ConnectionAbortedError
|   |   +-- ConnectionRefusedError
|   |   +-- ConnectionResetError
|   +-- FileExistsError
|   +-- FileNotFoundError
|   +-- InterruptedError
|   +-- IsADirectoryError
|   +-- NotADirectoryError
|   +-- PermissionError
|   +-- ProcessLookupError
|   +-- TimeoutError
+-- ReferenceError
+-- RuntimeError
|   +-- NotImplementedError
|   +-- RecursionError
+-- SyntaxError
|   +-- IndentationError
|        +-- TabError
+-- SystemError
+-- TypeError
+-- ValueErro
|   +-- UnicodeError
```

```
|       +-- UnicodeDecodeError
|       +-- UnicodeEncodeError
|       +-- UnicodeTranslateError
+-- Warning
    +-- DeprecationWarning
    +-- PendingDeprecationWarning
    +-- RuntimeWarning
    +-- SyntaxWarning
    +-- UserWarning
    +-- FutureWarning
    +-- ImportWarning
    +-- UnicodeWarning
    +-- BytesWarning
    +-- ResourceWarning
```

案例4　面向对象程序设计

【案例名称】面向对象程序设计

面向对象(Object Oriented,OO)是当前计算机界关心的重点，它是20世纪90年代软件开发的主流。面向对象的概念和BAI应用已超越了程序设计和软件开发，扩展到很宽的范围。如数据库系统、交互式界面、应用结构、应用平台、分布式系统、网络管理结构、CAD技术、人工智能等领域。

【案例目的】

（1）掌握定义实体类、实体属性、实体方法；

（2）掌握编写面向对象程序：初始化实体对象、调用实体对象方法、设置实体对象属性。

【案例思路】

1. 对象唯一性

每个对象都有自身唯一的标识，通过这种标识，可找到相应的对象。在对象的整个生命期中，它的标识都不改变，不同的对象不能有相同的标识。

2. 分类性

分类性是指将具有一致的数据结构(属性)和行为(操作)的对象抽象成类。一个类就是这样一种抽象，它反映了与应用有关的重要性质，而忽略其他一些无关内容。任何类的划分都是主观的，同时必须与具体的应用有关。

3. 继承性

继承性是子类自动共享父类数据结构和方法的机制，这是类之间的一种关系。在定义和实现一个类的时候，可以在一个已经存在的类的基础上来进行，把这个已经存在的类所定义的内容作为自己的内容，并加入若干新的内容。

继承性是面向对象程序设计语言不同于其他语言的最重要的特点，是其他语言所没有的。

在类层次中，子类只继承一个父类的数据结构和方法，称为单重继承。

在类层次中，子类继承了多个父类的数据结构和方法，称为多重继承。

在软件开发中，类的继承性使所建立的软件具有开放性、可扩充性，这是信息组织与分类行之有效的方法，它简化了对象、类的创建工作量，增加了代码的可重性。

采用继承性，提供了类的规范的等级结构。通过类的继承关系，使公共的特性能够共享，提高了软件的重用性。

4. 多态性（多形性）

多态性使指相同的操作或函数、过程可作用于多种类型的对象上并获得不同的结果。不同的对象，收到同一消息可以产生不同的结果，这种现象称为多态性。

多态性允许每个对象以适合自身的方式去响应共同的消息。多态性增强了软件的灵活性和重用性。

【案例环境】

Ubuntu 16.04。

PyCharm 2018.2。

Python 3.6。

【案例步骤】

➢ 步骤一　创建项目以及相关目录及文件

打开PyCharm。

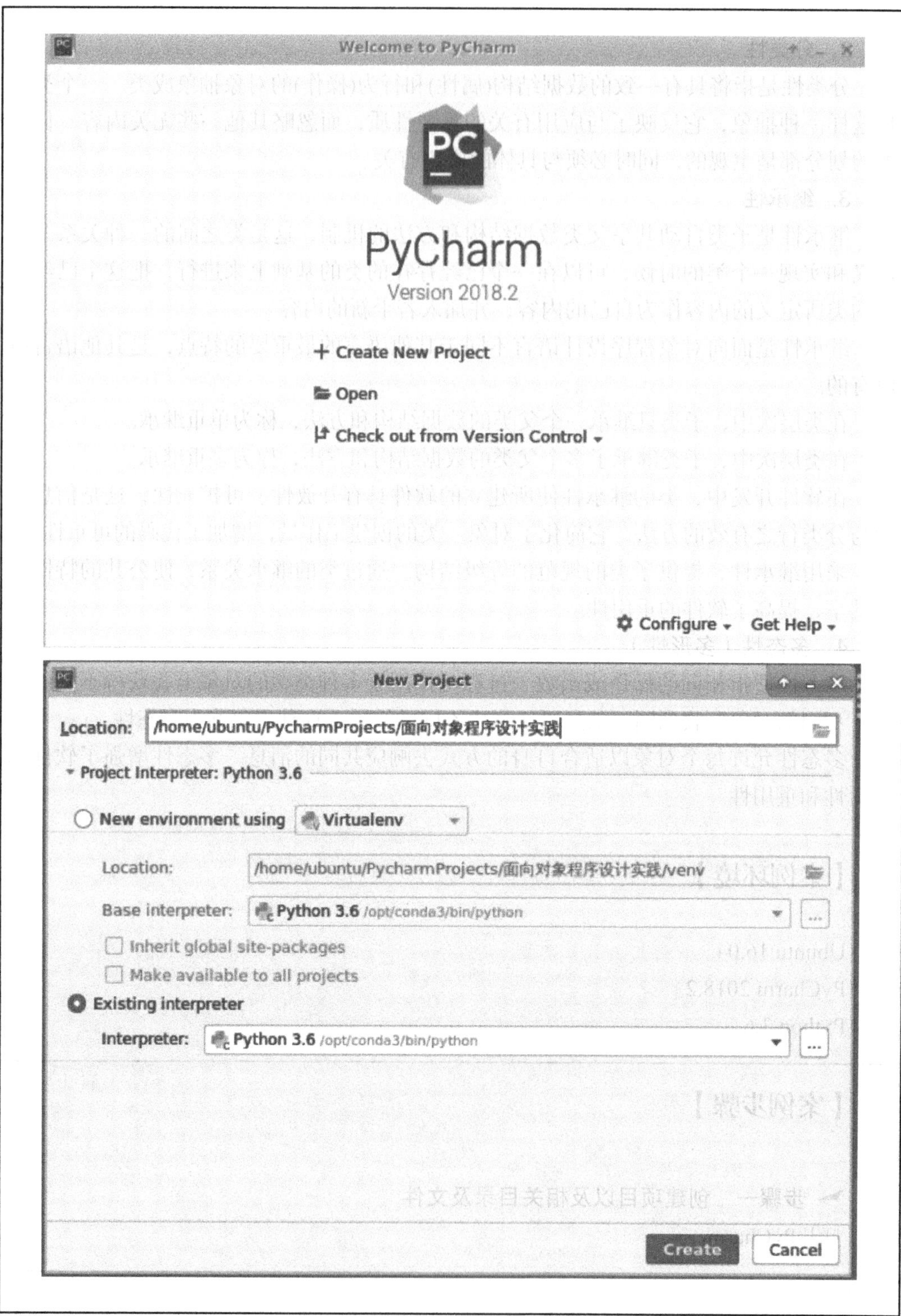
Welcome to PyCharm
PyCharm
Version 2018.2
+ Create New Project
Open
Check out from Version Control
Configure
Get Help
New Project
Location:
/home/ubuntu/PycharmProjects/面向对象程序设计实践
Project Interpreter: Python 3.6
New environment using
Virtualenv
Location:
/home/ubuntu/PycharmProjects/面向对象程序设计实践/venv
Base interpreter:
Python 3.6 /opt/conda3/bin/python
Inherit global site-packages
Make available to all projects
Existing interpreter
Interpreter:
Python 3.6 /opt/conda3/bin/python
Create
Cancel

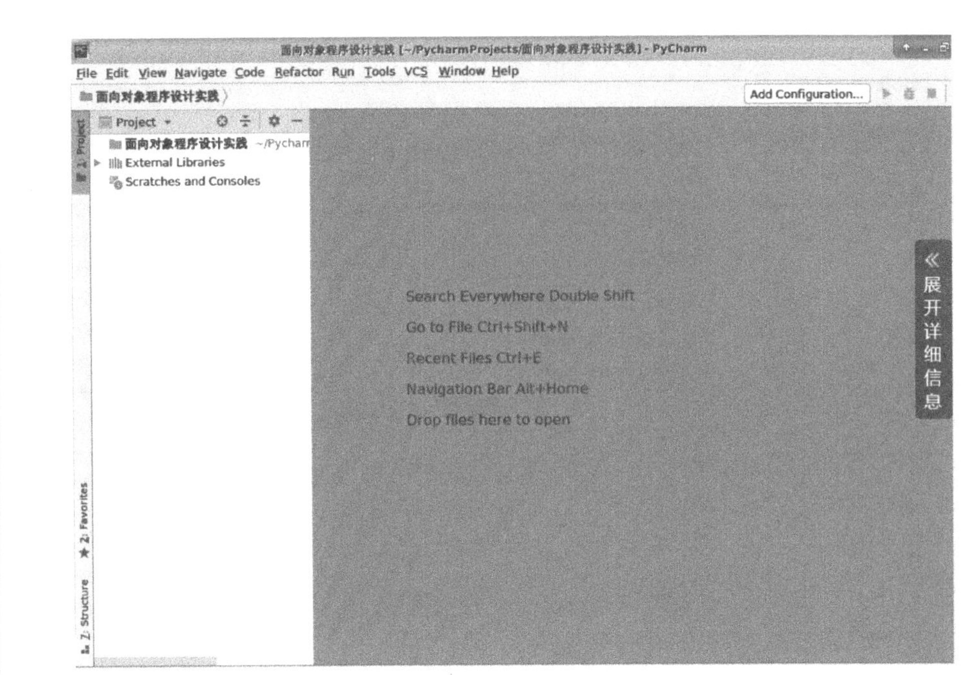

➤ 步骤二　编写代码

- 创建Pyhton文件。

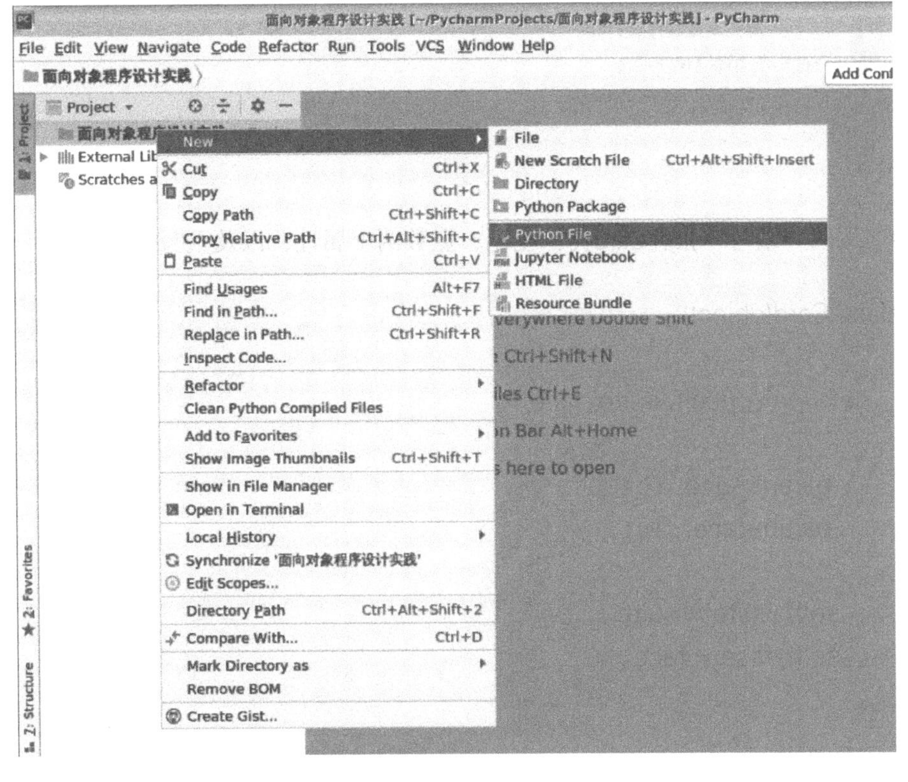

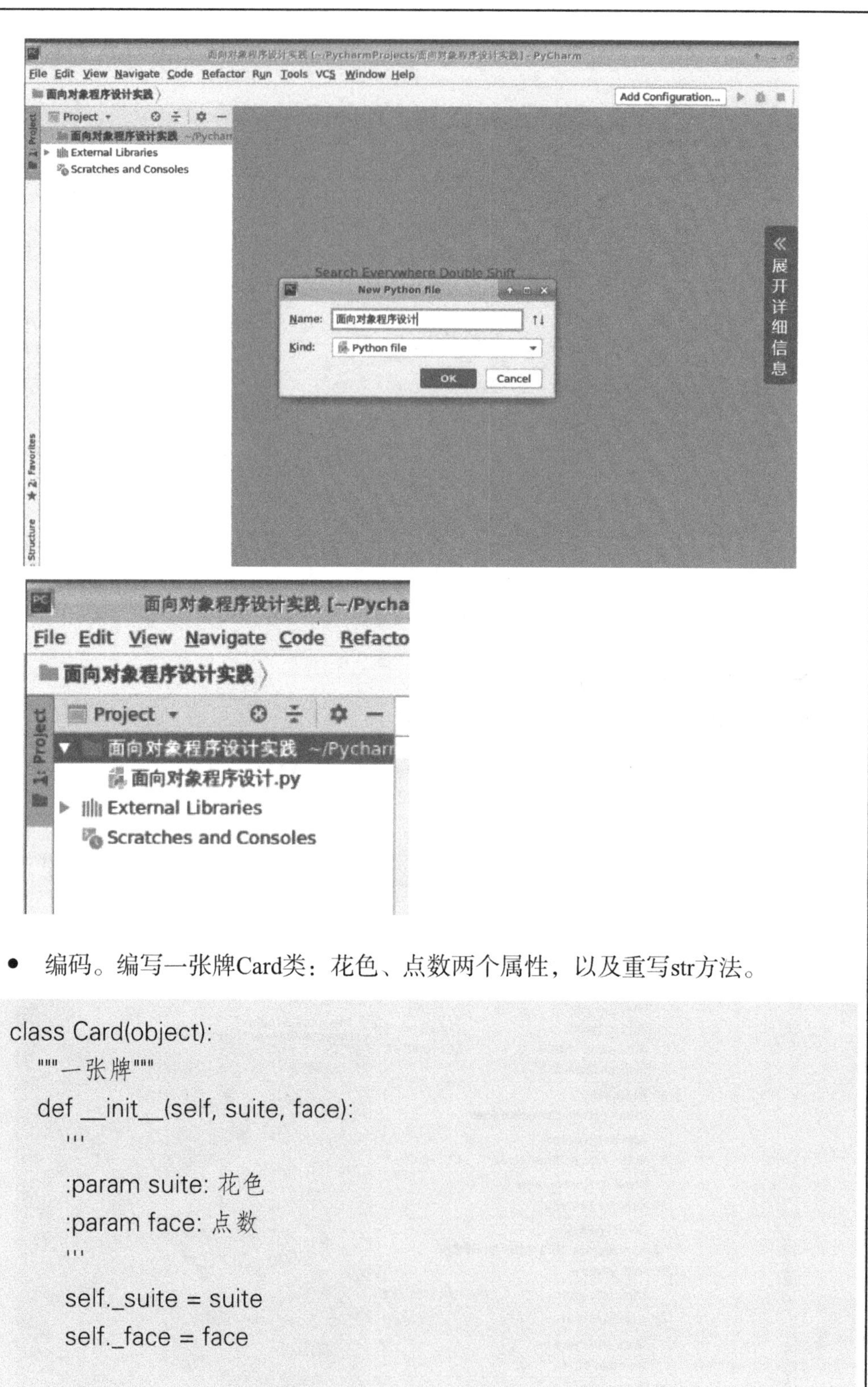

- 编码。编写一张牌Card类：花色、点数两个属性，以及重写str方法。

```
class Card(object):
    """一张牌"""
    def __init__(self, suite, face):
        '''
        :param suite: 花色
        :param face: 点数
        '''
        self._suite = suite
        self._face = face
```

```
    @property
    def face(self):
        return self._face

    @property
    def suite(self):
        return self._suite

    def getStrInfo(self):
        if self._face == 1:
            face_str = 'A'
        elif self._face == 11:
            face_str = 'J'
        elif self._face == 12:
            face_str = 'Q'
        elif self._face == 13:
            face_str = 'K'
        else:
            face_str = str(self._face)
        return '%s%s' % (self._suite, face_str)
```

编写一副牌Poker类：构造方法init：随机生成14张牌，shuffle方法：洗牌，next：发牌，has_next方法：还有没有牌？

```
import random

class Poker(object):
    """一副牌"""

    def __init__(self):
        self._cards = [Card(suite, face) for suite in ['红桃','黑桃','梅花','方块'] for
face in range(1, 14)]
        self._current = 0

    @property
    def cards(self):
```

```
        return self._cards
    def shuffle(self):
        """洗牌(随机乱序)"""        self._current = 0
        random.shuffle(self._cards)

    @property
    def next(self):
        """发牌"""
        card = self._cards[self._current]
        self._current += 1
        return card

    @property
    def has_next(self):
        """还有没有牌"""
        return self._current < len(self._cards)
```

编写玩家Player类：

```
class Player(object):
    """玩家"""

    def __init__(self, name):
        self._name = name
        self._cards_on_hand = []

    @property
    def name(self):
        return self._name

    @property
    def cards_on_hand(self):
        index = 0
        res = '['
        for card in self._cards_on_hand:
            index += 1
            if index < 13:
```

```
                res += card.getStrInfo() + ', '
            else:
                res += card.getStrInfo()
        res += ']'
        return res

    def get(self, card):
        """摸牌"""
        self._cards_on_hand.append(card)

    def arrange(self, card_key):
        """玩家整理手上的牌"""
        self._cards_on_hand.sort(key=card_key)
排序规则-先根据花色再根据点数排序
def get_key(card):
    return (card.suite, card.face)


def main():
    p = Poker()
    p.shuffle()
    players = [Player('东邪'), Player('西毒'), Player('南帝'), Player('北丐')]

    for _ in range(13):
        for player in players:
            player.get(p.next)

    for player in players:
        print(player.name + ':', end=' ')
        # print(player.cards_on_hand)
        player.arrange(get_key)
        print(player.cards_on_hand)
main()
```

运行结果：

```
/opt/conda3/bin/python /home/ubuntu/PycharmProjects/面向对象程序设计实践/面向对象程序设计.py
A: [BA, B5, B6, B10, BJ, BQ, BK, R9, R10, RQ, ¹M6, ¹M8, ¹MK]
B: [B8, FA, F3, F8, FQ, FK, R2, R5, R6, R8, ¹M2, ¹M3, ¹MQ]
C: [B2, B3, B4, B9, F2, F5, F9, R4, RK, ¹M4, ¹M5, ¹M9, ¹M10]
D: [B7, F4, F6, F7, F10, FJ, RA, R3, R7, RJ, ¹MA, ¹M7, ¹MJ]

Process finished with exit code 0
```

【案例总结】

（1）定义实体类、实体属性、实体方法；

（2）编写面向对象程序：初始化实体对象、调用实体对象方法、设置实体对象属性。

第7章 Python多线程程序设计

多线程是指从软件或者硬件上实现并发执行多个线程的技术。在程序设计过程中，程序员可以将相对独立的计算任务拆分出来，构造成独立运行的代码片段。这些独立运行的程序片段称为线程，是操作系统可调度的最小执行单位。在应用程序中使用多线程编程，可以提高应用程序的并发性和处理速度。

本章重点

◎并发。
◎并行。
◎竞争条件。
◎临界区与锁。
◎生产者–消费者模式。
◎threading模块。

7.1 并发和并行

在软件开发、网站开发过程中经常有并发、并行相关的多线程处理与应用。因此，有必要对其进行了解与掌握。

7.1.1 并发

在操作系统中，并发是指在一个时间段内有几个程序都处于已启动运行到运行完毕之间，且这几个程序都是在同一个处理器上运行，但任意一个时刻只能有一个程序在处理器上运行。

当有多个线程在操作时，如果系统只有一个CPU，则它不可能真正同时运行一个以上的线程，它只能把CPU运行时间划分成若干个时间段，再将时间段分配给各个线程执行。在一个时间段的线程代码运行时，其他线程处于挂起状态，这种方式就称为并发。

在多核CPU的支持下，人们也越来越关注并发编程。并发编程可以帮助应用程序提高响应速度，减少等待时间并增加吞吐量。我们可以充分利用多核处理器的性能优势以及多任务并发的方法来提高程序运行效率和响应速度。

〔例7-1〕设计并发线程

具体示例代码如下：

```
# -*- coding:utf-8 -*-
import threading
import urllib.request
import  time

def surf_net(url):
    start_time = time.time()
    print('surf start', start_time)
    try:
        urllib.request.urlopen(url)
    except urllib.URLError as e:
        print(e.reason)
    time.sleep(2)
    end_time = time.time()
    print(url, urllib.request.urlopen(url).code, end_time - start_time)
url_list = ['https://www.taobao.com', 'https://www.baidu.com', 'https://www.
jd.com']
for j in url_list:
    print(j)
    surf_net(j)

print('\n')

begin_time = time.time()
threads = []
for index in url_list:
    print(index)
one_thread = threading.Thread(target=surf_net(index), args=(index,))
    threads.append(one_thread)
for j in threads:
    j.start()
for j in threads:
```

```
    j.join()  # 阻塞当前线程（即主线程），等待全部子线程结束后，主线程才结束。
stop_time = time.time()
```

执行结果如下：

```
https://www.taobao.com
surf start 1528374901.5727413
https://www.taobao.com 200 2.638150930404663
https://www.baidu.com
surf start 1528374904.6169155
https://www.baidu.com 200 2.1181211471557617
https://www.jd.com
surf start 1528374906.9490488
https://www.jd.com 200 3.105177640914917


https://www.taobao.com
surf start 1528374910.1742334
https://www.taobao.com 200 2.281130313873291
https://www.baidu.com
surf start 1528374912.8163846
https://www.baidu.com 200 2.1181209087371826
https://www.jd.com
surf start 1528374915.067513
https://www.jd.com 200 2.0751190185546875
```

上面的代码要访问3个网页。很明显，顺序执行比并发执行的耗时更长。

7.1.2　并行

并行是指多个处理器或者是多核的处理器同时处理多个不同的任务。

〔例7-2〕设计并行进程

具体示例代码如下：

```
#-*- coding: UTF-8 -*-
import math, sys, time
import pp
```

```
def IsPrime(n): #返回n是否是质数
    if not isinstance(n, int):
        raise TypeError("argument passed to is_prime is not of 'int' type")
    if n < 2:
        return False
    if n == 2:
        return True
    max = int(math.ceil(math.sqrt(n)))
    i = 2
    while i <= max:
        if n % i == 0:
            return False
        i += 1
    return True
def SumPrimes(n):
    for i in xrange(15):
        sum([x for x in xrange(2,n) if IsPrime(x)]) #计算2~n范围的所有质数的和
        return sum([x for x in xrange(2,n) if IsPrime(x)])
inputs = (100000, 100100, 100200, 100300, 100400, 100500, 100600, 100700)
start_time = time.time()
for input in inputs:
  print(SumPrimes(input))
print('单线程执行，总耗时', time.time() - start_time, 's')
ppservers = ()
if len(sys.argv) > 1:
    ncpus = int(sys.argv[1])
    job_server = pp.Server(ncpus, ppservers=ppservers)
else:
    job_server = pp.Server(ppservers=ppservers)
print("pp 可以用的工作核心线程数", job_server.get_ncpus(), "workers")
start_time = time.time()
jobs = [(input, job_server.submit(SumPrimes,(input,), (IsPrime,), ("math",))) for
input in inputs]
#提交任务
for input, job in jobs:
    print("Sum of primes below", input, "is", job()) # 获取方法执行结果
print("多线程下执行耗时: ", time.time() - start_time, "s")
```

```
job_server.print_stats()#输出结果
```

执行结果如下：

```
454396537
454996777
455898156
456700218
457603451
458407033
459412387
460217613
单线程执行，总耗时 46.2690000534 s
pp 可以用的工作核心线程数 4 workers
Sum of primes below 100000 is 454396537
Sum of primes below 100100 is 454996777
Sum of primes below 100200 is 455898156
Sum of primes below 100300 is 456700218
Sum of primes below 100400 is 457603451
Sum of primes below 100500 is 458407033
Sum of primes below 100600 is 459412387
Sum of primes below 100700 is 460217613
多线程下执行耗时: 23.2749998569 s
Job execution statistics:
 job count | % of all jobs | job time sum | time per job | job server
         8 |        100.00 |      92.4610 |    11.557625 | local
Time elapsed since server creation 23.2749998569
0 active tasks, 4 cores
```

并行和并发是容易搞混的两个概念。这两者的区别如下：

（1）并发是两个任务可以在重叠的时间段内启动、运行和完成，并行则是任务在同一时间运行。

（2）并发是独立执行过程的组合，而并行是同时执行。

（3）并发是一次处理很多事情，并行是同时做很多事情。

（4）应用程序可以是并发的，但不是并行的，这意味着它可以同时处理多个任务，但是没有两个任务在同一时刻执行。

（5）应用程序可以是并行的，但不是并发的，这意味着它同时处理多核CPU中的任务的多个子任务。

（6）一个应用程序可以既不是并行的，也不是并发的，这意味着它可以一次一个地处理所有任务。

（7）应用程序可以既是并行的也是并发的，这意味着它同时在多核CPU中同时处理多个任务。

7.1.3 示例：货物运送

下面，我们通过一个具体的例子讲解并发和并行。

货物运送：地鼠要把一堆废弃书籍运到火炉里烧掉。

问题：如果一只地鼠推一辆车到一个火炉，则工作效率会比较低，如图7-1所示。

图7-1 一只地鼠推一辆车到一个火炉

可以通过两种方式解决这个问题。

第一种方式：多只地鼠推多辆车到多个火炉，可以通过启动多个进程实现，这就是并行，如图7-2所示。

图7-2 多只地鼠推多辆车到多个火炉

第二种方式：多只地鼠推多辆车到一个火炉，可以启动多个线程实现，这就是并发。如图7-3所示，将运送过程分成两个阶段：一部分地鼠（这部分地鼠里的每一只地鼠代表一个线程）负责运送前半程，然后将货物卸载于中转站；另一部分地鼠（这部分地鼠里的每一只地鼠也代表一个线程）从货物中转站装载货物并运送后半程，最后倒入火炉。与前面并行方式不同的是，地鼠在货物中转站需要有一个沟通的机制。例如，当货物中转站没有货物时，负责后半程的地鼠（线程）必须等待负责前半程的地鼠（线程）将货物送达中转站。

图7-3　多只地鼠推多辆车到一个火炉

〔例7-3〕并发实现货物运送

具体示例代码如下：

```
#-*-coding:utf-8-*-
import threading

# 地鼠线程类定义
class Gopher(threading.Thread):
    def __init__(self, cond, name):
        super(Gopher, self).__init__()
        self.cond = cond
        self.name = name

    def run(self):  # 表示线程活动的方法
        print('\n我是代号为%d的地鼠%s;\n'%(self.cond,self.name))

# 创建两个线程对象
cond=1
gopher1 = Gopher(cond, 'gopher1')

cond=2
gopher2=Gopher(cond,'gopher2')

# 启动这两个线程
gopher1.start()
gopher2.start()

# 当前线程等待新建线程结束
gopher1.join()
gopher2.join()
print('我是主线程.')
```

输出结果如下：

```
我是代号为1的地鼠gopher1;

我是代号为2的地鼠gopher2;

我是主线程.
```

7.2 线程

进程是执行中的计算机程序。每个进程都拥有自己的地址空间、内存、数据栈及其他的辅助数据。操作系统管理着所有的进程，并为这些进程合理地分配时间。

线程在进程之下执行，一个进程下可以运行多个线程，它们之间可以共享相同的上下文。线程包括开始、执行顺序和结束3个部分。它有一个指针，用于记录当前运行的上下文。当其他线程执行时，它可以被抢占（也称中断）和临时挂起（也称睡眠），这种做法叫作让步。

一个进程中的各个线程与主线程共享同一片数据空间。因此，与独立进程相比，线程之间的信息共享和通信会更加容易。线程一般并发执行，正是由于这种并发和数据的共享机制，才使得多任务间的协作成为可能。当然，这种共享并不是没有风险的。如果多个线程访问同一数据空间，则由于访问顺序不同，可能导致结果不一致，这种情况通常称为竞争（竞态）条件。不过，大多数线程库都有同步原语，用于允许线程管理器的控制执行和访问。另一个要注意的问题是：线程无法给予公平的执行时间，CPU的时间分配会倾向那些阻塞更少的函数。

7.2.1 threading模块

Python提供了几个用于多线程编程的模块，如thread、threading等。thread和threading模块允许程序员创建和管理线程。thread模块提供了基本的线程和锁的支持；threading模块则是Python支持多线程编程的重要模块，该模块是在底层模块thread的基础上开发的更高层次的线程编程接口，提供了大量的方法和类来支持多线程编程，它极大地增强了线程管理的功能，并方便了用户的使用。

需要注意的是，我们应该尽量避免使用thread模块。首先，因为更高级别的threading模块的功能更为强大，对线程的支持更为完善，而且使用thread模块里的属性有可能会与threading出现冲突；其次，低级别的thread模块的同步原语很少，而threading模块则有很多；第三，当thread模块中的主线程结束时，所有的线程都会被强制结束，没有警告也不会有正常的清除工作，不支持守护线程，而threading模块则能确保重要的子线程退出后进程才退出，支持守护线程。

Python通过引用threading模块来管理线程。导入threading模块的方法如下：

```
>>> import threading
```

1. **创建线程**

导入模块threading，通过threading.Thread()创建线程。其中target接收的是要执行的函数名字，args接收传入函数的参数，以元组的形式表示。

```
import threading
def  qdxc(n)
print("qdxc(%s)"%n)
q = threading.Thread(target=qdxc,args=(1,))      #创建线程对象
```

2. **启动线程**

通过线程对象t1.start()或t2.start()启动线程。

```
q1 = threading.Thread(target=qdxc, args=(1,)) # 生成一个线程实例
q2 = threading.Thread(target=qdxc, args=(2,)) # 生成另一个线程实例
q1.start() # 启动线程
q2.start() # 启动另一个线程
```

〔例7–4〕创建和启动线程

具体示例代码如下：

```
import threading
import time
def qdxc1(n):
 print("qdxc1(%s)"%n)
 time.sleep(1)
def qdxc2(n):
 print("qdxc2(%s)"%n)
 time.sleep(2)
q1 = threading.Thread(target=qdxc1,args=(1,))
q2 = threading.Thread(target=qdxc2,args=(2,))
q1.start()
q2.start()
print("...in the main...")
```

执行结果：

```
qdxc1(1)...in the main...qdxc2(2)
```

程序启动后，主线程从上到下依次执行，q1、q2两个子线程启动后，与主线程并行，抢占CPU资源。因此，输出结果几乎被同时打印出来。

3. **阻塞线程**

在子线程执行完成之前，这个子线程的父线程将一直被阻塞。也就是说，当调用join()的子进程没有结束之前，主线程不会向下执行。函数说明如下：

```
>>>join(timeout)
```

参数timeout指定超时时间（单位：秒）。如超过指定时间，则join()不再阻塞进程。

〔例7-5〕阻塞线程

具体示例代码如下：

```
import threading
from time import ctime,sleep
import time

def music(par):
    for i in range(2):
        print ("Begin listening to %s. %s" %(par,ctime()))
        sleep(2)
        print("end listening %s"%ctime())

def movie(par):
    for i in range(2):
        print ("Begin watching at the %s! %s" %(par,ctime()))
        sleep(3)
        print('end watching %s'%ctime())

threads = []
x1 = threading.Thread(target=music,args=('最炫民族风',))
threads.append(x1)
x2 = threading.Thread(target=movie,args=('泰坦尼克号',))
threads.append(x2)

if __name__ == '__main__':
```

```
    for x in threads:
        x.start()
        x.join()

    print ("All is over %s" %ctime())
```

执行结果：

```
Begin listening to 最炫民族风. Sat Jun 16 11:06:21 2018
end listening Sat Jun 16 11:06:23 2018
Begin listening to 最炫民族风. Sat Jun 16 11:06:23 2018
end listening Sat Jun 16 11:06:25 2018
Begin watching at the 泰坦尼克号! Sat Jun 16 11:06:25 2018
end watching Sat Jun 16 11:06:28 2018
Begin watching at the 泰坦尼克号! Sat Jun 16 11:06:28 2018
end watching Sat Jun 16 11:06:31 2018
All is over Sat Jun 16 11:06:31 2018
```

结果解析：

x1线程启动⟶Begin listening⟶2s后end listening + Begin listening ⟶2s后x2线程启动end listening x1结束 + Begin watching⟶3s后end listening + Begin watching⟶3s后end listening x2结束+ All is over最后主进程结束。

4. setDacmon()函数

创建线程后，通常还需要调用线程对象的setDaemon()方法将线程设置为守护线程。主线程执行完成后，如果还有其他非守护线程，则主线程不会退出，而是会被无限挂起。将线程声明为守护线程之后，如果队列中的线程运行完成，则整个程序无须等待就可以退出。Current_thread()函数可用于获取当前进程的名称。setDaemon()函数的使用方法如下：

```
>>> 线程对象.setDaemon(是否设置为守护线程)
```

setDaemon()函数必须在运行线程之前被调用。调用线程对象的start()方法可以运行线程。

〔例7–6〕子线程随主线程结束而结束

具体示例代码如下：

```
import threading
import time
```

```
class mythread(threading.Thread):
        def __init__(self,id):
                threading.Thread.__init__(self)
        def run(self):
                time.sleep(7)
                print("It is " + self.getName())

if __name__ == "__main__":
        x1=mythread(100)
        x1.setDaemon(True)
        x1.start()
        print("I am the main thread.")
```

结果：

```
I am the main thread.
```

显然，子线程x1中的内容并未打出。因为x1.setDaemon(True)将线程x1设置成了守护线程，所以，由setDaemon()的用法可知，无论子线程是否执行完，主线程打印内容后都会结束。

在程序运行过程中，系统执行一个主线程。如果主线程又创建了一个子线程，则主线程和子线程会分别运行。而当主线程完成后，需要退出时，则系统会检验子线程是否完成。如果子线程未完成，则主线程会等待子线程完成后再退出。但是，有时用户只需主线程完成，无论子线程是否完成，都和主线程一起退出，这时使用setDaemon()方法即可。

7.2.2 竞争条件

多个线程或进程并发访问和操作同一数据，其执行结果与访问的顺序有关，这就称为竞争（竞态）条件。

竞争条件发生在多个进程或者线程读写数据时，其最终的结果依赖于多个进程或线程的指令执行顺序。

例如，假设两个线程或进程T1和T2共享了变量a。在某一执行时刻，T1更新a为1，在另一时刻，T2更新a为2。因此两个任务竞争地写变量a。在这个例子中，竞争的“失败者”（最后更新的进程）决定了变量a的最终值。

在Python多线程中，当两个或两个以上的线程对同一个数据进行操作时，可能会产生“竞争条件”的现象。这种现象产生的根本原因是多个线程在对同一个数据进行操作，此时对该数据的操作是非“原子化”的（原子操作是指不会被线程调度机制打断的操作。这种操作一旦开始，就会一直运行到结束，中间不会切换到另一个线程），可能前一个线程对数据的操作还没有结束，后一个线程又开始对同样的数据开始进行操作，这就可能会造成未知的数据结果的出现。

事实上，在同一个应用程序中运行多个线程本身并不会引起问题。只有当多个线程访问相同的资源时才会出现问题，如多个线程访问同一块内存区域（变量、数组或对象）、系统（数据库、Web 服务等）或文件。

〔例7–7〕资源竞争问题

具体示例代码如下：

```
import threading
from random import randint
from time import sleep, ctime


i=1
def mythread1():
    global i
    if  i==1:
        sleep(3)
        if  i==2:
            print("Hack it!")
        else:
            print("You can try again!")

def mythread2():
    global i
    sleep(1)
    i=2

def main():
    print("Start at: ", ctime())

    x1=threading.Thread(target=mythread1)
    x1.start()
    x1.join(5)

    x2=threading.Thread(target=mythread2)
    x2.start()
```

```
    print("Done at: ", ctime())
if __name__ == '__main__':
    main()
```

以上程序运行的结果是：

```
Start at:  Sat Jun 16 16:56:38 2018
You can try again!
Done at:  Sat Jun 16 16:56:41 2018
```

注释掉x1.join(5)的运行结果是：

```
Start at:  Sat Jun 16 16:58:26 2018
Done at:  Sat Jun 16 16:58:26 2018
```

7.2.3 临界区与锁

临界区是指一段用来访问临界资源的代码。临界资源可以是硬件资源，也可以是软件资源。但它们有一个特点，一次仅允许一个进程或线程访问。当有多个线程试图同时访问，但已经有一个线程在访问该临界区时，则其他线程将被挂起。临界区被释放后，其他线程才能继续抢占该临界区。

临界区是一种轻量级的同步机制，与互斥和事件这些内核同步对象相比，临界区是用户态下的对象，即只能在同一进程中实现线程互斥。因为无须在用户态和核心态之间切换，所以工作效率比互斥要高得多。

临界区的使用方法非常简单。

```
>>> from collections import Iterable        # 引入可迭代类型
>>> from collections import Iterator        # 引入迭代器类型
>>> x = [1, 2, 3]
>>> isinstance(x, Iterable)                 # 列表是可迭代类型的实例
True
>>> isinstance(x, Iterator)                 # 列表不是迭代器类型的实例
False
```

Python代码的执行由Python虚拟机（又名解释器主循环）进行控制。Python在被设计出来时是这样考虑的，在主循环中同时只能执行一个控制线程。对Python虚拟机的访问由全局解释器锁（GIL）控制。这个锁的功能在于：当有多个线程时，保证同一时刻只能有一个线程在运行。

由于Python的GIL的限制，多线程更适合I/O密集型应用（I/O释放了GIL，可以允许

更多的并发）；对于计算密集型应用，为了实现更好的并行性，用户可使用多进程，以便利用CPU的多核优势。

当多线程争夺锁时，允许第一个获得锁的线程进入临界区，并执行代码。所有之后到达的线程将被阻塞，直到第一个线程执行结束，退出临界区，并释放锁。需要注意的是，那些被阻塞的线程是无序的。

〔例7–8〕临界区与锁

具体示例代码如下：

```
#!/usr/bin/env python3
import threading
from random import randint
from time import sleep, ctime

L = threading.Lock()         # 引入锁

def hi(n):
    L.acquire()              # 加锁
    for i in [1,2]:
        print(i)
        sleep(n)
        print("zzzZZZ。。。。。。。, sleep: ", n)
    L.release()              # 释放锁

def main():
    print("Start at: ", ctime())
    threads = []

    for i in range(10):
        rands = randint(1,2)
        t = threading.Thread(target=hi, args=(rands,))
        threads.append(t)

    for i in range(10):
        threads[i].start()

    for i in range(10):
        threads[i].join()
```

```
    print("Done at: ", ctime())

if __name__ == '__main__':
    main()
```

运行上面的代码，结果如下：

```
Start at:  Sat Jun 16 17:31:47 2018
1
zzzZZZ。。。。。。。, sleep:  2
2
zzzZZZ。。。。。。。, sleep:  2
1
zzzZZZ。。。。。。。, sleep:  1
2
zzzZZZ。。。。。。。, sleep:  1
1
zzzZZZ。。。。。。。, sleep:  2
2
zzzZZZ。。。。。。。, sleep:  2
1
zzzZZZ。。。。。。。, sleep:  2
2
zzzZZZ。。。。。。。, sleep:  2
1
zzzZZZ。。。。。。。, sleep:  1
2
zzzZZZ。。。。。。。, sleep:  1
1
zzzZZZ。。。。。。。, sleep:  2
2
zzzZZZ。。。。。。。, sleep:  2
1
zzzZZZ。。。。。。。, sleep:  2
2
zzzZZZ。。。。。。。, sleep:  2
1
```

```
zzzZZZ。。。。。。。, sleep: 2
2
zzzZZZ。。。。。。。, sleep: 2
1
zzzZZZ。。。。。。。, sleep: 1
2
zzzZZZ。。。。。。。, sleep: 1
1
zzzZZZ。。。。。。。, sleep: 1
2
zzzZZZ。。。。。。。, sleep: 1
Done at: Sat Jun 16 17:32:19 2018
```

将锁的代码注释之后再运行，结果如下：

```
Start at: Sat Jun 16 17:34:40 2018
1
1
1
1
1
1
1
1
1
1
zzzZZZ。。。。。。。, sleep: 1
zzzZZZ。。。。。。。, sleep: 1
zzzZZZ。。。。。。。, sleep: 1
2
2
2
zzzZZZ。。。。。。。, sleep: 1
2
zzzZZZ。。。。。。。, sleep: 2
zzzZZZ。。。。。。。, sleep: 2
2
```

```
2
zzzZZZ。。。。。。。, sleep: 2
zzzZZZ。。。。。。。, sleep: 2
zzzZZZ。。。。。。。, sleep: 2
2
2
2
zzzZZZ。。。。。。。, sleep: 1
zzzZZZ。。。。。。。, sleep: 2
zzzZZZ。。。。。。。, sleep: 1
zzzZZZ。。。。。。。, sleep: 1
2
zzzZZZ。。。。。。。, sleep: 1
zzzZZZ。。。。。。。, sleep: 2
zzzZZZ。。。。。。。, sleep: 2
zzzZZZ。。。。。。。, sleep: 2
zzzZZZ。。。。。。。, sleep: 2
zzzZZZ。。。。。。。, sleep: 2
zzzZZZ。。。。。。。, sleep: 2
Done at:  Sat Jun 16 17:34:44 2018
```

7.2.4 生产者—消费者模式

在线程中，生产者就是生产数据的线程，消费者就是消费数据的线程。在多线程开发当中，如果生产者处理速度很快，而消费者处理速度很慢，那么生产者就必须等待消费者处理完，才能继续生产数据。同样地，如果消费者的处理能力大于生产者，那么消费者就必须等待生产者。为了解决这种生产与消费能力不均衡的问题，生产者—消费者模式就应运而生。

在并发编程中使用生产者—消费者模式能够解决绝大多数并发问题。该模式通过平衡生产线程和消费线程的工作能力来提高程序整体处理数据的速度。

生产者—消费者模式是通过一个容器来解决生产者与消费者的强耦合问题。生产者与消费者彼此之间不直接通信，而通过阻塞队列来进行通信。生产者生产完数据之后不用等待消费者处理，而是直接传给阻塞队列；消费者不向生产者索要数据，而是直接从阻塞队列里获取。因此，阻塞队列就相当于一个缓冲区，平衡了生产者和消费者的处理能力，解耦了生产者和消费者。

下面看一个生产者—消费者模式的例子。

〔例7-9〕生产者一消费者模式示例

具体示例代码如下：

```
#-* coding: utf-8 -*
import threading, time, queue
q = queue.Queue()
def Produce(name):
    count =1                          # conut表示做的肠粉总数
    while count < 4:
        print('生产者%s在做肠粉中…'%name)
        time.sleep(2)
        q.put(count)                  # 容器中添加肠粉
  # 当做完一份肠粉后就要给顾客发送一个信号,表示已经做完,让他们吃肠粉
        print('生产者%s已经做好了第%s份肠粉'%(name, count))
        count += 1
        print('正在制作中…')
def Consumer(name):
    count = 0                         # count表示肠粉被吃的总数
    while count < 4:
        time.sleep(2)                 # 排队去取肠粉
        if not q.empty():             # 如果存在
            data = q.get()            # 取肠粉, 吃肠粉
            print('\032消费者%s正在吃第%s份肠粉…\032' %(name, data))

        count += 1
if __name__ == '__main__':
    p1 = threading.Thread(target=Produce, args=('老板',))
    c1 = threading.Thread(target=Consumer, args=('张三',))
    c2 = threading.Thread(target=Consumer, args=('李四',))
    c3 = threading.Thread(target=Consumer, args=('王五',))

    p1.start()
    c1.start()
    c2.start()
    c3.start()

    p1.join()
```

```
    c1.join()
    c2.join()
    c3.join()
```

程序执行结果如下：

```
生产者老板在做肠粉中…
生产者老板已经做好了第1份肠粉
正在制作中…
生产者老板在做肠粉中…
 消费者王五正在吃第1份肠粉…
生产者老板已经做好了第2份肠粉
正在制作中…
生产者老板在做肠粉中…
 消费者王五正在吃第2份肠粉…
生产者老板已经做好了第3份肠粉
正在制作中…
 消费者张三正在吃第3份肠粉…
```

本节讲解了生产者—消费者模式，并给出了实例。生产者—消费者模式的应用场景很多，特别适合用于处理任务时间比较长的场景。例如，上传附件并处理，用户把文件上传到系统后，系统把文件放置在队列里，然后立刻返回告诉用户上传成功，最后消费者再去队列里取出文件处理。又如，调用一个远程接口查询数据。如果远程服务接口查询需要几十秒的时间，那么，它可以提供一个申请查询的接口，这个接口把要申请查询的任务放在数据库中，然后该接口立刻返回。接下来，服务器端使用线程轮询并对获取的申请任务进行处理，处理完之后发消息给调用方，让调用方再来调用另外一个接口获取数据。

第8章 Python文件操作

在变量、序列和对象中存储的数据是暂时的，程序结束后就会丢失。为了能够长时间地保存程序中的数据，需要将程序中的数据保存到磁盘文件中。Python提供了内置的文件对象和对文件，以及目录进行操作的内置模块。通过这些技术可以很方便地将数据保存到文件（如文本文件等）中，以达到长时间保存数据的目的。

本章将详细介绍在Python中如何进行文件和目录的相关操作。

还将分别介绍csv，json和picker模块。在Python中，csv模块可用来读写csv文件。JSON (JavaScript Object Notation) 是一种轻量级的数据交换格式，json模块可用来JSON数据进行编解码。Python的pickle模块实现了基本的数据序列和反序列化，通过pickle模块的序列化操作能够将程序中运行的对象信息保存到文件中去，永久存储；通过pickle模块的反序列化操作，能够从文件中创建上一次程序保存的对象。

8.1 文件的基本操作

在Python中，内置了文件（File）对象。在使用文件对象时，首先需要通过内置的open()方法创建一个文件对象，然后通过该对象提供的方法进行一些基本文件操作。例如，可以使用文件对象的write()方法向文件中写入内容，以及使用close()方法关闭文件等。下面将介绍如何应用Python的文件对象进行基本文件操作。

8.1.1 创建和打开文件

在Python中，如果想要操作文件，就需要先创建或者打开指定的文件并创建文件对象。这时，可以通过内置的open()函数实现，其基本语法格式如下：

```
open(file, mode='r')
```

完整的语法格式如下：

```
open(file, mode='r', buffering=-1, encoding=None, errors=None, newline=None, closefd=True)
```

参数说明如下：

file: 必需参数，要创建或打开文件的文件名称，需要使用单引号或双引号括起来。如果要打开的文件和当前文件在同一个目录下，那么直接写文件名即可，否则需要指定完整路径。例如，要打开当前路径下的名称为test.txt的文件，可以使用“test.txt”。

mode: 可选参数，用于指定文件的打开模式。其参数值如表8-1所示。默认的打开模式为只读（即r）。

表8-1　mode参数的参数值说明

模式	描述
r	以只读方式打开文件。文件的指针将会放在文件的开头。这是默认模式
b	二进制模式
rb	以二进制格式打开一个文件用于只读。文件指针将会放在文件的开头。一般用于非文本文件如图片等
r+	打开一个文件用于读写。文件指针将会放在文件的开头
rb+	以二进制格式打开一个文件用于读写。文件指针将会放在文件的开头。一般用于非文本文件如图片等
w	打开一个文件只用于写入。如果该文件已存在则打开文件，并从开头开始编辑，即原有内容会被删除。如果该文件不存在，创建新文件
wb	以二进制格式打开一个文件只用于写入。如果该文件已存在则打开文件，并从开头开始编辑，即原有内容会被删除。如果该文件不存在，创建新文件。一般用于非文本文件如图片等
w+	打开一个文件用于读写。如果该文件已存在则打开文件，并从开头开始编辑，即原有内容会被删除。如果该文件不存在，创建新文件
wb+	以二进制格式打开一个文件用于读写。如果该文件已存在则打开文件，并从开头开始编辑，即原有内容会被删除。如果该文件不存在，创建新文件。一般用于非文本文件如图片等
a	打开一个文件用于追加。如果该文件已存在，文件指针将会放在文件的结尾。也就是说，新的内容将会被写入到已有内容之后。如果该文件不存在，创建新文件进行写入
ab	以二进制格式打开一个文件用于追加。如果该文件已存在，文件指针将会放在文件的结尾。也就是说，新的内容将会被写入到已有内容之后。如果该文件不存在，创建新文件进行写入
a+	打开一个文件用于读写。如果该文件已存在，文件指针将会放在文件的结尾。文件打开时会是追加模式。如果该文件不存在，创建新文件用于读写
ab+	以二进制格式打开一个文件用于追加。如果该文件已存在，文件指针将会放在文件的结尾。如果该文件不存在，创建新文件用于读写

buffering: 可选参数，用于指定读写文件的缓冲模式，值为0表示不缓存；值为1表示缓存；如果大于1，则表示缓冲区的大小。默认为缓存模式。

encoding: 可选参数，一般使用utf-8。

errors: 可选参数，是用来指明编码和解码错误时怎么样处理，不能在二进制的模式下使用。

newline: 可选参数，区分换行符。

closefd: 可选参数，为False时，file参数传递文件描述器而不是文件名，则当文件关闭时，文件描述器将保持打开。如果file参数传递文件名，则closefd必须为True（默认值），否则将产生错误。

8.1.2　文件关闭

close()方法用于关闭一个已打开的文件。关闭后的文件不能再进行读写操作，否则会触发ValueError错误。 close() 方法允许多次调用。当file对象，被引用到操作另外一个文件时，Python 会自动关闭之前的file对象。 使用close()方法关闭文件是一个好的习惯。

close()方法语法如下：

```
fileObject.close()
```

8.1.3　读文件

在Python中打开文件后，除了可以向其写入或追加内容，还可以读取文件中的内容。读取文件内容主要分为以下几种情况。

1. 读取指定字符

文件对象提供了read()方法读取指定个数的字符，其语法格式如下：

```
fileObject.read([size])
```

其中，fileObject为打开的文件对象；size为可选参数，用于指定要读取的字符个数，如果省略则一次性读取所有内容。

具体示例代码如下。

```
#!/usr/bin/python3
# 打开文件
fo = open("test.txt", "r+")
print ("文件名为: ", fo.name)
line = fo.read(10)
print ("读取的字符串: %s" % (line))
# 关闭文件
fo.close()
```

2. 读取一行

readline() 方法用于从文件读取整行，包括“\n”字符。如果指定了一个非负数的参数，则返回指定大小的字符数，包括“\n”字符，其语法格式如下：

```
fileObject.readline([size])
```

其中，fileObject为打开的文件对象。size为可选参数，用于指定要读取的字符个数。

具体示例代码如下。

```
#!/usr/bin/python3
# 打开文件
fo = open("test.txt", "r+")
print ("文件名为: ", fo.name)
line = fo.readline()
print ("读取第一行 %s" % (line))
line = fo.readline(5)
print ("读取的字符串为: %s" % (line))
# 关闭文件
fo.close()
```

3. **读取全部行**

读取全部行的作用与调用read()方法时不指定size类似，只不过读取全部行时，返回的是一个字符串列表，每个元素为文件的一行内容。读取全部行，使用的是文件对象的readlines()方法，其语法格式如下：

```
fileObject.readlines()
```

其中，fileObject为打开的文件对象。同read()方法一样，打开文件时，也需要指定打开模式为r（只读）或者r+（读写）。

具体示例代码如下。

```
#!/usr/bin/python3
# 打开文件
fo = open("test.txt", "r")
print ("文件名为: ", fo.name)
#依次读取每行
for line in fo.readlines():
#去掉每行头尾空白
    line = line.strip()
    print ("读取的数据为: %s" % (line))
# 关闭文件
fo.close()
```

8.1.4　写文件

1．写入指定字符串

write()方法用于向文件中写入指定字符串。在文件关闭前或缓冲区刷新前，字符串内容存储在缓冲区中，这时你在文件中是看不到写入的内容的。如果文件打开模式带b，在写入文件内容时，str (参数)要用encode 方法转为bytes形式，否则报错：TypeError: a bytes-like object is required, not 'str'。其语法格式如下：

```
fileObject.write([str])
```

其中，fileObject为打开的文件对象；size为可选参数，要写入文件的字符串；返回值是写入的字符长度。

具体示例代码如下。

```
#!/usr/bin/python3
# 打开文件
fo = open("test.txt", "r+")
print ("文件名: ", fo.name)
str = "sugonedu"
# 在文件末尾写入一行
fo.seek(0, 2)
line = fo.write( str )
# 关闭文件
fo.close()
```

seek() 方法用于移动文件读取指针到指定位置，其语法格式如下：

```
fileObject.seek(offset[, whence]);
```

其中，fileObject为打开的文件对象；Offset开始的偏移量，也就是代表需要移动偏移的字节数，如果是负数表示从倒数第几位开始；whence可选参数，默认值为0，给offset定义一个参数，表示要从哪个位置开始偏移；0代表从文件开头开始算起，1代表从当前位置开始算起，2代表从文件末尾算起。

2．写入字符串序列

writelines() 方法用于向文件中写入一序列的字符串。这一序列字符串可以是由迭代对象产生的，如一个字符串列表。换行需要制定换行符“\n”，基本语法格式如下：

```
fileObject.writelines( [ strs ])
```

其中，fileObject为打开的文件对象。strs为可选参数，要写入文件的字符串序列。

具体示例代码如下。

```
#!/usr/bin/python3
# 打开文件
fo = open("test.txt", "w")
print ("文件名为: ", fo.name)
# 换行需要制定换行符\n
strs = ["hello world \n", "hello python"]
fo.writelines( strs )
# 关闭文件
fo.close()
```

8.2 文件系统操作

文件系统是操作系统用于明确存储设备或分区上的文件的方法和数据结构，即在存储设备上组织文件的方法。操作系统中负责管理和存储文件信息的软件机构称为文件管理系统，简称文件系统。os模块是Python内置的与操作系统功能和文件系统相关的模块。该模块中的语句的执行结果通常与操作系统有关，在不同操作系统上运行，可能会得到不一样的结果。

8.2.1 文件系统路径

用于定位一个文件或者目录的字符串被称为一个路径。在程序开发时，通常会涉及两种路径，一种是相对路径，另一种是绝对路径。

1. 相对路径

在学习相对路径之前，需要先了解什么是当前工作目录。当前工作目录是指当前文件所在的目录。在Python中，可以通过os模块提供的getcwd() 函数获取当前工作目录。例如，在D:\Code\demo.py文件中，编写以下代码：

```
#导入os模块
import os
# 输出当前目录
print(os.getcwd())
```

执行上面的代码后，将显示以下目录，该路径就是当前工作目录。

```
D:\Python\Code
```

相对路径就是依赖于当前工作目录的。如果在当前工作目录下有一个名称为

message.txt的文件，那么在打开这个文件时，就可以直接写上文件名，这时采用的就是相对路径，message.txt文件的实际路径就是当前工作目录“D:\Python\Code”＋相对路径“test.txt”，即D:\Python\Code\test.txt。

如果在当前工作目录下有一个子目录demo，并且在该子目录下保存着文件test.txt，那么在打开这个文件时就可以写上“demo/test.txt”，例如下面的代码：

```
file = open("demo/test.txt")
```

在Python中，指定文件路径时需要对路径分隔符“\”进行转义，即将路径中的“\”替换为“\\”。例如，对于相对路径“demo\test.txt”需要使用“demo\\test.txt”代替。另外，也可以将路径分隔符“\”采用“/”代替。

2. **绝对路径**

绝对路径是指在使用文件时指定文件的实际路径。它不依赖于当前工作目录。在Python中，可以通过os.path模块提供的abspath()函数获取一个文件的绝对路径。abspath()函数的基本语法格式如下：

```
os.path.abspath(path)
```

其中，path为要获取绝对路径的相对路径，可以是文件，也可以是目录。

例如，要获取相对路径“demo\test.txt”的绝对路径，可以使用下面的代码。

```
import os
print(os.path.abspath('demo/test.txt'))
```

如果当前工作目录为“D:\Code”，那么将得到以下结果。

D:\Code\demo\test.txt

3. **拼接路径**

如果想要将两个或者多个路径拼接到一起组成一个新的路径，可以使用os.path模块提供的join()函数实现。join()函数基本语法格式如下：

```
os.path.join(path1[,path2[,...]])
```

其中，path 1、path 2用于代表要拼接的文件路径，这些路径间使用逗号进行分隔。如果在要拼接的路径中没有一个绝对路径，那么最后拼接出来的将是一个相对路径。使用os.path.join()函数拼接路径时，并不会检测该路径是否真实存在。

例如，需要将“D:\Code”和“demo\test.txt”路径拼接到一起，可以使用下面的代码。

```
import os
print(os.path.join('D:/code', 'demo/test.txt'))
```

执行结果：

```
D:\Code\demo\message.txt
```

在使用join()函数时，如果要拼接的路径中存在多个绝对路径，那么以从左到右最后一次出现的为准，并且该路径之前的参数都将被忽略。

```
import os
print(os.path.join('D:/code', 'demo', 'C:/', 'demo/test.txt'))
```

将得到拼接后的路径为“C:\demo\test.txt”。

8.2.2 判断路径是否存在

在Python中，有时需要判断给定的目录是否存在，这时可以使用os.path模块提供的exists()函数实现。exists()函数的基本语法格式如下：

```
os.path.exists(path)
```

其中，path为要判断的目录，可以采用绝对路径，也可以采用相对路径。

返回值：如果给定的路径存在，则返回True，否则返回False。

例如，要判断绝对路径“D:\code”是否存在，可以使用下面的代码。

```
import os
print(os.path.exists('D:/code'))
```

os.path.exists()函数除了可以判断目录是否存在，还可以判断文件是否存在。例如，如果将上面代码中的“D:/code”替换为“D:/code/test.txt”，则用于判断D:/code/test.txt文件是否存在。

8.2.3 创建目录

在Python中，os模块提供了两个创建目录的函数，一个用于创建一级目录，另一个用于创建多级目录。下面分别进行介绍。

1. **创建一级目录**

os.mkdir() 方法用于以数字权限模式创建目录。默认的模式为0777 (八进制)。如果目录有多级，则创建最后一级，如果最后一级目录的上级目录有不存在的，则会抛出一个OSError。mkdir()函数的基本语法格式如下：

```
os.mkdir(path, mode=0o777)
```

其中path为必需参数，是要创建的目录，可以是相对路径或者绝对路径。mode为可选参数，是要为目录设置的权限数字模式，默认值为0o777，该参数在非UNIX系统上无效或被忽略。

具体示例代码如下。

```
#!/usr/bin/python
# -*- coding: UTF-8 -*-
import os
# 创建的目录
path = "/tmp/home/monthly/daily/hourly"
os.mkdir( path, 0o755 )
print("目录已创建")
```

如果创建的路径已经存在，则将抛出FileExistsError异常。如果指定的目录有多级，而且最后一级的上级目录中有不存在的，则抛出FileNotFoundError异常，并且目录创建不成功。

2. **创建多级目录**

os.makedirs() 方法用于递归创建目录。如果子目录创建失败或者已经存在，会抛出一个 OSError 的异常。如果第一个参数 path 只有一级，则 mkdir() 函数相同。mkdirs()函数的基本语法格式如下：

```
os.makedirs(path, mode=0o777)
```

其中path为必需参数，是需要递归创建的目录，可以是相对或者绝对路径。mode为可选参数，是要为目录设置的权限数字模式，默认值为0777，该参数在非Unix系统上无效或被忽略。

具体示例代码如下。

```
#!/usr/bin/python3
import os
# 创建的目录
path = "/tmp/home/monthly/daily"
os.makedirs( path, 0o777 )
print ("路径被创建")
```

8.2.4　获取文件基本信息

在计算机上创建文件后，该文件本身就会包含一些信息。例如，文件的最后一次访问时间、最后一次修改时间、文件大小等基本信息。通过os模块的stat()函数可以获取到文件的这些基本信息。stat()函数的基本语法如下：

```
os.stat(path)
```

其中，path为要获取文件基本信息的文件路径，可以是相对路径，也可以是绝对路径。

stat()函数的返回值是一个对象，该对象包含如下所示的属性。通过访问这些属性可以获取文件的基本信息。

- st_mode：inode保护模式。
- st_ino：inode节点号。
- st_dev：inode驻留的设备。
- st_nlink：inode的链接数。
- st_uid：所有者的用户ID。
- st_gid：所有者的组ID。
- st_size：普通文件以字节为单位的大小；包含等待某些特殊文件的数据。
- st_atime：上次访问的时间。
- st_mtime：最后一次修改的时间。
- st_ctime：由操作系统报告的“ctime”。在某些系统上（如Unix）是最新的元数据更改的时间，在其他系统上（如Windows）是创建时间。

具体示例代码如下。

```
#!/usr/bin/python3
import os
# 显示文件 "a2.py" 信息
statinfo = os.stat('a2.py')
print (statinfo)
```

执行以上程序输出结果为：

```
posix.stat_result(st_mode=33188, st_ino=3940649674337682L, st_
dev=277923425L, st
_nlink=1, st_uid=400, st_gid=401, st_size=335L, st_atime=1330498089, st_
mtime=13
30498089, st_ctime=1330498089)
```

8.2.5 重命名目录和文件

os模块提供了重命名文件和目录的函数rename()，如果指定的路径是文件，则重命名文件，如果指定的路径是目录，则重命名目录。rename()函数的基本语法格式如下：

```
os.renames(old, new)
```

其中，old用于指定要进行重命名的目录或文件；new用于指定重命名后的目录或文件。

具体示例代码如下。

```
import os
print ("当前目录为: %s" %os.getcwd())
# 列出目录
print ("目录为: %s"%os.listdir(os.getcwd()))
# 重命名 "aa1.txt"
os.renames("aa1.txt","newdir/aanew.txt")
print ("重命名成功。")
# 列出重命名的文件 "aa1.txt"
print ("目录为: %s" %os.listdir(os.getcwd()))
```

在进行文件或目录重命名时，如果指定的目录或文件不存在，也将抛出FileNotFoundError异常，所以在进行文件或目录重命名时，建议先判断文件或目录是否存在，只有存在时才进行重命名操作。

8.2.6　删除目录和文件

1．删除目录

删除目录可以使用os模块提供的rmdir()函数实现。通过rmdir()函数删除目录时，仅当这文件夹是空的才可以，否则，抛出OSError。rmdir()函数的基本语法格式如下：

```
os.rmdir(path)
```

其中，path为要删除的目录，可以使用相对路径，也可以使用绝对路径。

具体示例代码如下：

```
#!/usr/bin/python3
import os
# 删除路径
os.rmdir("mydir")
```

如果要删除的目录不存在，那么将抛出FileNotFoundError异常。因此，在执行os.rmdir()函数前，建议先判断该路径是否存在，可以使用os.path.exists()函数判断。

2．删除文件

Python没有内置删除文件的函数，但是在内置的os模块中提供了删除文件的函数remove()，该函数的基本语法格式如下：

```
os.remove(path)
```

其中，path为要删除的文件路径，可以使用相对路径，也可以使用绝对路径。

具体示例代码如下：

```
#!/usr/bin/python3
import os
# 移除文件
os.remove("aa.txt")
```

在进行文件删除时，如果指定的文件不存在，也将抛出FileNotFoundError异常。

8.2.7 路径遍历

在Python中，遍历就是对指定的目录下的全部目录（包括子目录）及文件运行一遍。在Python中，os模块的walk()函数用于实现遍历目录的功能。walk()函数的基本语法格式如下：

```
os.walk(top[, topdown=True[, onerror=None[, followlinks=False]]])
```

参数说明如下：

top：用于指定要遍历内容的根目录。

topdown：可选参数，用于指定遍历的顺序，如果值为True，表示自上而下遍历（即先遍历根目录）；如果值为False，表示自下而上遍历（即先遍历最后一级子目录）。默认值为True。

onerror：可选参数，用于指定错误处理方式，默认为忽略，如果不想忽略，也可以指定一个错误处理函数。通常情况下采用默认。

followlinks：可选参数，在默认情况下，walk()函数不会向下转换成解析到目录的符号链接，将该参数值设置为True，表示用于指定在支持的系统上访问由符号链接指向的目录。

返回值：返回一个包括3个元素（dirpath, dirnames, filenames）的元组生成器对象。其中，dirpath表示当前遍历的路径，是一个字符串；dirnames表示当前路径下包含的子目录，是一个列表；filenames表示当前路径下包含的文件，也是一个列表。

具体示例代码如下：

```
#!/usr/bin/python3

import os
```

```
for root, dirs, files in os.walk("D:/code", topdown=False):
    for name in files:
print(os.path.join(root, name))
    for name in dirs:
print(os.path.join(root, name))
```

8.3　结构化数据文件

对于简单的文件，唯一的结构层次是间隔的行。然而有时需要更加结构化的文本，用于后续使用的程序保存数据或者向另一个程序传送数据。

结构化的文本有很多格式，区别他们的方法如下所示：

- 分隔符，比如tab（“\t”），逗号（“,”）或者竖线（“|”）。比如：逗号分隔的CSV文件。
- “<” 和 “>” 标签，例如 XML 和 HTML。
- 标点符号，例如 JavaScript Object Notation（JSON）。
- 缩进，例如 YAML。
- 混合的，例如各种配置文件

每一种结构化文件格式都能够至少被一种Python模块读写。下面主要介绍使用Python操作csv和json结构化数据文件。

8.3.1　csv模块

CSV (Comma Separated Values)，即逗号分隔值（也称字符分隔值，因为分隔符可以不是逗号），是一种常用的文本格式，用以存储表格数据，包括数字或者字符。很多程序在处理数据时都会碰到csv这种格式的文件，它的使用是比较广泛的，csv虽然使用广泛，但却没有通用的标准，所以在处理csv格式时常常会碰到麻烦，Python内置了csv模块。下面简单介绍csv模块的使用。

1. 读操作

csv模块的reader()函数用于实现读取csv文件的功能，基本语法格式如下：

```
reader(csvfile, dialect='excel', **fmtparams)
```

参数说明如下：

iterable：必须是支持迭代的对象，可以是文件（file）对象或者列表（list）对象。

dialect：编码风格，默认为excel的风格，也就是用逗号（,）分隔，dialect 方式也支持自定义，通过调用register_dialect方法来注册。

fmtparam：格式化参数，用来覆盖之前dialect对象指定的编码风格。

具体示例代码如下：

```
import csv

with open('data.csv', encoding='utf-8') as f:
    reader = csv.reader(f)
    header = next(reader)
    print(header)
    for row in reader:
        print(row)
```

csv模块DictReader类创建一个像常规阅读器一样操作的对象，但将读取的信息映射到一个字典dict中，DictReader类定义如下：

```
class csv.DictReader(file, fieldnames=None, restkey=None, restval=None,
dialect ='excel', *args, **kwds)
```

参数说明如下：

• file：必需参数，为要读取的文件对象。

• fieldnames：可选参数，用于定义字段名，是一个字符串序列，其元素与输入数据的字段相关联。这些元素成为结果字典的键字。如果省略fieldnames参数，则文件的第一行中的值将用作字段名。

• restkey：可选参数，如果读取的行包含的字段多于字段名序列，则将剩余数据添加为由restkey值键入的序列。

• restval：可选参数，如果读取的行的字段数少于字段名序列，则其余的键将采用可选的restval参数的值。

args和kwds任何其他可选或关键字参数都将传递给基础reader实例。

具体示例代码如下：

```
import csv

with open('data.csv', encoding='utf-8') as f:
    reader = csv.DictReader(f)
    for row in reader:
        print(row['name'], row['password'])
```

2. **写操作**

csv模块的writer()函数用于实现写入csv文件的功能，基本语法格式如下：

```
writer(csvfile, dialect='excel', **fmtparams)
```

参数说明如下：

iterable：必须是支持迭代的对象，可以是文件（file）对象或者列表（list）对象。

dialect：编码风格，默认为Excel的风格，也就是用逗号（,）分隔，dialect 方式也支持自定义，通过调用register_dialect方法来注册。

fmtparam：格式化参数，用来覆盖之前dialect对象指定的编码风格。

具体示例代码如下：

```
import csv

header = ['name', 'password', 'status']

data = [
    ['abc', '123456', 'PASS'],
    ['张五', '123#456', 'PASS'],
    ['张#abc123', '123456', 'PASS'],
    ['666', '123456', 'PASS'],
    ['a b', '123456', 'PASS']
]


with open('result.csv', 'w', encoding='utf-8', newline='') as f:
    writer = csv.writer(f)
writer.writerow(header)
writer.writerows(data)
```

csv模块DictWriter类创建一个像常规编写器一样操作的对象，但将字典映射到输出行并保存到csv文件中，DictWriter类定义如下：

```
class csv.DictWriter(file，fieldnames，restval=''，extrasaction='raise'，
dialect ='excel'，*args，**kwds)
```

参数说明如下：

• file：必需参数，为要读取的文件对象。

• fieldnames：必需参数，字段名参数是一个字符串序列，用于把字典的值按照序列指定的顺序写入到文件file中。

• restval：可选参数，如果字典缺少字段名中的键，则restval参数指定要写入的值。

• extrasaction：可选参数，如果传递给方法的字典包含在字段名中找不到的键，则extrasaction参数指示要采取的操作。如果设置为raise则会引发ValueError异常。如果设

置为ignore，字典中的额外值将被忽略。

args和kwds任何其他可选或关键字参数都将传递给基础writer实例。

具体示例代码如下：

```
import csv

header = ['name', 'password', 'status']

data = [
    {'name':'abc', 'password':'123456', 'status':'PASS'},
    {'name':'张五', 'password':'123#456', 'status':'PASS'},
    {'name':'张#abc123', 'password':'123456', 'status':'PASS'},
    {'name':'666', 'password':'123456', 'status':'PASS'},
    {'name':'a b', 'password':'123456', 'status':'PASS'}
]


with open('result2.csv', 'w', encoding='utf-8', newline='') as f:
    writer = csv.DictWriter(f, header)
writer.writeheader()
writer.writerows(data)
```

8.3.2 json模块

JSON是一种轻量级的数据交换格式。JSON的数据格式其实就是Python里面的字典格式，里面可以包含方括号括起来的数组，也就是Python里面的列表。在Python中，有专门处理json格式的模块即json模块，json模块主要提供了四个函数：dumps、dump、loads、load，下面分别介绍这四个函数。

1. 编码操作

json模块的dumps()函数用于将Python对象编码成 JSON 字符串，基本语法格式如下：

```
dumps(obj, skipkeys=False, ensure_ascii=True, check_circular=True,
allow_nan=True, cls=None, indent=None, separators=None,
        default=None, sort_keys=False, **kw)
```

主要参数说明如下：

object：必需参数，要编码的Python对象。

skipkeys：可选参数，是否忽略非基本类型的键，默认为False，如果字典的键不是基本类型（str，int，float，bool，None）则编码时抛出TypeError；为True时，则编码时忽略而不是抛出TypeError。

ensure_ascii：可选参数，ASCII是否转义，默认为True，则保证所有传入的非ASCII字符都进行转义；如果为False，则按字符原样输出。

check_circular：可选参数，默认值为True，为False时则将跳过容器类型的循环引用检查，循环引用将导致OverflowError错误。

allow_nan：可选参数，默认值为True，为False时则ValueError将序列化超出范围的浮点值，并严格遵守JSON规范。如果allow_nan为True，则使用与它等效的JS代码。

indent：可选参数，如果是非负整数或字符串，那么JSON数组元素和对象成员将以该缩进级别输出。如果缩进级别是0、负数或""，则只插入换行符。默认值None表示用最紧凑的格式显示。当使用正整数缩进时，每个级别都有许多空格。如果缩进的字符串（例如"\t"），则该字符串用于缩进每个级别。

sort_keys：可选参数，默认为False，为True时则字典的输出将按键进行排序。

具体示例代码如下：

```
#!/usr/bin/python
import json

data = [ { 'a' : 1, 'b' : 2, 'c' : 3, 'd' : 4, 'e' : 5 } ]

data2 = json.dumps(data)
print(data2)
```

json模块的dump()函数用于将Python对象编码成JSON字符串并保存到文件中，必须传文件描述符，基本语法格式如下：

```
dump(obj, fp, skipkeys=False, ensure_ascii=True, check_circular=True,
allow_nan=True, cls=None, indent=None, separators=None,
      default=None, sort_keys=False, **kw)
```

主要参数说明参照dumps函数的参数说明，和dumps函数不同的是dump函数中fp参数是必需参数并传文件描述符，用于指定保存编码后的JSON字符串的文件。

具体示例代码如下：

```
#!/usr/bin/python
import json


a = {"name":"Tom", "age":23}
```

```
with open("test.json", "w", encoding='utf-8') as f:
    # indent 超级好用，格式化保存字典，默认为None，小于0为零个空格
    json.dump(a,f,indent=4)
```

2. **解码操作**

json模块的loads()函数用于解码JSON数据，该函数返回Python字典的数据类型，基本语法格式如下：

```
loads(s, encoding=None, cls=None, object_hook=None, parse_float=None,
parse_int=None, parse_constant=None, object_pairs_hook=None, **kw)
```

主要参数说明如下：

s：必需参数，要解码的JSON字符串。

object_hook：可选函数，解码时调用该函数进行解码，该特征可以用于实现定制解码器。

parse_float：可选函数，解码时如果JSON数据是float类型时则调用该函数进行解码。

parse_int：可选函数，解码时如果JSON数据是int类型时则调用该函数进行解码。

parse_constant：可选函数，解码时如果Json数据是“-Infinity”，“Infinity”，“NaN”字符串时则调用该函数进行解码，可以用来遇到无效的JSON数字时抛出异常。

object_pairs_hook：可选函数，该特征可以用于有序键-值对列表的自定义解码器。如果还定义了object_hook，则object_pairs_hook会优先解码。

具体示例代码如下：

```
#!/usr/bin/python
import json

jsonData = '{"a":1,"b":2,"c":3,"d":4,"e":5}';

text = json.loads(jsonData)
print(text)
```

json模块的load()函数用于读取JSON文件并解码数据，函数返回Python字典的数据类型，基本语法格式如下：

```
load(fp, cls=None, object_hook=None, parse_float=None,
parse_int=None, parse_constant=None, object_pairs_hook=None, **kw)
```

主要参数说明参照loads函数的参数说明，其中和loads函数不同的是，load函数的fp参数是必需参数并传文件描述符，用于指定要解码的JSON文件。

具体示例代码如下：

```
import json

with open("test.json", "r", encoding='utf-8') as f:
    bb = json.load(f)
print(bb)
```

8.3.3 pickle模块

pickle模块实现了用于序列化和反序列化Python对象结构的二进制协议。“pickling”是将Python对象层次结构转换为字节流的过程，“unpickling”是反向操作，从而将字节流（来自二进制文件或类似字节的对象）转换回对象层次结构。pickle模块对于错误或恶意构造的数据是不安全的。

Pickle协议和JSON间有着本质的不同：

• JSON 是一个文本序列化格式（它输出 unicode 文本，尽管在大多数时候它会接着以 utf-8 编码），而 pickle 是一个二进制序列化格式。

• JSON 是可以直观阅读的，而 pickle 不是。

• JSON是可互操作的，在Python系统之外广泛使用，而pickle则是Python专用的。

• 在默认情况下，JSON 只能表示 Python 内置类型的子集，不能表示自定义的类；但 pickle 可以表示大量的 Python 数据类型（可以合理使用 Python 的对象内省功能自动地表示大多数类型，复杂情况可以通过实现specific object APIs 来解决）。

• 不像pickle，对一个不信任的JSON进行反序列化的操作本身不会造成任意代码执行漏洞。

pickle模块主要提供了dumps、dump、loads、load四个函数，下面主要介绍这四个函数。

1. 序列化操作

pickle模块的dumps()函数用于将Python对象序列化后作为bytes类型直接返回，基本语法格式如下：

```
dumps(obj, protocol=None, *, fix_imports=True)
```

主要参数说明如下：

• obj：必需参数，要序列化的Python对象。

• protocol：可选参数，是一个整数，告知pickler使用指定的协议，可选择的协议范围从 0 到 HIGHEST_PROTOCOL。如果没有指定，这一参数默认值为DEFAULT_PROTOCOL。指定一个负数就相当于指定HIGHEST_PROTOCOL。

• fix_imports：可选参数，默认值为True，如果为True且protocol小于3，pickle将尝试将Python 3中的新名称映射到Python 2中的旧模块名称，因此Python 2也可以读取序列化的数据流。

具体示例代码如下：

```
import pickle

l1=[1,2,3,4,5]
t1=(1,2,3,4,5)
dic1={"k1":"v1","k2":"v2","k3":"v3"}

res_l1=pickle.dumps(l1)
res_t1=pickle.dumps(t1)
res_dic=pickle.dumps(dic1)

print(res_l1)
print(res_t1)
print(res_dic)
```

pickle模块的dump()函数用于将Python对象序列化后并保存到文件中，必须传文件描述符，基本语法格式如下：

```
dump(obj, file, protocol=None, *, fix_imports=True)
```

主要参数说明参照dumps函数的参数说明，和dumps函数不同的是dump函数中file参数是必需参数并传文件描述符，用于指定保存序列化后数据流的文件。

具体示例代码如下：

```
import pickle

l1=[1,2,3,4,5]
t1=(1,2,3,4,5)
dict1={"k1":"v1","k2":"v2","k3":"v3"}

#把列表l1，元组t1和字典dict1序列化进一个文件f1中
with open("f1", "wb") as f:
pickle.dump(l1,f)
pickle.dump(t1,f)
pickle.dump(dict1,f)
```

2. 反序列化操作

pickle模块的loads()函数用于反序列化bytes对象，并返回其重组后的对象，基本语法格式如下：

```
loads(bytes_object, *, fix_imports=True, encoding="ASCII", errors="strict")
```

主要参数说明如下：

- bytes_object：必需参数，要反序列化的bytes对象。
- fix_imports：可选参数，默认值为True，如果为True则pickle将尝试将旧的Python 2名称映射到Python 3中对应的新名称。

encoding和errors：可选参数，这两个参数告诉pickle如何解码Python 2存储的8位字符串实例，这两个参数默认分别为“ASCII”和“strict”。encoding参数可置为“bytes”来将这些8位字符串实例读取为字节对象。读取NumPy array和Python 2存储的datetime、date和time实例时，请使用encoding='latin1'。

具体示例代码如下：

```
import pickle
l1=[1,2,3,4,5]
t1=(1,2,3,4,5)
dic1={"k1":"v1","k2":"v2","k3":"v3"}
res_l1=pickle.dumps(l1)
res_t1=pickle.dumps(t1)
res_dic=pickle.dumps(dic1)
print(pickle.loads(res_l1),type(pickle.loads(res_l1)))
print(pickle.loads(res_t1),type(pickle.loads(res_t1)))
print(pickle.loads(res_dic),type(pickle.loads(res_dic)))
```

pickle模块的load()函数用于文件中的数据反序列化为一个Python对象，基本语法格式如下：

```
load(file, *, fix_imports=True, encoding="ASCII", errors="strict")
```

主要参数说明参照loads函数的参数说明，其中和loads函数不同的是，load函数的file参数是必需参数并传文件描述符，用于指定要反序列化的数据文件。

具体示例代码如下：

```
import pickle
l2=[1,2,3,4,5,6]
with open("f2","wb") as f:
pickle.dump(l1,f)
```

```
with open("f2","rb") as f:
    res=pickle.load(f)
    print(res,type(res))
```

案例5　结构化数据文件分析

【案例名称】结构化数据文件分析

在变量、序列和对象中存储的数据是暂时的，程序结束后就会丢失。为了能够长时间地保存程序中的数据，需要将程序中的数据保存到磁盘文件中。Python 提供了内置的文件对象，以及对文件、目录进行操作的内置模块。通过这些技术可以很方便地将数据保存到文件（如文本文件等）中，以达到长时间保存数据的目的。

【案例目的】

（1）掌握Python 的文件操作；
（2）掌握Python 的文件系统操作；
（3）掌握csv，json 和pickle 模块的使用。

【案例思路】

1. 文件操作

在Python中，内置了文件（File）对象。在使用文件对象时，首先需要通过内置的open()方法创建一个文件对象，然后通过该对象提供的方法进行一些基本文件操作。例如，可以使用文件对象的write()方法向文件中写入内容，以及使用close()方法关闭文件等。

在Python中，想要操作文件需要先创建或者打开指定的文件并创建文件对象。这可以通过内置的open()函数实现，其基本语法格式如下：

```
open(file, mode='r')
```

close()方法用于关闭一个已打开的文件。关闭后的文件不能再进行读写操作， 否则会触发 ValueError错误。 close() 方法允许调用多次。当file对象，被引用到操作另外一个文件时，Python 会自动关闭之前的file对象。 使用close()方法关闭文件是一个好的习惯。close()方法语法如下：

```
fileObject.close()
```

文件对象提供了read()方法读取指定个数的字符，其语法格式如下：

```
fileObject.read([size])
```

readline() 方法用于从文件读取整行，包括“\n”字符。如果指定了一个非负数的参数，则返回指定大小的字符数，包括“\n”字符，其语法格式如下：

```
fileObject.readline([size])
```

读取全部行的作用与调用read()方法时不指定size类似，只不过读取全部行时，返回的是一个字符串列表，每个元素为文件的一行内容。读取全部行，使用的是文件对象的readlines()方法，其语法格式如下：

```
fileObject.readlines()
```

write()方法用于向文件中写入指定字符串。在文件关闭前或缓冲区刷新前，字符串内容存储在缓冲区中，这时你在文件中是看不到写入的内容的。其语法格式如下：

```
fileObject.write([str])
```

writelines() 方法用于向文件中写入一序列的字符串。这一序列字符串可以是由迭代对象产生的，如一个字符串列表。换行需要制定换行符“\n”，基本语法格式如下：

```
fileObject.writelines( [ strs ])
```

2. 文件系统操作

文件系统是操作系统用于明确存储设备或分区上的文件的方法和数据结构；即在存储设备上组织文件的方法。操作系统中负责管理和存储文件信息的软件机构称为文件管理系统，简称文件系统。os模块是Python内置的与操作系统功能和文件系统相关的模块。该模块中的语句的执行结果通常与操作系统有关，在不同操作系统上运行，可能会得到不一样的结果。

在Python中，可以通过os模块提供的 getcwd() 函数获取当前工作目录。基本语法格式如下：

```
os.getcwd()
```

可以通过os.path模块提供的abspath()函数获取一个文件的绝对路径。abspath()函数的基本语法格式如下：

```
os.path.abspath(path)
```

如果想要将两个或者多个路径拼接到一起组成一个新的路径，可以使用os.path模块提供的join()函数实现。join()函数基本语法格式如下：

```
os.path.join(path1[,path2[,...]])
```

可以使用os.path模块提供的exists()函数实现。exists()函数的基本语法格式如下：

```
os.path.exists(path)
```

os.mkdir() 方法用于以数字权限模式创建目录。默认的模式为 0777 (八进制)。如果目录有多级，则创建最后一级，如果最后一级目录的上级目录有不存在的，则会抛出一个OSError。mkdir()函数的基本语法格式如下：

```
os.mkdir(path, mode=0o777)
```

os.makedirs() 方法用于递归创建目录。如果子目录创建失败或者已经存在，会抛出一个 OSError 的异常。如果第一个参数 path 只有一级，则 mkdir() 函数相同。mkdirs()函数的基本语法格式如下：

os.makedirs(path, mode=0o777)

通过os模块的stat()函数可以获取到文件的基本信息。stat()函数的基本语法如下：

```
os.stat(path)
```

os模块提供了重命名文件和目录的函数rename()，如果指定的路径是文件，则重命名文件，如果指定的路径是目录，则重命名目录。rename()函数的基本语法格式如下：

```
os.renames(old, new)
```

删除目录可以使用os模块提供的rmdir()函数实现。通过rmdir()函数删除目录时，仅当这文件夹是空的才可以，否则，抛出OSError。rmdir()函数的基本语法格式如下：

```
os.rmdir(path)
```

Python没有内置删除文件的函数，但是在内置的os模块中提供了删除文件的函数

remove()，该函数的基本语法格式如下：

```
os.remove(path)
```

在Python中，遍历就是对指定的目录下的全部目录（包括子目录）及文件运行一遍。在Python中，os模块的walk()函数用于实现遍历目录的功能。walk()函数的基本语法格式如下：

```
os.walk(top[, topdown=True[, onerror=None[, followlinks=False]]])
```

3. 结构化数据文件

CSV (Comma Separated Values)，即逗号分隔值（也称字符分隔值，因为分隔符可以不是逗号），是一种常用的文本格式，用以存储表格数据，包括数字或者字符。很多程序在处理数据时都会碰到csv这种格式的文件，它的使用是比较广泛的，csv虽然使用广泛，但却没有通用的标准，所以在处理csv格式时常常会碰到麻烦，Python内置了csv模块。

csv模块的reader()函数用于实现读取csv文件的功能，基本语法格式如下：

```
reader(csvfile, dialect='excel', **fmtparams)
```

csv模块DictReader类创建一个像常规阅读器一样操作的对象，但将读取的信息映射到一个字典dict中，DictReader类定义如下：

```
class csv.DictReader(file，fieldnames=None，restkey=None，restval=None，dialect ='excel'，*args，**kwds)
```

csv模块的writer ()函数用于实现写入csv文件的功能，基本语法格式如下：

```
writer(csvfile，dialect='excel'，**fmtparams)
```

csv模块DictWriter类创建一个像常规编写器一样操作的对象，但将字典映射到输出行并保存到csv文件中，DictWriter类定义如下：

```
class csv.DictWriter(file，fieldnames，restval=''，extrasaction='raise'，dialect ='excel'，*args，**kwds)
```

JSON是一种轻量级的数据交换格式。JSON的数据格式其实就是Python里面的字典格式，里面可以包含方括号括起来的数组，也就是python里面的列表。在Python中，有专门处理json格式的模块即json模块，json模块主要提供了四个函数： dumps、dump、loads、load，下面分别介绍这四个函数。

json模块的dumps()函数用于将Python对象编码成json字符串，基本语法格式如下：

```
dumps(obj, skipkeys=False, ensure_ascii=True, check_circular=True, allow_nan=True, cls=None, indent=None, separators=None, default=None, sort_keys=False, **kw)
```

json模块的dump()函数用于将Python对象编码成json字符串并保存到文件中，必须传文件描述符，基本语法格式如下：

```
dump(obj, fp, skipkeys=False, ensure_ascii=True, check_circular=True, allow_nan=True, cls=None, indent=None, separators=None, default=None, sort_keys=False, **kw)
```

json模块的loads()函数用于解码json数据，该函数返回Python字典的数据类型，基本语法格式如下：

```
loads(s, encoding=None, cls=None, object_hook=None, parse_float=None, parse_int=None, parse_constant=None, object_pairs_hook=None, **kw)
```

json模块的load()函数用于读取json文件并解码数据，函数返回Python字典的数据类型，基本语法格式如下：

```
load(fp, cls=None, object_hook=None, parse_float=None, parse_int=None, parse_constant=None, object_pairs_hook=None, **kw)
```

pickle模块实现了用于序列化和反序列化Python对象结构的二进制协议。“pickling”是将Python对象层次结构转换为字节流的过程，“unpickling”是反向操作，从而将字节流（来自二进制文件或类似字节的对象）转换回对象层次结构。pickle模块对于错误或恶意构造的数据是不安全的。

pickle模块的dumps()函数用于将Python对象序列化后作为bytes类型直接返回，基本语法格式如下：

```
dumps(obj, protocol=None, *, fix_imports=True)
```

pickle模块的dump()函数用于将Python对象序列化后并保存到文件中，必须传文件描述符，基本语法格式如下：

```
dump(obj, file, protocol=None, *, fix_imports=True)
```

pickle模块的loads()函数用于反序列化bytes对象，并返回其重组后的对象，基本语法格式如下：

```
loads(bytes_object, *, fix_imports=True, encoding="ASCII", errors="strict")
```

pickle模块的load()函数用于文件中的数据反序列化为一个Python对象，基本语法格式如下：

```
load(file, *, fix_imports=True, encoding="ASCII", errors="strict")
```

【案例环境】

ubuntu 16.04
Python 3.6.5

【案例步骤】

➤ 步骤一　文件操作

打开实验机中的Terminal终端，输入如下命令打开jupyter notebook。

jupyter notebook --ip=0.0.0.0 --allow-root

在jupyter notebook中新建一个Python3的notebook，输入如下代码创建一个文件并写入一串字符：

```
# 打开文件
fo = open("test.txt", "w+")
print ("文件名： ", fo.name)

str = '''www.sugonedu.com01
www.sugonedu.com02
www.sugonedu.com03
www.sugonedu.com04
www.sugonedu.com05
'''
```

```
line = fo.write( str )

# 关闭文件
fo.close()
```

在Terminal终端，使用cat命令查看/home/ubuntu/test.txt文件：

```
cat /home/ubuntu/test.txt
```

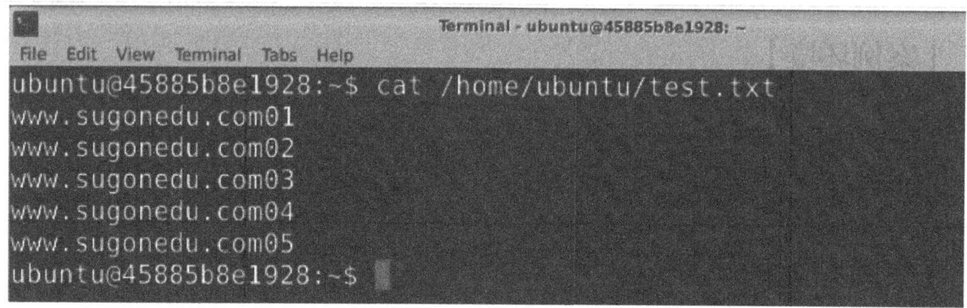

在notebook中输入如下代码，使用read()方法读取test.txt文件所有内容：

```
fo = open("test.txt", "r+")

line = fo.read()
print ("读取的字符串： %s" % (line))

# 关闭文件
fo.close()
```

代码运行输出结果如下：

```
读取的字符串： www.sugonedu.com01
www.sugonedu.com02
www.sugonedu.com03
www.sugonedu.com04
www.sugonedu.com05
```

在notebook中输入如下代码，使用read()方法读取test.txt文件指定多少字节：

```
fo = open("test.txt", "r+")
```

```
line = fo.read(10)
print ("读取的字符串： %s" % (line))

# 关闭文件
fo.close()
```

代码运行输出结果如下：

```
读取的字符串： www.sugone
```

在notebook中输入如下代码，使用readline()方法读取一行内容：

```
fo = open("test.txt", "r+")

line = fo.readline()
print ("读取第一行 %s" % (line))

line = fo.readline()
print ("读取第二行 %s" % (line))

# 关闭文件
fo.close()
```

代码运行输出结果如下：

```
读取第一行 www.sugonedu.com01
读取第二行 www.sugonedu.com02
```

在notebook中输入如下代码，使用readlines()方法读取所有内容返回一个列表：

```
fo = open("test.txt", "r")

# 依次读取每行
for line in fo.readlines():
    # 去掉每行头尾空白
    line = line.strip()
    print("读取的数据为： %s" % (line))
```

```
# 关闭文件
fo.close()
```

代码运行输出结果如下：

```
读取的数据为: www.sugonedu.com01
读取的数据为: www.sugonedu.com02
读取的数据为: www.sugonedu.com03
读取的数据为: www.sugonedu.com04
读取的数据为: www.sugonedu.com05
```

在notebook中输入如下代码，使用wirte()方法写入字符串到test.txt文件：

```
fo = open("test.txt", "r+")

str = "www.sugonedu.com06\n"
# 在文件末尾写入一行
fo.seek(0, 2)
line = fo.write( str )

# 关闭文件
fo.close()
```

在Terminal终端，使用cat命令查看/home/ubuntu/test.txt文件：

```
cat /home/ubuntu/test.txt
```

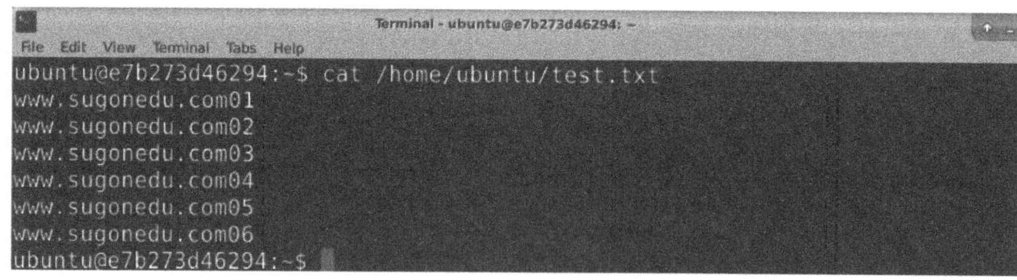

在notebook中输入如下代码，使用writelines()方法写入一个序列字符串到文件：

```
# 打开文件
fo = open("test.txt", "r+")
print ("文件名为： ", fo.name)
# 换行需要制定换行符\n
```

```
strs = ["www.sugonedu.com07\n", "www.sugonedu.com08\n"]
# 在文件末尾写入
fo.seek(0, 2)
fo.writelines( strs )

# 关闭文件
fo.close()
```

在Terminal终端，使用cat命令查看/home/ubuntu/test.txt文件：

```
cat /home/ubuntu/test.txt
```

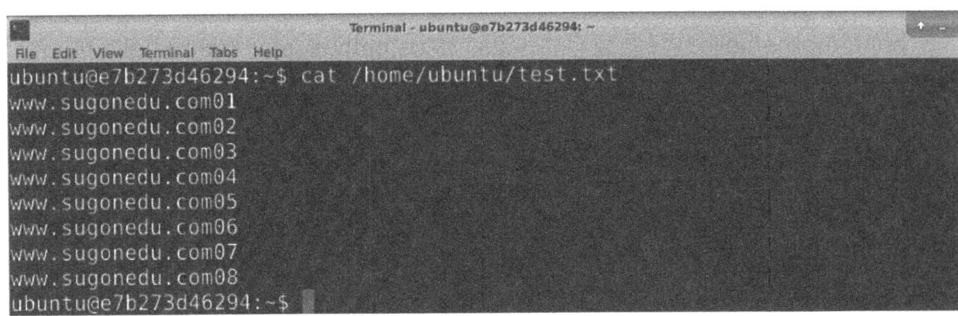

➤ 步骤二　文件系统操作

在notebook中输入如下代码，使用os.getcwd()获取当前路径：

```
# 导入os模块
import os
# 输出当前目录
print('当前目录为%s' % os.getcwd())
```

代码运行输出结果如下：

```
当前目录为/home/ubuntu
```

在notebook中输入如下代码，使用os.path.abspath()获取绝对路径：

```
print('test.txt的绝对路径为%s' % os.path.abspath('test.txt'))
```

代码运行输出结果如下：

```
test.txt的绝对路径为:/home/ubuntu/test.txt
```

在notebook中输入如下代码，使用os.path.join()进行路径拼接：

```
print('/home/ubuntu和test.txt路径拼接结果为%s' % os.path.join('/home/ubuntu', 'test.txt'))
```

代码运行输出结果如下：

```
/home/ubuntu和test.txt路径拼接结果为/home/ubuntu/test.txt
```

在notebook中输入如下代码，使用os.path.exists()判断路径或者文件是否存在：

```
#判断存在的路径
print('/home/ubuntu路径是否存在=%s' % os.path.exists('/home/ubuntu'))
#判断不存在的路径
print('/home/hello路径是否存在=%s' % os.path.exists('/home/hello'))
#判断存在的文件
print('/home/ubuntu/test.txt文件是否存在=%s' % os.path.exists('/home/ubuntu/test.txt'))
#判断不存在的文件
print('/home/ubuntu/aaa.txt文件是否存在=%s' % os.path.exists('/home/ubuntu/aaa.txt'))
```

代码运行输出结果如下：

```
/home/ubuntu路径是否存在=True
/home/hello路径是否存在=False
/home/ubuntu/test.txt文件是否存在=True
/home/ubuntu/aaa.txt文件是否存在=False
```

在notebook中输入如下代码，使用os.mkdir()创建一级目录：

```
# 创建的目录
path = "/home/ubuntu/testdir"

os.mkdir( path, 0o755 )

print("目录已创建")
```

在Terminal终端，使用ls命令查看/home/ubuntu目录：

```
ls /home/ubuntu
```

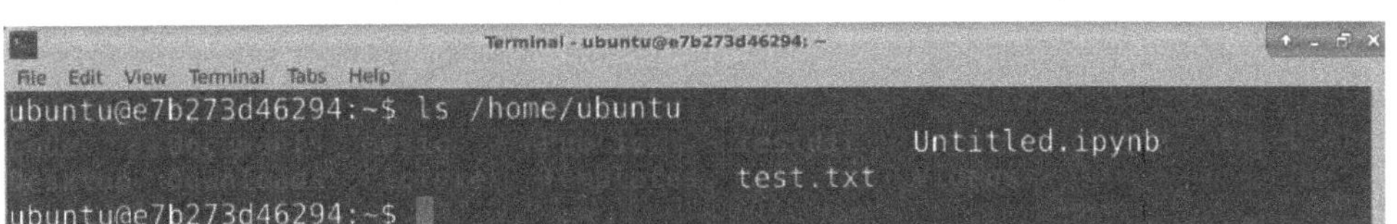

在notebook中输入如下代码，使用os.makedirs()创建多级目录：

```
# 创建的目录
path = "/home/ubuntu/monthly/daily"

os.makedirs( path, 0o777 )

print("路径被创建")
```

在Terminal终端，使用ls命令查看创建的/home/ubuntu/monthly目录：

```
ls /home/ubuntu/monthly
```

在notebook中输入如下代码，使用os.stat()获取文件信息：

```
# 显示文件"test.txt"信息
statinfo = os.stat('test.txt')

print (statinfo)
```

代码运行输出结果如下：

```
os.stat_result(st_mode=33204, st_ino=11149238, st_dev=2065, st_nlink=1, st_uid=1000, st_gid=1000, st_size=152, st_atime=1613973382, st_mtime=1613974324, st_ctime=1613974324)
```

在notebook中输入如下代码，使用os.renames()重命名的目录或文件：

```
#重命名目录
os.renames("/home/ubuntu/testdir", "/home/ubuntu/newdir")

#重命名文件
os.renames("test.txt","newdir/aanew.txt")
```

在Terminal终端，使用ls命令查看test.txt所在的/home/ubuntu目录和创建的/home/ubuntu/newdir目录：

```
ls /home/ubuntu
ls /home/ubuntu/newdir
```

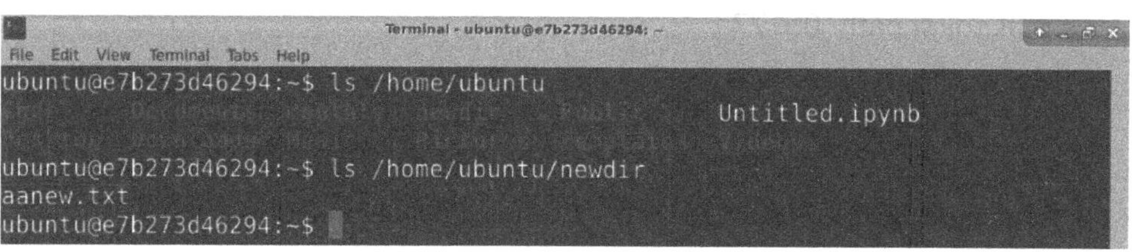

在notebook中输入如下代码，使用os.rmdir()删除目录：

```
os.rmdir("/home/ubuntu/monthly/daily")
```

在Terminal终端，使用ls命令查看创建的/home/ubuntu/monthly目录：

```
ls /home/ubuntu/monthly
```

在notebook中输入如下代码，使用os.remove()删除文件：

```
os.remove("newdir/aanew.txt")
```

在Terminal终端，使用ls命令查看创建的/home/ubuntu/newdir目录：

```
ls /home/ubuntu/newdir
```

```
Terminal - ubuntu@e7b273d46294: ~
File  Edit  View  Terminal  Tabs  Help
ubuntu@e7b273d46294:~$ ls /home/ubuntu/newdir
ubuntu@e7b273d46294:~$
```

在notebook中输入如下代码，使用os.walk()遍历目录：

```
for root, dirs, files in os.walk("/home/ubuntu", topdown=False):
    for name in files:
        print(os.path.join(root, name))
    for name in dirs:
        print(os.path.join(root, name))
```

代码运行输出结果如下：

```
/home/ubuntu/Desktop/google-chrome.desktop
/home/ubuntu/Desktop/terminal.desktop
/home/ubuntu/.cache/gstreamer-1.0/registry.x86_64.bin
/home/ubuntu/.cache/fontconfig/CACHEDIR.TAG
/home/ubuntu/.cache/fontconfig/cabbd14511b9e8a55e92af97fb3a0461-le64.cache-6
/home/ubuntu/.cache/fontconfig/e13b20fdb08344e0e664864cc2ede53d-le64.cache-6
/home/ubuntu/.cache/thumbnails/large/98db300fcda0246ad0866f6d11eb3951.png
/home/ubuntu/.cache/thumbnails/large/f830797394618323c628d72204cf8070.png
/home/ubuntu/.cache/thumbnails/large
/home/ubuntu/.cache/google-chrome/Default/Cache/index-dir/the-real-index
/home/ubuntu/.cache/google-chrome/Default/Cache/index
/home/ubuntu/.cache/google-chrome/Default/Cache/5452f27e346340d4_0
/home/ubuntu/.cache/google-chrome/Default/Cache/b83cdc92fe4b7b15_0
/home/ubuntu/.cache/google-chrome/Default/Cache/13412285b162fb7c_0
/home/ubuntu/.cache/google-chrome/Default/Cache/fdfdfcc02ccfca53_0
/home/ubuntu/.cache/google-chrome/Default/Cache/bd878f42980a645e_0
/home/ubuntu/.cache/google-chrome/Default/Cache/84d97ed9656986a2_0
/home/ubuntu/.cache/google-chrome/Default/Cache/d743d90aff137a60_1
/home/ubuntu/.cache/google-chrome/Default/Cache/1538cae6b77a8af9_0
```

➤ 步骤三　结构化数据文件分析

在notebook中输入如下代码，使用csv模块的writer()函数把学生成绩表写入到csv文件中：

```
import csv

header = ['姓名', '语文', '数学', '英语']

data = [
    ['张三', '98', '80', '87'],
    ['李四', '65', '92', '78'],
```

```
    ['王五', '83', '78', '93'],
    ['赵六', '54', '66', '43'],
    ['刘七', '72', '75', '69']
]

with open('scores.csv', 'w', encoding='utf-8', newline='') as f:
    writer = csv.writer(f)
    writer.writerow(header)
    writer.writerows(data)
```

在Terminal终端，使用cat命令查看/home/ubuntu/scores.csv文件：

```
cat /home/ubuntu/scores.csv
```

```
ubuntu@e7b273d46294:~$ cat /home/ubuntu/scores.csv
姓名,语文,数学,英语
张三,98,80,87
李四,65,92,78
王五,83,78,93
赵六,54,66,43
刘七,72,75,69
ubuntu@e7b273d46294:~$
```

在notebook中输入如下代码，使用csv模块的DictWriter类保存学生成绩到scores2.csv文件中：

```
import csv

header = ['姓名', '语文', '数学', '英语']

data = [
    {'姓名':'张飞', '语文':'43', '数学':'53', '英语':'49'},
    {'姓名':'赵云', '语文':'95', '数学':'100', '英语':'98'}
]

with open('scores2.csv', 'w', encoding='utf-8', newline='') as f:
    writer = csv.DictWriter(f, header)
    writer.writeheader()
    writer.writerows(data)
```

在Terminal终端，使用cat命令查看/home/ubuntu/scores2.csv文件：

```
cat /home/ubuntu/scores2.csv
```

```
it View Terminal Tabs Help
u@c78d4873a1e1:~$ cat /home/ubuntu/scores2.csv
语文,数学,英语
43,53,49
95,100,98
u@c78d4873a1e1:~$
```

在notebook中输入如下代码，使用csv模块的reader()函数从scores.csv文件中读取学生成绩并打印出来：

```
import csv

with open('scores.csv', encoding='utf-8') as f:
    reader = csv.reader(f)
    header = next(reader)
    print(header)
    for row in reader:
        print(row)
```

代码运行输出结果如下：

```
['姓名', '语文', '数学', '英语']
['张三', '98', '80', '87']
['李四', '65', '92', '78']
['王五', '83', '78', '93']
['赵六', '54', '66', '43']
['刘七', '72', '75', '69']
```

在notebook中输入如下代码，使用csv模块的DictReader类从scores.csv文件中读取学生成绩并查找张三的语文成绩：

```
import csv

with open('scores.csv', encoding='utf-8') as f:
    reader = csv.DictReader(f)
    for row in reader:
        if row['姓名'] == '张三':
            print('姓名=%s, 语文成绩=%s' % (row['姓名'], row['语文']))
```

代码运行输出结果如下：

```
name=张三，语文成绩=98
```

在notebook中输入如下代码，使用json模块的dump()函数把学生成绩表写入到json文件中：

```
import json

data = [
    {'姓名':'张三', '语文':'98', '数学':'80', '英语':'87'},
    {'姓名':'李四', '语文':'65', '数学':'92', '英语':'78'},
    {'姓名':'王五', '语文':'83', '数学':'78', '英语':'93'},
    {'姓名':'赵六', '语文':'54', '数学':'66', '英语':'43'},
    {'姓名':'刘七', '语文':'72', '数学':'75', '英语':'69'}
]

with open("scores.json", "w", encoding='utf-8') as f:
    # indent 超级好用，格式化保存字典，默认为None，小于0为零个空格
    json.dump(data, f, indent=4, ensure_ascii=False)
```

在Terminal终端，使用cat命令查看/home/ubuntu/scores.csv文件：

```
cat /home/ubuntu/scores.json
```

```
数学": "80",
英语": "87"

姓名": "李四",
语文": "65",
数学": "92",
英语": "78"

姓名": "王五",
语文": "83",
数学": "78",
英语": "93"

姓名": "赵六",
语文": "54",
数学": "66",
```

在notebook中输入如下代码，使用json模块的load()函数从scores.json文件中读取学生成绩并打印出来：

```
import json

with open("scores.json", "r", encoding='utf-8') as f:
    datas = json.load(f)
    for data in datas:
        if data['姓名'] == '张三':
            print(f'姓名：{data["姓名"]},语文成绩：{data["语文"]}')
```

代码运行输出结果如下：

```
姓名：张三,语文成绩:98
```

在notebook中输入如下代码，使用pickle模块的dump()函数把学生成绩表序列化到文件中：

```
import pickle

data = [
    {'姓名':'张三', '语文':'98', '数学':'80', '英语':'87'},
    {'姓名':'李四', '语文':'65', '数学':'92', '英语':'78'},
    {'姓名':'王五', '语文':'83', '数学':'78', '英语':'93'},
    {'姓名':'赵六', '语文':'54', '数学':'66', '英语':'43'},
    {'姓名':'刘七', '语文':'72', '数学':'75', '英语':'69'}
]

with open("scores.dmp", "wb") as f:
    # indent 超级好用，格式化保存字典，默认为None，小于0为零个空格
    pickle.dump(data, f)
```

在Terminal终端，使用cat命令查看/home/ubuntu/scores.dmp文件：

```
cat /home/ubuntu/scores.dmp
```

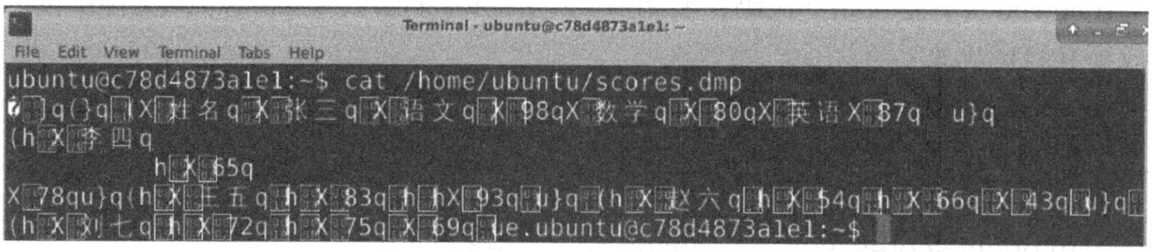

```
Terminal - ubuntu@c78d4873a1e1: ~
File Edit View Terminal Tabs Help
ubuntu@c78d4873a1e1:~$ cat /home/ubuntu/scores.dmp
]q(}q(X姓名qX张三qX语文qK98qX数学qK80qX英语XK87q u}q
(hX李四q
        hK65q
X78qu}q(hX王五qhK83qhhX93qu}q(hX赵六qhK54qhK66qXK43qu}q
(hX刘七qhK72qhK75qXK69que.ubuntu@c78d4873a1e1:~$
```


在notebook中输入如下代码，使用pickle模块的load()函数从scores.dmp文件中反序列化学生成绩并查找张三的语文成绩：

```
import pickle

with open("scores.dmp", "rb") as f:
    datas = pickle.load(f)
    for data in datas:
        if data['姓名'] == '张三':
            print(f'姓名：{data["姓名"]},语文成绩：{data["语文"]}')
```

代码运行输出结果如下：

```
姓名：张三,语文成绩:98
```

【案例总结】

本实验使用Python对文件进行基本读写操作，使用Python对文件系统进行操作，然后分别介绍了csv，json和pickle模块的基本使用，通过本实验使学生能掌握使用Python对文件、文件系统和结构化文件进行操作和分析。

第9章 Python与数据库

在项目开发中，数据库应用必不可少。数据库(Database)是按照数据结构来组织、存储和管理数据的仓库。经历了网状数据库、层次数据库，而现在广泛使用的是20世纪70年代诞生的关系数据库，虽然数据库的种类有很多，目前广泛使用的免费关系数据库有：MySQL、PostgreSQL、SQLite等，但是它们的功能基本都是一样的，为了对数据库进行统一的操作，大多数语言都提供了简单的、标准化的数据库接口（API）。在Python Database API 2.0规范中，定义了Python数据库API接口的各个部分，如模块接口、连接对象、 游标对象、类型对象和构造器、DB API的可选扩展以及可选的错误处理机制等。下面重点介绍MySQL数据库在Python中的运用。

本章将要学习的函数的相关内容包括以下5个方面。

（1）MySQL数据库简介；

（2）MySQL模块功能介绍及安装；

（3）数据库连接对象；

（4）数据游标对象；

（5）数据库基本操作。

9.1 MySQL数据库简介

MySQL的历史最早可以追溯到1979年，那时Oracle也才小打小闹，微软的SQL Server还没发布。有一个人叫Monty Widenius, 为一个叫TcX的小公司打工，并用Basic设计了一个报表工具，可以在4M主频和16KB内存的计算机上运行。过了不久，又将此工具，使用C语言重写，移植到Unix平台，当时，它只是一个很底层的面向报表的存储引擎。这个工具叫作Unireg。

顺应发展，需为API提供SQL支持，1996年，MySQL 1.0发布。到了1996年10月，跳过2.x版本，3.11.1发布了。最开始，只提供了Solaris下的二进制版本。一个月后，Linux版本出现了。紧接下来的两年里，MySQL依次移植到各个平台下。发布时采用的许可策略，有些与众不同：允许免费商用，但是不能将MySQL与自己的产品绑定在一起发布。如果想一起发布，就必须使用特殊许可。这种特殊许可为MySQL带来了一些收入，从而为它的持续发展打下了良好的基础。

MySQL于1998年1月发行第一个版本。它使用系统核心提供的多线程机制提供完全的多线程运行模式，提供了面向C、C++、Eiffel、Java、Perl、PHP、Python以及Tcl等编程语言的编程接口（APIs），支持多种字段类型并且提供了完整的操作符支持查询中的SELECT和WHERE操作。

1999—2000年，瑞典成立了一家公司，叫MySQL AB（AB是瑞典语“股份公司”的意思）。与Sleepycat合作，开发出了 Berkeley DB引擎，因为BDB支持事务处理，所以，MySQL从此开始支持事务处理了。2000年4月，MySQL对旧的存储引擎进行了整理，命名为MyISAM。同时，2001年，HeikikiTuuri向MySQL提出建议，希望能集成他们的存储引擎InnoDB，这个引擎同样支持事务处理，还支持行级锁。MySQL与InnoDB的正式结合版本是4.0。到了MySQL5.0，开始有View、存储过程等。在2008年1月16日MySQL被Sun公司收购。

MySQL是一种开源的关系型数据库管理系统（RDBMS），因此任何人都可以在General Public License的许可下下载并根据个性化的需要对其进行修改，使用最常用的数据库管理语言--结构化查询语言（SQL）进行数据库管理。MySQL因为其速度、可靠性和适应性而备受关注，大多数人都认为在不需要事务化处理的情况下，MySQL是管理内容最好的选择。

9.2 PyMySQL模块

MySQL服务器以独立的进程运行，并通过网络对外服务，连接MySQL数据库时，需要支持 Python的MySQL驱动来连接到MySQL服务器。Python中支持MySQL的数据库模块很多，本章节我们详细介绍PyMySQL模块的使用。

PyMySQL模块是python与MySQL进行交互的一个模块，PyMySQL包含一个Python访问 MySQL的客户端库，通过调用PyMySQL模块中的相关函数对MySQL数据库中数据进行对应的操作，实现Python程序访问MySQL数据库的目的。

9.2.1 PyMySQL安装

PyMySQL的安装比较简单，在cmd中运行如下命令：

```
pip install PyMySQL
```

运行结果如下所示（见图9-1）：

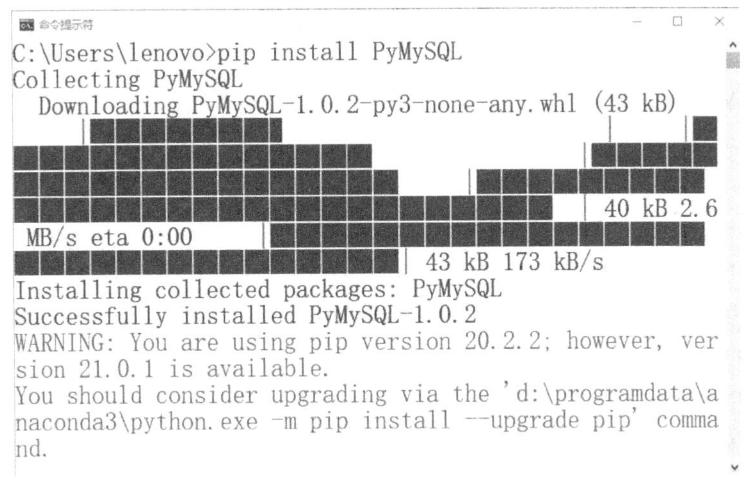

图9-1　PyMySQL模块安装

9.2.2　数据库连接对象

为了使用数据库系统，首先必须连接到它。不同的数据库需要下载不同的DB API模块，例如访问Oracle数据库需要下载Oracle数据模块，而访问MySQL数据库时，则需要下载对应的MySQL数据库模块。

DB-API 是一个规范。它定义了一系列必须的对象和数据库存取方式, 以便为各种底层数据库系统和数据库接口程序提供一致的访问接口 。Python的DB-API，为大多数的数据库实现了接口，使用它连接各数据库后，就可以用相同的方式操作各数据库。

使用connect函数可创建连接对象，这个对象表示目前和数据库的会话，该函数有很多参数，而具体使用哪个参数取决于数据库，connect函数的常用参数有：

- dsn：#数据源名称，给出该参数表示数据库依赖。
- user：#用户名。
- password：#用户密码。
- host：#主机名。
- database：#数据库名。

且连接对象包含很多方法，常用的方法有：

- close()：#关闭连接之后，连接对象和它的游 标均不可用。
- commit()：#如果支持的话就提交挂起的事务，否则不做任何事。
- rollback()：#回滚挂起的事务（可能不可用）。
- cursor()：#返回连接的游标对象。

使用Python DB-API对数据库进行操作的主要流程为：

第一步：引入 API 模块。

第二步：获取与数据库的连接。

第三步：执行SQL语句和存储过程。

第四步：关闭数据库连接。

使用connect()方法连接MySQL数据库并查询MySQL数据库版本的代码如下所示：

```
import pymysql

# 打开数据库连接,参数1:主机名或IP；参数2：用户名；参数3：密码；参数4：数据库名称
db = pymysql.connect("localhost", "root", "root", "test")
# 使用 cursor()方法创建一个游标对象 cursor
cursor = db.cursor()
# 使用 execute()方法执行 SQL 查询
cursor.execute("SELECT VERSION()")
# 使用fetchone()方法获取单条数据
data = cursor.fetchone()
print("Database version : %s " % data)
#关闭游标
cursor.close()
# 关闭数据库连接
db.close()
```

首先，使用connect()方法连接数据库并使用cursor()方法创建游标；接着，使用excute()方法执行SQL语句查看MySQL数据库版本；然后，使用fetchone() 方法获取数据；最后，使用close()方法关闭数据库连接。运行结果如下：

```
Database version : 5.7.21-log
```

9.2.3 数据库游标对象

对数据的操作需要通过游标cursor来实现，通过数据库连接对象的cursor() 函数获取连接的游标对象，游标对象主要用于执行查询和获取结果，该对象支持的方法很多，常用的方法有：

- close()：#关闭游标。
- execute(op[,args])：#执行sql操作。
- fetchone()：#获取结果集中下一行。
- fetchmany(size)：#获取结果集中多行，size指定。
- fetchall()：#获取结果集中所有行。

游标对象常用属性有：

- arraysize：#fetchmany返回的行数。
- description：#结果列描述的序列。
- rowcount：#结果中的行数。

9.2.4　数据库基本操作

当数据库连接成功以后，就可以通过返回的连接对象对数据库进行相关的操作。

1. **创建数据表**

变下面为数据库创建一张BOOKS图书表，表中包含五个字段，分别为：BOOKS表包含id（主键）、name（图书名称），category（图书分类），price（图 书价格）和publish_time（出版时间）。创建BOOKS表的SQL语句如下：

```
CREATE TABLE BOOKS(
    id int(8) NOT NULL AUTO_INCREMENT,
    name varchar(50) NOT NULL,
    category varchar(50) NOT NULL,
    price decimal(10,2) DEFAULT NULL,
    publish_time date DEFAULT NULL,
    PRIMARY KEY (id)
);
```

通常在执行建表之前，都需判断数据库中是否存在同名表，如果存在仍需重新创建，则需先删除已存在的表，命令为：

```
DROP TABLE IF EXISTS BOOKS;
```

因此，在MySQL数据库中创建BOOKS表的完整代码如下：

```
import pymysql

# 打开数据库连接,参数1:主机名或IP；参数2：用户名；参数3：密码；参数4：数据库名称
db = pymysql.connect("localhost", "root", "root", "test")
# 使用 cursor()方法创建一个游标对象 cursor
cursor = db.cursor()
# 如果存在BOOKS表则删除表
cursor.execute("DROP TABLE IF EXISTS BOOKS;")
#表创建语句
sql="""
  CREATE TABLE BOOKS(
    id int(8) NOT NULL AUTO_INCREMENT,
    name varchar(50) NOT NULL,
    category varchar(50) NOT NULL,
```

```
    price decimal(10,2) DEFAULT NULL,
   publish_time date DEFAULT NULL,
    PRIMARY KEY (id)
  ) ENGINE=TEST AUTO_INCREMENT=1 DEFAULT CHARSET=utf8;"""
  # 执行sql创建表BOOKS
  cursor.execute(sql)
  #关闭游标
  cursor.close()
  # 关闭数据库连接
  db.close()
```

运行上述代码后，TEST数据库中便创建了一个BOOKS表。

2. **数据操作**

（1）数据插入。MySQL数据表的操作主要包括数据的增删改查，接下来演示如何向books表中插入数据。插入数据时，可以使用excute()方法添加一条记录，也可以使用executemany()方法批量添加多条记录，excute()方法添加一条记录的代码如下：

```
  import pymysql

  # 打开数据库连接,参数1:主机名或IP；参数2：用户名；参数3：密码；参数4：数据库名称
  db = pymysql.connect("localhost", "root", "root", "test",charset="utf-8")
  # 使用 cursor()方法创建一个游标对象 cursor
  cursor = db.cursor()
  try:
   # 使用 execute()方法执行数据插入
   cursor.execute("insert into BOOKS(name,category,price,publish_time) values('C语言程序设计教程','c','50.8','2010-01-01')")
   #关闭游标
  cursor.close()
   #提交数据
   db.commit()
  except:
   #发生错误时回滚
   db.rollback()
  #关闭数据库连接
  db.close()
```

executemany()方法批量添加多条记录的代码如下：

```
import pymysql

# 打开数据库连接,参数1:主机名或IP；参数2：用户名；参数3：密码；参数4：数据库名称
db = pymysql.connect("localhost", "root", "root", "test",charset="utf-8")
# 使用 cursor()方法创建一个游标对象 cursor
cursor = db.cursor()
#数据列表
books=[('Java网络程序设计','java','66','2011-01-01'),
    ('Oracle数据库教程','Oracle','60.8','2012-01-01'),
    ('Linux应用基础教程',''Linux','30.8','2013-01-01')]
try:
  # 使用 execute()方法执行数据插入
  cursor.executemany("insert into BOOKS(name,category,price,publish_time) values(%s,%s,%s,%s)",books)
  #关闭游标
  cursor.close()
  #提交数据
  db.commit()
except:
  #发生错误时回滚
  db.rollback()
#关闭数据库连接
db.close()
```

注意：在处理含有中文的数据时，需要设置字符集为utf-8，即charset=utf-8。在使用insert语句插入数据时，使用%s作为占位符，可以防止SQL注入。

（2）数据修改。修改数据表中的数据可以使用如下SQL语句：

```
update ''表名' set '字段名' = '字段值' where '查询条件'
```

将书名为《Java网络程序设计》记录的价格修改为68的代码如下所示：

```
import pymysql
```

```
# 打开数据库连接,参数1:主机名或IP；参数2：用户名；参数3：密码；参数4：数据库名称
db = pymysql.connect("localhost", "root", "root", "test",charset="utf-8")
# 使用 cursor()方法创建一个游标对象 cursor
cursor = db.cursor()
try:
  # 使用 execute()方法执行数据修改
  cursor.execute("update BOOKS set price ='68' where name ='Java网络程序设计' ")
  #关闭游标
cursor.close()
  #提交数据
  db.commit()
except:
  #发生错误时回滚
  db.rollback()
#关闭数据库连接
db.close()
```

（3）数据删除。删除数据表中的数据可以使用如下SQL语句：

```
delete from '表名' where '查询条件'
```

将书名为《Java网络程序设计》的记录删除的代码如下所示：

```
import pymysql

# 打开数据库连接,参数1:主机名或IP；参数2：用户名；参数3：密码；参数4：数据库名称
db = pymysql.connect("localhost", "root", "root", "test",charset="utf-8")
# 使用 cursor()方法创建一个游标对象 cursor
cursor = db.cursor()
try:
  # 使用 execute()方法执行数据删除
  cursor.execute("delete from BOOKS where name ='Java网络程序设计' ")
  #关闭游标
```

```
    cursor.close()
     #提交数据
     db.commit()
    except:
     #发生错误时回滚
     db.rollback()
    #关闭数据库连接
    db.close()
```

3. **数据查询**

查看数据表中的数据可以使用如下SQL语句：

```
select '字段名1','字段名2','字段名3',… from '表名' where '查询条件'
```

查看数据的代码与操作数据的步骤大致相同，但需指定数据的获取方式，查询数据时有3种常用方式：

（1）fetchone()：获取查询结果集中的下一条记录。

（2）fetchmany(size)：获取指定数量的记录。

（3）fetchall()：获取结构集的所有记录。

下面通过三个实例介绍三种获取数据的方式。如果只需要一条满足条件的数据，选择使用fetchone()函数获取数据，实现代码如下所示：

```
import pymysql

# 打开数据库连接,参数1:主机名或IP；参数2：用户名；参数3：密码；参数4：数据库名称
db = pymysql.connect("localhost", "root", "root", "test",charset="utf-8")
# 使用 cursor()方法创建一个游标对象 cursor
cursor = db.cursor()
# 使用 execute()方法执行查询所有数据
cursor.execute("select * from BOOKS")
#获取查询结果
result = cursor.fetchone()
#打印查询结果
print(result)
#关闭游标
```

```
cursor.close()
#关闭数据库连接
db.close()
```

使用fetchone()方法返回的result为一个元组，运行结果如下：

```
('C语言程序设计教程','c','50.8','2010-01-01')
```

如果需要获取指定条数满足条件的记录，需要使用fetchmany()方法获取数据，这时需给函数传递一个参数，指定获取记录条数，默认为1。例如，查询两条图书记录的代码，如下所示：

```
import pymysql

# 打开数据库连接,参数1:主机名或IP；参数2：用户名；参数3：密码；参数4：数据库名称
db = pymysql.connect("localhost", "root", "root", "test",charset="utf-8")
# 使用 cursor()方法创建一个游标对象 cursor
cursor = db.cursor()
# 使用 execute()方法执行查询所有数据
cursor.execute("select * from BOOKS")
#获取查询结果
result = cursor.fetchmany(2) # 使用fetchmany方法查询多条数据
#打印查询结果
print(result)
#关闭游标
cursor.close()
#关闭数据库连接
db.close()
```

返回的result为一个列表，列表中包含两个元组，运行结果如下：

```
[('C语言程序设计教程','c','50.8','2010-01-01'),
('Oracle数据库教程','Oracle','60.8','2012-01-01')]
```

如果需要获取所有满足条件的记录，需要使用fetchall()方法获取数据，例如，查询所有图书记录的代码，如下所示：

```
[(import pymysql

# 打开数据库连接,参数1:主机名或IP; 参数2: 用户名; 参数3: 密码; 参数4: 数据库名称
db = pymysql.connect("localhost", "root", "root", "test",charset="utf-8")
# 使用 cursor()方法创建一个游标对象 cursor
cursor = db.cursor()
# 使用 execute()方法执行查询所有数据
cursor.execute("select * from BOOKS")
#获取查询结果
result = cursor.fetchall() # 使用fetchall方法查询所有数据
#打印查询结果
print(result)
#关闭游标
cursor.close()
#关闭数据库连接
db.close()
```

使用fetchall()方法返回的result为一个列表，列表中包含表中所有数据组成的元组，运行结果如下：

```
[('C语言程序设计教程','c','50.8','2010-01-01'),
('Oracle数据库教程','Oracle','60.8','2012-01-01'),
('Linux应用基础教程',''Linux','30.8','2013-01-01')]
```

通过上面的实例我们能很清楚地分别出fetchone()、fetchmany(size)、fetchall()三者之间的区别和使用场景，希望在后续的使用中能准确地选取合适的函数进行数据的获取。

本章主要介绍了使用Python操作数据库的基础知识。通过本章的学习，读者能够理解Python数据库编程接口，并掌握Python操作数据库的通用流程。掌握数据库连接对象的常用方法，并能够具备独立完成设计数据库的能力。希望读者能在此基础上更深层次地学习Python操作MySQL数据库的相关技术。

案例6　基于数据库的数据分析

【案例名称】基于数据库的数据分析

数据库(Database)是按照数据结构来组织、存储和管理数据的仓库，在项目开发中，数据库应用必不可少，而Python 程序访问数据库的使用也极为普遍，因此，有必要掌握Python 访问数据库的基本流程和方法。

【案例目的】

（1）熟练运用PyMySQL 数据库模块；
（2）掌握运用Python 调用PyMySQL 模块函数实现数据的常规处理；
（3）掌握数据库中数据处理的基本流程。

【案例思路】

MySQL 服务器以独立的进程运行，并通过网络对外服务，连接MySQL 数据库时，需要支持Python 的MySQL 驱动来连接到MySQL 服务器。PyMySQL 模块是python与MySQL 进行交互的一个模块，PyMySQL 包含一个Python 访问MySQL的客户端，模块中包含各类访问数据库的函数，通过模块函数的调用，实现Python 程序访问MySQL数据库的功能。

【案例环境】

Ubuntu 16.04。
Pycharm 2018.2。
Python 3.6.5。
MySQL 5.7.28。

【案例步骤】

➢ 步骤一　安装PyMySQL模块

使用命令安装PyMySQL模块。

```
pip install PyMySQL
```

如下图所示：

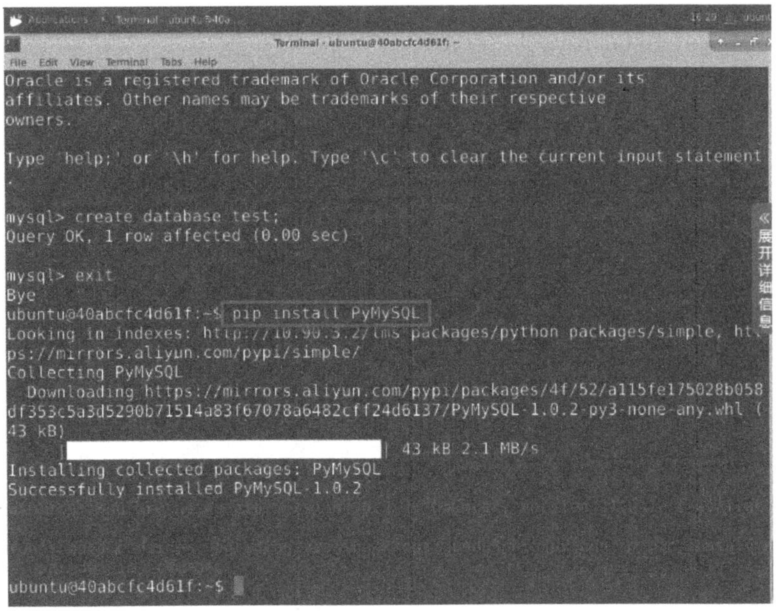

```
Oracle is a registered trademark of Oracle Corporation and/or its
affiliates. Other names may be trademarks of their respective
owners.

Type 'help;' or '\h' for help. Type '\c' to clear the current input statement
.

mysql> create database test;
Query OK, 1 row affected (0.00 sec)

mysql> exit
Bye
ubuntu@40abcfc4d61f:~$ pip install PyMySQL
Looking in indexes: http://10.90.3.27/ms packages/python packages/simple, htt
ps://mirrors.aliyun.com/pypi/simple/
Collecting PyMySQL
  Downloading https://mirrors.aliyun.com/pypi/packages/4f/52/a115fe175028b058
df353c5a3d5290b71514a83f67078a6482cff24d6137/PyMySQL-1.0.2-py3-none-any.whl (
43 kB)
     |████████████████████████████████| 43 kB 2.1 MB/s
Installing collected packages: PyMySQL
Successfully installed PyMySQL-1.0.2

ubuntu@40abcfc4d61f:~$
```

➢ 步骤二　安装MySQL数据库

（1）使用命令更新软件源。

```
sudo apt-get update
```

如下图所示：

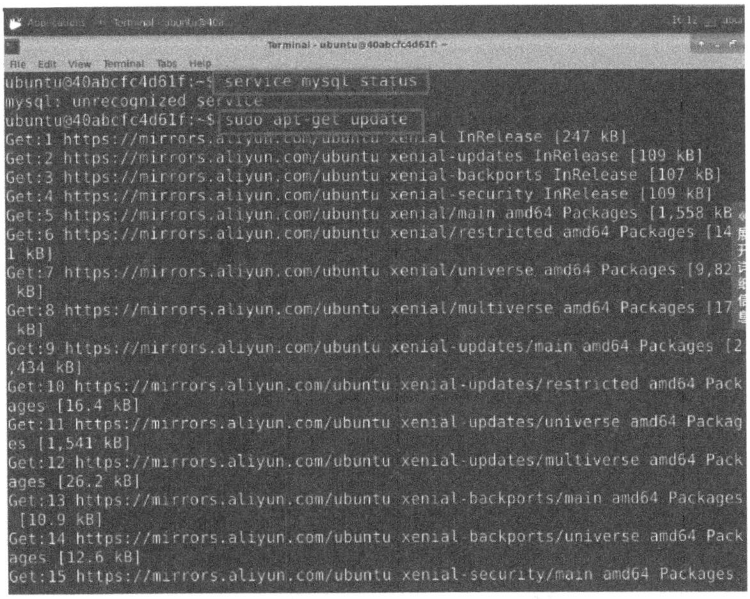

```
ubuntu@40abcfc4d61f:~$ service mysql status
mysql: unrecognized service
ubuntu@40abcfc4d61f:~$ sudo apt-get update
Get:1 https://mirrors.aliyun.com/ubuntu xenial InRelease [247 kB]
Get:2 https://mirrors.aliyun.com/ubuntu xenial-updates InRelease [109 kB]
Get:3 https://mirrors.aliyun.com/ubuntu xenial-backports InRelease [107 kB]
Get:4 https://mirrors.aliyun.com/ubuntu xenial-security InRelease [109 kB]
Get:5 https://mirrors.aliyun.com/ubuntu xenial/main amd64 Packages [1,558 kB
Get:6 https://mirrors.aliyun.com/ubuntu xenial/restricted amd64 Packages [14
1 kB]
Get:7 https://mirrors.aliyun.com/ubuntu xenial/universe amd64 Packages [9,82
 kB]
Get:8 https://mirrors.aliyun.com/ubuntu xenial/multiverse amd64 Packages [17
 kB]
Get:9 https://mirrors.aliyun.com/ubuntu xenial-updates/main amd64 Packages [2
,434 kB]
Get:10 https://mirrors.aliyun.com/ubuntu xenial-updates/restricted amd64 Pack
ages [16.4 kB]
Get:11 https://mirrors.aliyun.com/ubuntu xenial-updates/universe amd64 Packag
es [1,541 kB]
Get:12 https://mirrors.aliyun.com/ubuntu xenial-updates/multiverse amd64 Pack
ages [26.2 kB]
Get:13 https://mirrors.aliyun.com/ubuntu xenial-backports/main amd64 Packages
 [10.9 kB]
Get:14 https://mirrors.aliyun.com/ubuntu xenial-backports/universe amd64 Pack
ages [12.6 kB]
Get:15 https://mirrors.aliyun.com/ubuntu xenial-security/main amd64 Packages
```

（2）使用命令安装MySQl数据库。

```
sudo apt-get install mysql-server
```

如下图所示：

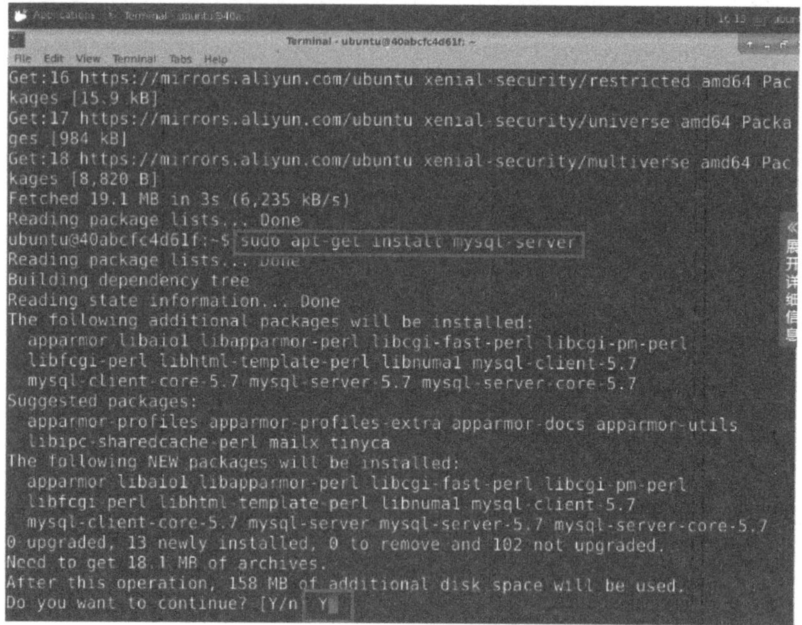

安装过程中需要设置数据库root用户的密码，设置的密码需要记住，后续要用，这里设置为123456，如下图所示：

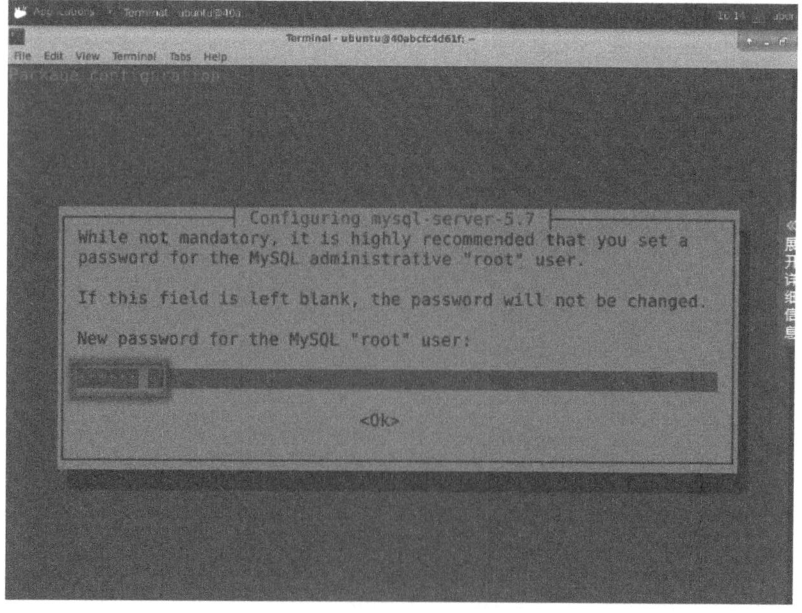

输入确认密码：

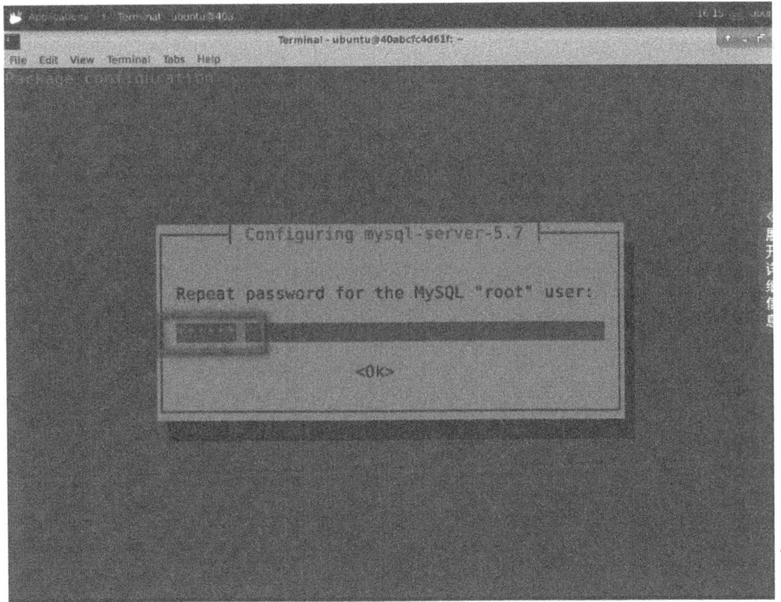

（3）使用密令启动数据库（启动之前可以查看数据库的状态，如果是停止状态就启动）。

```
sudo service mysql start
```

如图所示：

```
Setting up libaio1:amd64 (0.3.110-2) ...
Setting up libnuma1:amd64 (2.0.11-1ubuntu1.1) ...
Setting up mysql-client-core-5.7 (5.7.33-0ubuntu0.16.04.1) ...
Setting up mysql-client-5.7 (5.7.33-0ubuntu0.16.04.1) ...
Setting up mysql-server-core-5.7 (5.7.33-0ubuntu0.16.04.1) ...
Setting up mysql-server-5.7 (5.7.33-0ubuntu0.16.04.1) ...
invoke-rc.d: could not determine current runlevel
invoke-rc.d: policy-rc.d denied execution of stop.
update-alternatives: using /etc/mysql/mysql.cnf to provide /etc/mysql/my.cnf
(my.cnf) in auto mode
Renaming removed key_buffer and myisam-recover options (if present)
invoke-rc.d: could not determine current runlevel
invoke-rc.d: policy-rc.d denied execution of start.
Setting up libcgi-pm-perl (4.26-1) ...
Setting up libfcgi-perl (0.77-1build1) ...
Setting up libcgi-fast-perl (1:2.10-1) ...
Setting up libhtml-template-perl (2.95-2) ...
Setting up mysql-server (5.7.33-0ubuntu0.16.04.1) ...
Processing triggers for systemd (229-4ubuntu21.28) ...
Processing triggers for libc-bin (2.23-0ubuntu11) ...
ubuntu@40abcfc4d61f:~$ service mysql status
 * MySQL is stopped.
ubuntu@40abcfc4d61f:~$ sudo service mysql start
 * Starting MySQL database server mysqld
No directory, logging in with HOME=/
                                                              [ OK ]
ubuntu@40abcfc4d61f:~$
```

（4）登录数据库。

```
mysql –uroot –p
```

如下图所示：

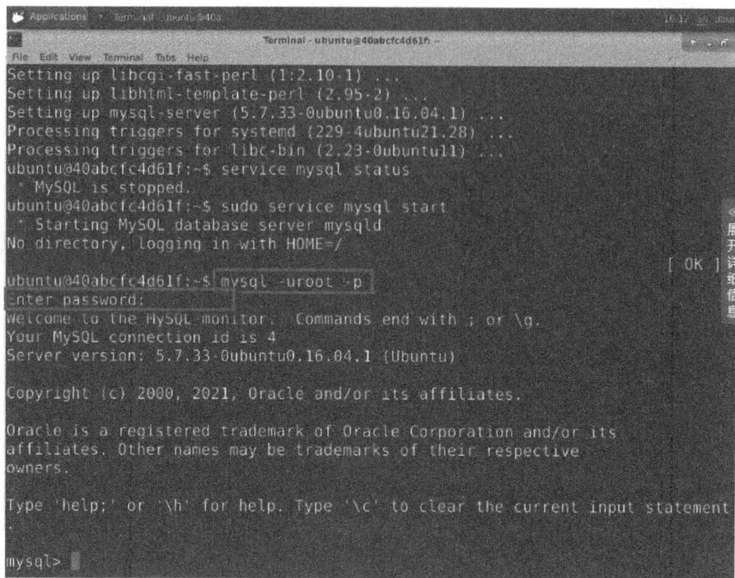

```
Setting up libcgi-fast-perl (1:2.10-1) ...
Setting up libhtml-template-perl (2.95-2) ...
Setting up mysql-server (5.7.33-0ubuntu0.16.04.1) ...
Processing triggers for systemd (229-4ubuntu21.28) ...
Processing triggers for libc-bin (2.23-0ubuntu11) ...
ubuntu@40abcfc4d61f:~$ service mysql status
 * MySQL is stopped.
ubuntu@40abcfc4d61f:~$ sudo service mysql start
 * Starting MySQL database server mysqld
No directory, logging in with HOME=/
                                                            [ OK ]
ubuntu@40abcfc4d61f:~$ mysql -uroot -p
Enter password:
Welcome to the MySQL monitor.  Commands end with ; or \g.
Your MySQL connection id is 4
Server version: 5.7.33-0ubuntu0.16.04.1 (Ubuntu)

Copyright (c) 2000, 2021, Oracle and/or its affiliates.

Oracle is a registered trademark of Oracle Corporation and/or its
affiliates. Other names may be trademarks of their respective
owners.

Type 'help;' or '\h' for help. Type '\c' to clear the current input statement
.

mysql>
```

（5）使用命令创建test数据库，并设置数据库的编码为utf-8。

```
create database test character set utf8;
```

如下图所示：

```
mysql> create database test;
ERROR 1007 (HY000): Can't create database 'test'; database exists
mysql> drop database test;
Query OK, 0 rows affected (0.00 sec)

mysql> create database test character set utf8;
Query OK, 1 row affected (0.00 sec)

mysql> show databases;
+--------------------+
| Database           |
+--------------------+
| information_schema |
| mysql              |
| performance_schema |
| sys                |
| test               |
+--------------------+
5 rows in set (0.00 sec)

mysql> use test;
Database changed
mysql> show tables
    -> ;
Empty set (0.00 sec)

mysql>
```

➤ 步骤三　创建数据表并导入基础数据

（1）打开PyCharm，创建一个新项目test，在新建的test项目下创建一个createtable.py文件，用于数据表创建，如下图所示：

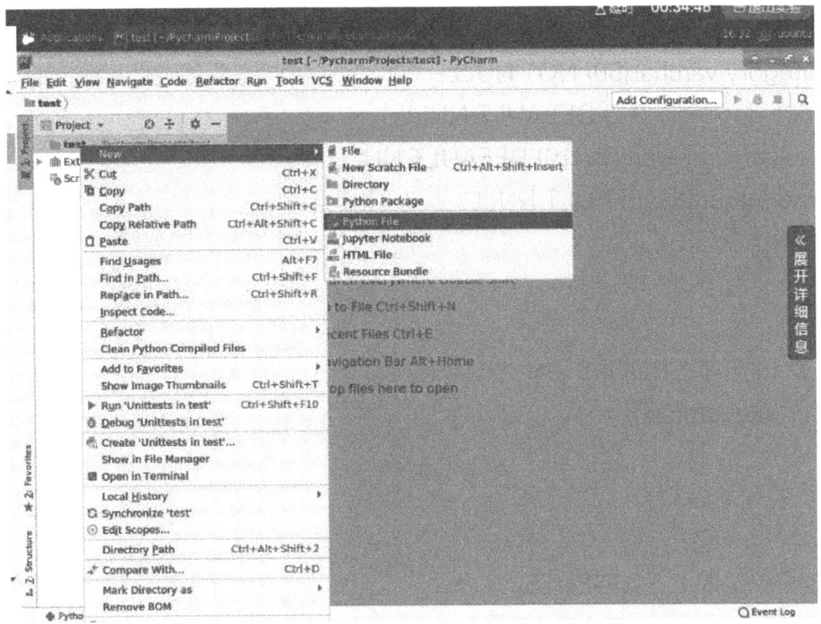

（2）编写代码，实现连接到mysql数据库并创建图书、学生、借阅数据表（表结构可自行设计），代码如下：

```
import pymysql

# 打开数据库连接,参数1:主机名或IP；参数2：用户名；参数3：密码；参数4：数据库名称
db = pymysql.connect(host="localhost", user="root", password="123456", database="test")
# 使用 cursor()方法创建一个游标对象 cursor
cursor = db.cursor()
# 如果存在BOOKS、STUDENTS、BORROWLIST表则删除表
cursor.execute("DROP TABLE IF EXISTS BOOKS;")
cursor.execute("DROP TABLE IF EXISTS STUDENTS;")
cursor.execute("DROP TABLE IF EXISTS BORROWLIST;")

#图书表创建语句
```

```
sql="""
CREATE TABLE BOOKS(
   id int(8) NOT NULL AUTO_INCREMENT,
   bookname varchar(50) NOT NULL,
   category varchar(50) NOT NULL,
   price decimal(10,2) DEFAULT NULL,
   publish_time varchar(10) DEFAULT NULL,
   amount int(2) DEFAULT NULL,
   PRIMARY KEY (id)
 );
"""
# 执行sql创建表BOOKS
cursor.execute(sql)

#学生表创建语句
sql="""
CREATE TABLE STUDENTS(
   stunum varchar(10) NOT NULL,
   name varchar(10) NOT NULL,
   sex varchar(2) NOT NULL,
   tel varchar(11),
   speciality varchar(50) NOT NULL,
   PRIMARY KEY (stunum)
);
"""
# 执行sql创建STUDENTS表
cursor.execute(sql)

#借阅表创建语句
sql="""
CREATE TABLE BORROWLIST(
   stunum varchar(10) NOT NULL,
   bookname varchar(50) NOT NULL,
   borrow_time varchar(10) NOT NULL,
   back_time varchar(10) DEFAULT NULL
```

```
);
"""
# 执行sql创建表BORROWLIST
cursor.execute(sql)
#关闭游标
cursor.close()
# 关闭数据库连接
db.close()
```

（3）执行表创建代码，实现数据表创建，如下图所示：

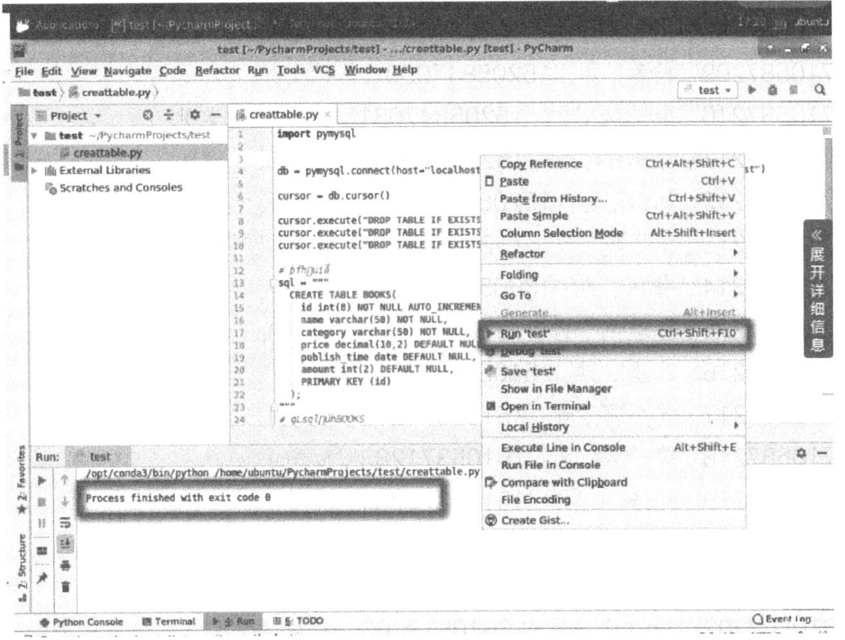

（4）编写代码，实现连接到mysql数据库并导入图书、学生、借阅基础数据（可使用代码中的数据，也可以自行构造基础数据），代码如下：

```
import pymysql

# 打开数据库连接,参数1:主机名或IP；参数2：用户名；参数3：密码；参数4：数据库名称
db = pymysql.connect(host="localhost", user="root", password="123456", database="test")
# 使用 cursor()方法创建一个游标对象 cursor
```

```
cursor = db.cursor()
#学生数据列表
studentlist=[('1710587200','石继飞','男','15105870221','大数据'),
('1710587201','赵航','女','15105870222','大数据'),
('1710587202','李颖','女','15105847023','大数据'),
('1710587203','房志粱','男','15105847024','大数据'),
('1710587204','湛杨','女','15105847025','大数据'),
('1710587205','裴斐','男','15205847026','信计'),
('1710587206','冯益','男','15205847027','信计'),
('1710587207','袁鑫','男','15205847028','信计'),
('1710587208','王雪霞','男','15205847029','信计'),
('1710587209','杨蓉','男','15205847030','信计'),
('1710587210','余美媛','男','15205847031','计算机科学'),
('1710587211','徐志浩','女','15205847032','计算机科学'),
('1710587212','陈航','男','15205847033','计算机科学'),
('1710587213','王振屹','女','15205847034','计算机科学'),
('1710587214','韦林','男','13605847035','计算机科学'),
('1710587215','郭坤剑','男','15105371280','数学'),
('1710587216','苏星','男','15105371281','数学'),
('1710587217','周小富','女','15105371282','数学'),
('1710587218','曾子睿','男','15105371283','数学'),
('1710587219','夏浩瑀','男','15105371284','数学'),
('1810587200','张梦玲','女','13610517066','大数据'),
('1810587201','张宸','女','13610517067','大数据'),
('1810587202','向小月','女','13610517068','大数据'),
('1810587203','冉少江','男','13610517069','大数据'),
('1810587204','罗钰章','女','17610517070','大数据'),
('1810587205','袁友','男','17610517071','信计'),
('1810587206','姜树','男','13810527072','信计'),
('1810587207','余忠','男','13810527073','信计'),
('1810587208','张亚玲','男','13810527074','信计'),
('1810587209','罗双庆','男','13810527075','信计'),
('1810587210','张敏','男','13810527076','计算机科学'),
('1810587211','任卫','女','13810527077','计算机科学'),
('1810587212','张洪卫','男','13810527078','计算机科学'),
```

```
('1810587213','代江林','女','13810517079','计算机科学'),
('1810587214','李海涛','男','13810517080','计算机科学'),
('1810587215','章家俊','男','13810517081','数学'),
('1810587216','刘琴英','男','13810517082','数学'),
('1810587217','徐飞','女','13810517083','数学'),
('1810587218','幸源涛','男','13810517084','数学'),
('1810587219','刘志庆','男','13810517085','数学')]
#图书数据列表
booklist=[('C语言程序设计','c',45,'2014-12',0),
('C语言程序设计教程','c',29,'2015-07',0),
('C++面向对象程序设计（第二版）','c',34,'2014-02',2),
('C语言内涵教程','c',36,'2013-08',3),
('面向对象程序设计：C++版（第2版）','c',35,'2015-09',1),
('Java Web程序开发进阶','java',39.5,'2015-08',1),
('Java网络程序设计','java',23,'2017-07',0),
('Java基础教程（第3版）','java',35,'2015-07',0),
('Java Web开发基础——从Servlet 到 JSP ','java',35,'2014-09',0),
('JavaScript技术应用','java',30,'2014-06',1),
('Java Web程序开发进阶','java',39.5,'2015-08',0),
('Android实例详解基础进阶开发','Android',55,'2015-04',3),
('Android应用程序开发','Android',49.0,'2014-04',2),
('Oracle数据库教程(新版)','数据库',49,'2015-10',1),
('Oracle数据库教程','数据库',49,'2015-10',0),
('Access 2010数据库应用技术','数据库',32,'2014-07',2),
('数据库程序设计与开发','数据库',34.5,'2013-08',1),
('计算机应用基础','计算机基础',23,'2011-05',3),
('计算机基础习题与实验指导','计算机基础',30,'2014-02',2),
('计算机组成原理教程（第5版）','计算机基础',35,'2014-07',1),
('计算机导论（第2版）','计算机基础',45,'2015-09',5),
('计算机组装与维护','计算机基础',42,'2015-12',1),
('大学计算机基础——学习指导与实训篇（第4版）','计算机基础',29.9,'2012-
09',6),
('现代移动通信','计算机网络',20,'2015-01',3),
('网络工程设计教程：系统集成方法（第3版）','计算机网络',45,'2017-11',3),
('计算机网络习题库','计算机网络',79,'2014-08',2),
```

```
('Photoshop基础实用教程','网页设计',32,'2016-10',0),
('平面创意设计实例教程Photoshop+Illustrator上机指导','网页设计',27,'2015-
07',3),
('Photoshop平面设计模拟职场项目教程','网页设计',37,'2012-02',2),
('网页设计与制作','网页设计',39.8,'2017-07',1),
('云计算应用基础','云计算',42,'2014-03',3),
('云计算应用基础(第二版)','云计算',42,'2014-12',2),
('Linux应用基础教程','Linux',47,'2015-03',1),
('Linux系统管理与服务配置','Linux',36,'2017-07',2),
('应用高等数学','数学',29.8,'2013-08',3),
('数学','数学',58.0,'2015-01',4),
('微分方程数值方法（第二版）','数学',59.0,'2007-02',2),
('线性代数（第3版）','数学',36.0,'2016-02',4),
('统计基础','数学',16.0,'2011-07',2),
('统计学原理','数学',35.0,'2014-03',3)]
#借阅数据列表
borrwlist=[('1810587200','C语言程序设计','2020-09-04','2020-10-14'),
('1810587200','C语言程序设计教程','2020-09-29',None),
('1810587200','Photoshop基础实用教程','2020-11-27',None),
('1810587201','Java网络程序设计','2020-09-17','2020-10-24'),
('1810587201','Oracle数据库教程(新版)','2020-12-27',None),
('1810587201','计算机基础习题与实验指导','2020-10-27',None),
('1810587202','C语言程序设计','2020-11-27',None),
('1810587202','Photoshop平面设计模拟职场项目教程','2020-09-24',None),
('1810587202','C++面向对象程序设计（第二版）','2020-09-24',None),
('1810587203','Oracle数据库教程(新版)','2020-09-27','2020-10-17'),
('1810587203','C语言程序设计教程','2020-09-07',None),
('1810587203','计算机基础习题与实验指导','2020-09-24',None),
('1810587204','C语言程序设计教程','2020-09-24','2020-12-14'),
('1810587204','Oracle数据库教程(新版)','2020-12-27',None),
('1810587204','Photoshop基础实用教程','2020-09-18',None),
('1810587204','计算机网络习题库','2020-11-18',None),
('1810587204','Linux应用基础教程','2020-09-24',None),
('1810587205','计算机网络习题库','2020-09-28',None),
('1810587205','C语言程序设计','2020-12-19',None),
```

```
('1810587205','Java网络程序设计','2020-12-25',None),
('1810587205','计算机基础习题与实验指导','2020-09-14',None),
('1810587206','Java基础教程（第3版）','2020-10-14',None),
('1810587206','Photoshop基础实用教程','2020-11-08',None),
('1810587206','云计算应用基础(第二版)','2020-11-16',None),
('1810587206','Linux应用基础教程','2020-09-28',None),
('1810587207','Java基础教程（第3版）','2020-09-24',None),
('1810587207','Linux应用基础教程','2020-11-18',None),
('1810587207','C语言程序设计','2020-12-17',None),
('1810587208','Java网络程序设计','2020-11-14',None),
('1810587208','Oracle数据库教程(新版)','2020-10-13',None),
('1810587209','Access 2010数据库应用技术','2020-09-17',None),
('1810587209','C语言程序设计教程','2020-12-18',None),
('1810587210','Android应用程序开发','2020-11-12',None),
('1810587210','Linux系统管理与服务配置','2020-10-12',None),
('1810587210','C语言程序设计教程','2020-09-11',None),
('1810587211','C++面向对象程序设计（第二版）','2020-12-13',None),
('1810587211','Linux系统管理与服务配置','2020-12-12',None),
('1810587212','Android应用程序开发','2020-12-11',None),
('1810587212','现代移动通信','2020-12-04',None),
('1810587213','线性代数（第3版）','2020-09-24',None),
('1810587213','C语言程序设计教程','2020-10-26','2020-12-14'),
('1810587213','C++面向对象程序设计（第二版）','2020-11-16',None),
('1810587214','Java Web程序开发进阶','2020-11-22',None),
('1810587214','Java网络程序设计','2020-11-12',None),
('1810587215','Java基础教程（第3版）','2020-09-24',None),
('1810587215','Photoshop平面设计模拟职场项目教程','2020-09-18',None),
('1810587215','应用高等数学','2020-09-24',None),
('1810587216','Java Web程序开发进阶','2020-09-15',None),
('1810587216','面向对象程序设计：C++版（第2版）','2020-09-17',None),
('1810587216','Photoshop平面设计模拟职场项目教程','2020-09-19',None),
('1810587216','应用高等数学','2020-10-11',None),
('1810587216','数学','2020-09-29','2020-10-25'),
('1810587217','Java Web开发基础——从Servlet 到 JSP ','2020-12-22',None),
('1810587217','计算机组装与维护','2020-12-24',None),
```

```
('1810587217','应用高等数学','2020-12-26',None),
('1810587217','微分方程数值方法（第二版）','2020-12-27',None),
('1810587217','统计基础','2020-11-24',None),
('1810587218','C++面向对象程序设计（第二版）','2020-10-22',None),
('1810587218','Android应用程序开发','2020-10-24',None),
('1810587218','统计基础','2020-10-24',None),
('1810587218','微分方程数值方法（第二版）','2020-09-17',None),
('1810587219','计算机组装与维护','2020-09-24',None),
('1810587219','微分方程数值方法（第二版）','2020-11-24',None),
('1810587219','统计基础','2020-11-14',None),
('1710587200','C语言内涵教程','2020-09-13','2020-11-14'),
('1710587200','Java Web程序开发进阶','2020-09-12',None),
('1710587201','Java基础教程（第3版）','2020-11-15',None),
('1710587201','云计算应用基础(第二版)','2020-11-17',None),
('1710587201','统计学原理','2020-11-23',None),
('1710587202','Java Web程序开发进阶','2020-11-22',None),
('1710587202','Java Web开发基础——从Servlet 到 JSP ','2020-09-24',None),
('1710587203','计算机组成原理教程（第5版）','2020-09-10',None),
('1710587203','现代移动通信','2020-10-14',None),
('1710587203','C语言内涵教程','2020-10-13',None),
('1710587204','面向对象程序设计：C++版（第2版）','2020-10-15',None),
('1710587204','Java Web程序开发进阶','2020-11-05',None),
('1710587205','数据库程序设计与开发','2020-11-07',None),
('1710587205','计算机组成原理教程（第5版）','2020-11-09',None),
('1710587205','面向对象程序设计：C++版（第2版）','2020-09-29',None),
('1710587206','Java基础教程（第3版）','2020-09-25',None),
('1710587206','现代移动通信','2020-12-21',None),
('1710587207','云计算应用基础(第二版)','2020-12-24',None),
('1710587207','微分方程数值方法（第二版）','2020-09-19',None),
('1710587207','面向对象程序设计：C++版（第2版）','2020-09-19',None),
('1710587208','Java网络程序设计','2020-09-18',None),
('1710587208','Java Web开发基础——从Servlet 到 JSP ','2020-09-17',None),
('1710587209','JavaScript技术应用','2020-09-24','2020-10-15'),
('1710587209','Oracle数据库教程','2020-09-14','2020-10-14'),
('1710587210','JavaScript技术应用','2020-09-08',None),
```

```
    ('1710587210','数据库程序设计与开发','2020-09-11',None),
    ('1710587210','统计学原理','2020-11-14',None),
    ('1710587211','Java Web程序开发进阶','2020-09-29',None),
    ('1710587211','Oracle数据库教程','2020-11-25',None),
    ('1710587212','统计学原理','2020-11-25',None),
    ('1710587212','Java Web程序开发进阶','2020-11-24',None),
    ('1710587213','Oracle数据库教程','2020-11-26',None),
    ('1710587213','数据库程序设计与开发','2020-10-22',None),
    ('1710587213','网页设计与制作','2020-10-21',None),
    ('1710587214','数学','2020-10-21',None),
    ('1710587214','微分方程数值方法（第二版）','2020-10-22',None),
    ('1710587215','Java Web程序开发进阶','2020-09-18',None),
    ('1710587215','Android实例详解基础进阶开发','2020-09-18',None),
    ('1710587216','数学','2020-09-17',None),
    ('1710587216','Oracle数据库教程','2020-09-15',None),
    ('1710587216','网页设计与制作','2020-09-13',None),
    ('1710587217','网页设计与制作','2020-09-04','2020-11-12'),
    ('1710587217','应用高等数学','2020-09-14',None),
    ('1710587217','数据库程序设计与开发','2020-09-27',None),
    ('1710587218','微分方程数值方法（第二版）','2020-10-24',None),
    ('1710587218','数据库程序设计与开发','2020-09-25',None),
    ('1710587218','统计学原理','2020-09-22',None),
    ('1710587219','数据库程序设计与开发','2020-09-22',None),
    ('1710587219','数学','2020-09-21',None),
    ('1710587219','微分方程数值方法（第二版）','2020-09-22',None)]

    try:
        # 使用 execute()方法执行学生数据插入
        cursor.executemany("insert into STUDENTS(stunum,name,sex,tel,speciality)
values(%s,%s,%s,%s,%s)",studentlist)
        #提交数据
        db.commit()
        # 使用 execute()方法执行图书数据插入
        cursor.executemany("insert into BOOKS(bookname,category,price,publish_
time,amount) values(%s,%s,%s,%s,%s)",booklist)
```

```
    #提交数据
    db.commit()
    # 使用 execute()方法执行借阅数据插入
    cursor.executemany("insert into BORROWLIST(stunum,bookname,borrow_time,back_time) values(%s,%s,%s,%s)",borrwlist)
    #提交数据
    db.commit()
except:
    #发生错误时回滚
    db.rollback()
#关闭数据库连接
db.close()
```

（5）执行基础数据插入代码，实现数据插入，如下图所示：

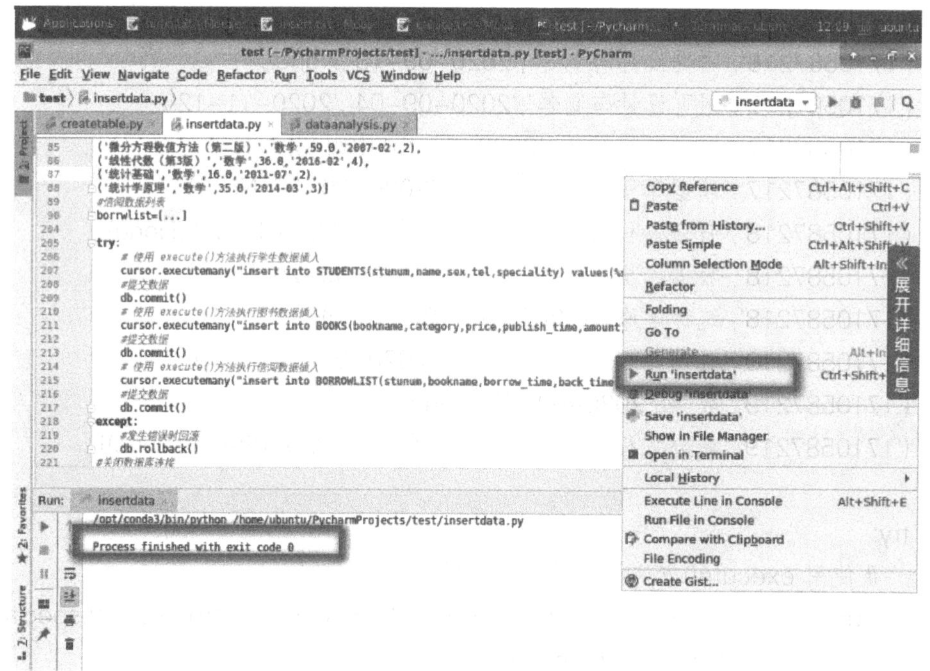

➤ 步骤四　统计分析各类藏书数据

（1）编写代码，实现统计各类藏书的总数、借阅数量、剩余藏书、借阅率等数据，并将统计结果进行打印，代码如下所示：

```
import pymysql

# 打开数据库连接,参数1:主机名或IP；参数2：用户名；参数3：密码；参数4：数据库名称
db = pymysql.connect(host="localhost", user="root", password="123456", database="test")
# 使用 cursor()方法创建一个游标对象 cursor
cursor = db.cursor()
# 使用 execute()方法执行查询BOOKS中各类藏书剩余藏书
cursor.execute("select category,sum(amount) from BOOKS GROUP BY category")
#获取查询结果
result = cursor.fetchall() # 使用fetchall方法查询所有数据
#处理查询结果
resultbook = {}
for row in result:
  category=row[0]
  amount=row[1]
  resultbook[category] =amount

# 使用 execute()方法执行查询BORROWLIST中各类图书的借阅数量
cursor.execute("select c.category,sum(c.amount) from (select a.category as category,1 as amount from BOOKS a,BORROWLIST b where a.bookname = b.bookname and b.back_time is null) c GROUP BY c.category")
#获取查询结果
result = cursor.fetchall() # 使用fetchall方法查询所有数据
#处理查询结果
resultlist = {}
for row in result:
  category=row[0]
  amount=row[1]
  resultlist[category] =amount

#整合查询数据并打印
print("图书名称\t\t\t总藏书册数\t\t借阅册数\t\t剩余册数\t\t借阅率(%)")
```

```
for key in resultbook:
    amount =resultbook.get(key,0)
    borrow=resultlist.get(key,0)
    total = amount+borrow
    rate = round(borrow/total*100, 2)
    while len(key)<16:  #控制输出样式
        key = key+ ' '
    print("%s\t%s\t\t\t%s\t\t\t%s\t\t\t%s" % (key, total,borrow,amount,rate))


#关闭数据库连接
db.close()
```

（2）执行分析代码，实现借阅数据的分析，并将分析结果进行展示，如下图所示：

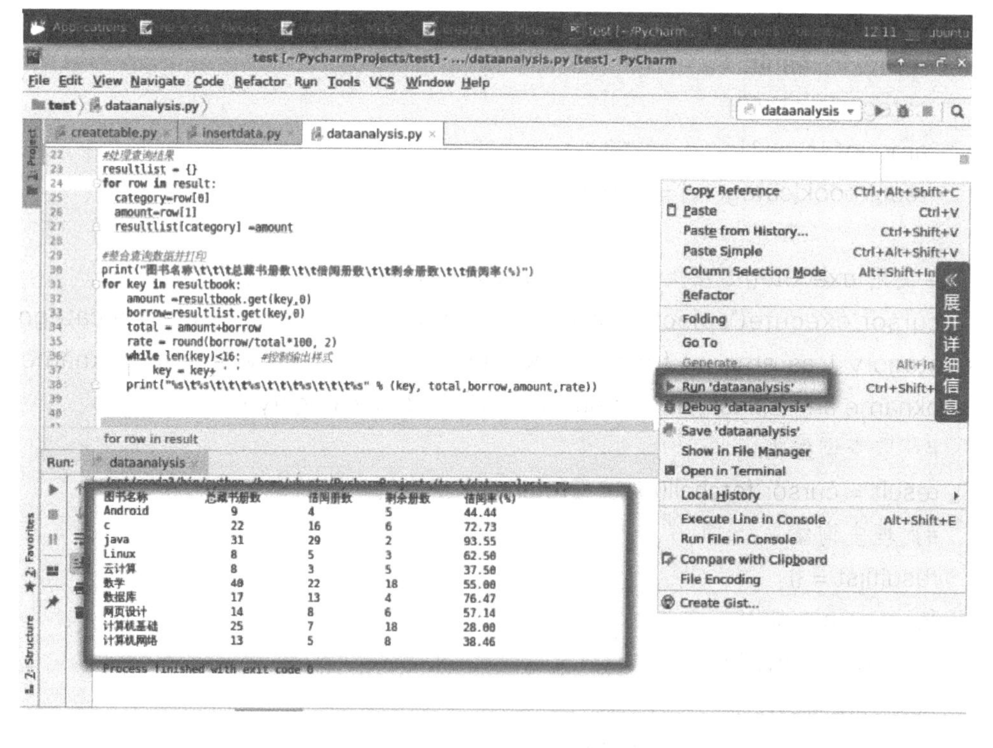

【案例总结】

（1）PyMySQL模块的安装与使用。

（2）Python操作数据库的基本流程为：

①引入 API 模块；②获取与数据库的连接；③执行SQL语句和存储过程；④关闭数据库连接。

第10章 Python+网络爬虫

随着网络的迅速发展，万维网成为大量信息的载体，如何有效地提取并利用这些信息成为一个巨大的挑战，网络爬虫应运而生。网络爬虫（又被称为网页蜘蛛，网络机器人），是一种按照一定的规则，自动抓取万维网信息的程序或者脚本。网络爬虫在互联网中的作用如图10–1所示：

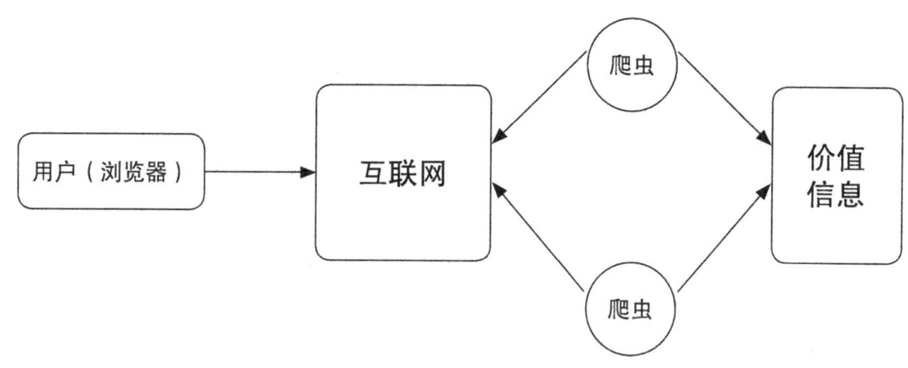

图10–1　网络爬虫

在生活中网络爬虫经常出现，搜索引擎就离不开网络爬虫。例如，百度搜索引擎的爬虫名字叫作百度蜘蛛（Baiduspider）。百度蜘蛛，是百度搜索引擎的一个自动程序。它每天都会在海量的互联网信息中进行爬取，收集并整理互联网上的网页、图片视频等信息。然后当用户在百度搜索引擎中输入对应的关键词时，百度将从收集的网络信息中找出相关的内容，按照一定的顺序将信息展现给用户。百度蜘蛛在工作的过程中，搜索引擎会构建一个调度程序来调度百度蜘蛛的工作，这些调度程序都是需要使用一定的算法来实现的，采用不同的算法，爬虫的工作效率也会有所不同，爬取的结果也会有所差异。所以，在学习爬虫的时候不仅需要了解爬虫的实现过程，还需要了解一些常见的爬虫算法。在特定的情况下，还需要开发者自己制定相应的算法。

本章主要介绍网络爬虫的实现和使用，首先介绍爬虫的工作原理，并补充Web通信相关内容，再介绍爬虫的相关库，包括urllib库，requests库，接着介绍爬虫的常用框架，最后通过实例熟悉爬虫的具体实现流程。

10.1　网络爬虫原理

网络爬虫功能的实现离不开网络请求，学习爬虫之前首先需要了解网络请求的相关知识，包括HTTP协议，Web通信原理等。

10.1.1　Web通信原理

先来看一个例子：某用户打开浏览器，在地址栏输入网址www.baidu.com，然后按Enter键，浏览器中就会显示百度的主页面内容。这个简单的行为背后，其实隐藏了很多工作流程。

在用户输入网址访问百度网站的例子中，用户浏览器被称为客户端，而百度网站被称为服务器。这个过程实质上就是客户端向服务器发起请求，服务器接收请求后，将处理后的信息（也称为响应）传给客户端。这个过程是通过HTTP协议实现的。

HTTP是互联网上应用最为广泛的一种网络协议。HTTP是利用TCP在两台计算机（通常是Web服务器和客户端）之间传输信息的协议。客户端使用Web浏览器发起HTTP请求给Web服务器，Web服务器发送被请求的信息给客户端。

当在浏览器输入URL后，浏览器会先请求DNS服务器，获得请求站点的IP地址（即根据URL地址www.baidu.com获取其对应的IP地址，如163.177.151.109），然后发送一个HTTP Request（请求）给拥有该IP的主机（百度的服务器），接着就会接收到服务器返回的HTTP Response（响应），浏览器经过渲染后，以一种较好的效果呈现给用户。HTTP基本原理如图10-2所示。

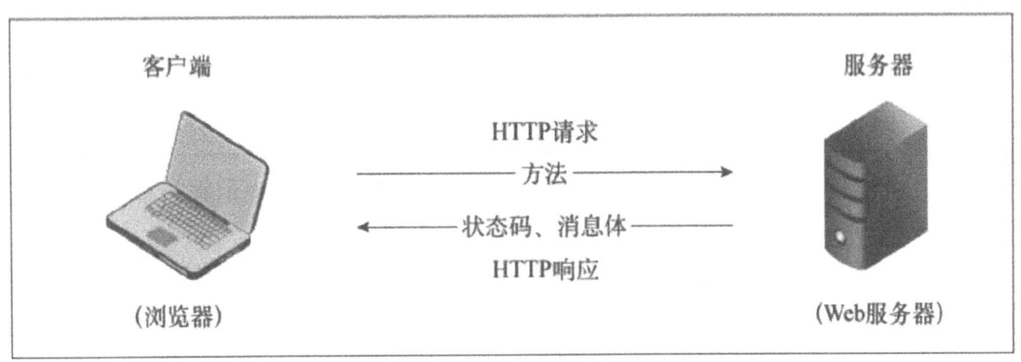

图10-2　HTTP基本原理

10.1.2　Web服务器

我们重点来看下Web服务器。Web服务器的工作原理可以概括为如下4个步骤。

（1）建立连接：客户端通过TCP/IP协议建立到服务器的TCP连接。

（2）请求过程：客户端向服务器发送HTTP协议请求包，请求服务器里的资源文档。

（3）应答过程：服务器向客户端发送HTTP协议应答包，如果请求的资源包含有动态语言的内容，那么服务器会调用动态语言的解释引擎负责处理“动态内容”，并将处理后得到的数据返回给客户端。由客户端解释HTML文档，在客户端屏幕上渲染图形结果。

（4）关闭连接：客户端与服务器断开。

步骤（2）客户端向服务器端发起请求时，常用的请求方法如表10-1所示。

表10-1　HTTP协议的常用请求方法

方法	描述
GET	请求指定的页面信息，并返回实体主体
POST	向指定资源提交数据进行处理请求（例如提交表单或者上传文件）。数据被包含在请求体中。POST请求可能会导致新的资源的建立和/或已有资源的修改
HEAD	类似于GET请求，只不过返回的响应中没有具体的内容，用于获取报头
PUT	从客户端向服务器传送的数据取代指定的文档的内容
DELETE	请求服务器删除指定的页面
OPTIONS	允许客户端查看服务器的性能

步骤（3）服务器返回给客户端的状态码，可以分为5种类型，由它们的第一位数字表示，如表10-2所示。

表10-2　HTTP状态码含义

代码	含义
1**	信息，请求收到，继续处理
2**	成功，行为被成功地接受、理解和采纳
3**	重定向，为了完成请求，必须进一步执行的动作
4**	客户端错误，请求包含语法错误或者请求无法实现
5**	服务器错误，服务器不能实现一种明显无效的请求

例如，状态码为200，表示请求成功已完成；状态码为404，表示服务器找不到给定的资源。

下面我们用浏览器（例如谷歌浏览器）访问百度官网，查看一下请求和响应的流程。步骤如下：

（1）在浏览器中输入网址www.baidu.com，按Enter键，进入百度官网。

（2）按F12键（或右击，选择“检查”命令），审查页面元素。运行效果如图10-3所示。

（3）单击谷歌浏览器调试工具的Network图标，按F5键（或手动刷新页面），单击调试工具中Name栏目下的www.baidu.com，查看请求与响应的信息，如图10-4所示。

图10-5展示了访问百度主页时，浏览器发送HTTP请求的过程。

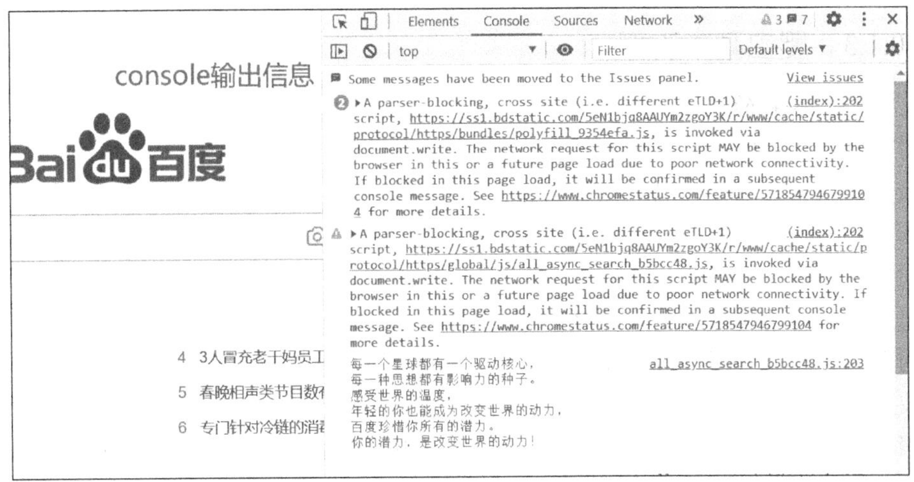

图10-3　打开浏览器的调试工具

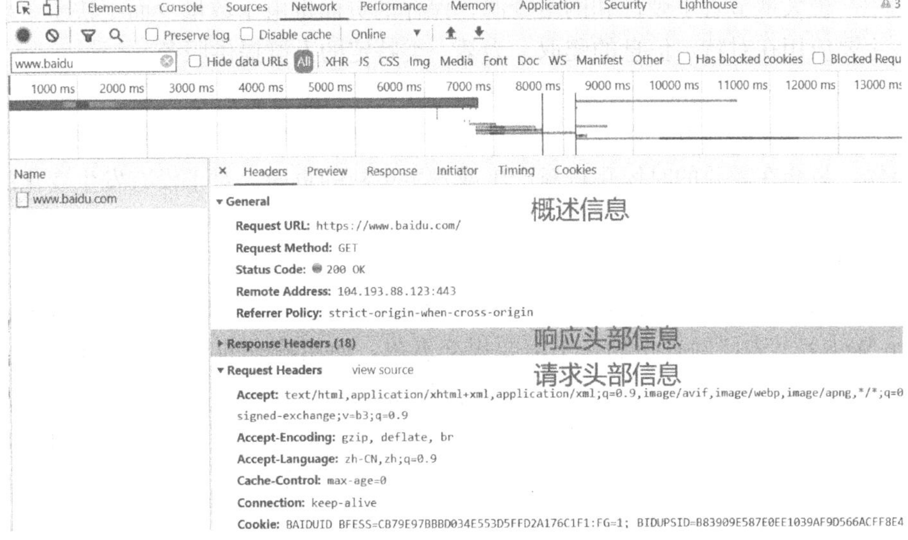

图10-4　请求和响应信息

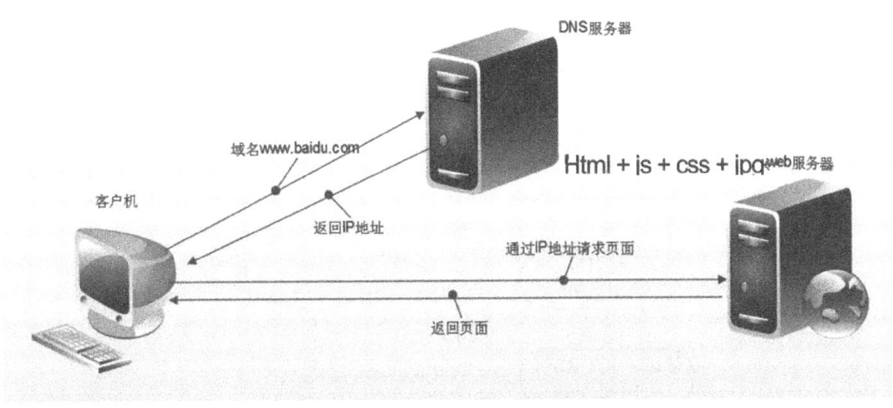

图10-5　HTTP请求

10.1.3 爬虫基本流程

1. 网络爬虫的分类

对网络与HTTP请求有一定的了解后，接下来开始学习网络爬虫。网络爬虫按照实现的技术和结构可以分为以下几种类型：通用网络爬虫、聚焦网络爬虫、增量式网络爬虫、深层网络爬虫等类型。在实际的网络爬虫中，通常是这几类爬虫的组合体。

通用网络爬虫又叫作全网爬虫（Scalable Web Crawler），通用网络爬虫的爬行范围和数量巨大，对于爬行速度和存储空间要求较高。通用网络爬虫在爬行页面的顺序要求上相对较低，通常采用并行工作方式，需要较长时间才可以刷新一次页面。这种网络爬虫主要应用于大型搜索引擎中，有非常高的应用价值。

聚焦网络爬虫（Focused Crawler）也叫主题网络爬虫（Topical Crawler），是指按照预先定义好的主题，有选择地进行相关网页爬取的一种爬虫。它和通用网络爬虫相比，不会将目标资源定位在整个互联网当中，而是将爬取的目标网页定位在与主题相关的页面中。极大地节省了硬件和网络资源，保存的页面也由于数量少而更快了，聚焦网络爬虫主要应用在对特定信息的爬取，为某一类特定的人群提供服务。

增量式网络爬虫（Incremental Web Crawler），对应着增量式更新，指的是在更新的时候只更新改变的地方，而未改变的地方则不更新，所以增量式网络爬虫，在爬取网页的时候，只会在需要的时候爬行新产生或发生更新的页面，对于没有发生变化的页面则不会爬取。这样可有效减少数据下载量，减少时间和空间上的耗费，但是在爬行算法上需要增加一些难度。

在互联网中，Web页面按存在方式可以分为表层网页（Surface Web）和深层网页（Deep Web），表层网页指的是不需要提交表单，使用静态的超链接就可以直接访问的静态页面。深层网页指的是那些大部分内容不能通过静态链接获取的、隐藏在搜索表单后面的，需要用户提交一些关键词才能获得的Web页面。深层页面需要访问的信息数量是表层页面信息数量的几百倍，所以深层页面是主要的爬取对象。

2. 网络爬虫的工作流程

一个通用的网络爬虫基本工作流程如图10-6所示。

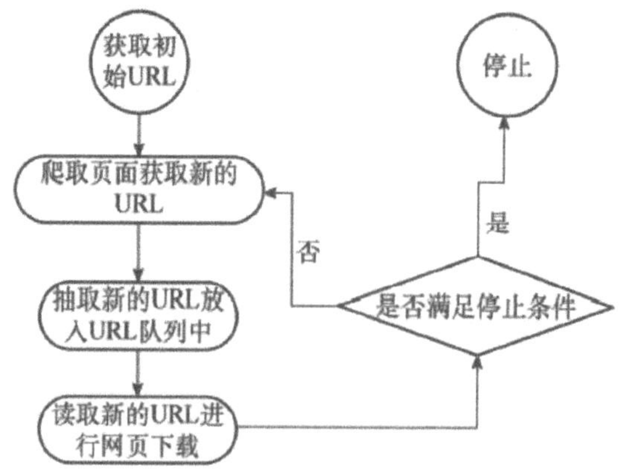

图10-6 通用网络爬虫基本工作流程

网络爬虫的基本工作流程如下：

（1）获取初始的URL，该URL地址是用户自己制定的初始爬取的网页。

（2）爬取对应URL地址的网页时，获取新的URL地址。

（3）将新的URL地址放入URL队列中。

（4）从URL队列中读取新的URL，然后依据新的URL爬取网页，同时从新的网页中获取新的URL地址，重复上述的爬取过程。

（5）设置停止条件，如果没有设置停止条件，爬虫会一直爬取下去，直到无法获取新的URL地址为止。设置了停止条件后，爬虫将会在满足停止条件时停止爬取。

10.2　urllib库的基本使用

在上一小节中多次提到了URL地址与下载网页，这两项是网络爬虫必备而又关键的功能，说到这两个功能必然离不开与HTTP打交道。在Python中实现HTTP网络请求有常见的3种方式：urllib、urllib3和requests，本节将介绍urllib的使用。

urllib是Python中请求url连接的官方标准库，在Python2中主要为urllib和urllib2，在Python3中整合成了urllib，该模块中提供了一个urlopen()方法，通过该方法指定URL发送网络请求来获取数据。urllib提供了多个子模块，具体的模块名称与含义如表10-3所示。

表10-3　urllib中的子模块

模块名称	描述
urllib.request	该模块定义了打开URL（主要是HTTP）的方法和类，如身份验证、重定向、cookie等
urllib.error	该模块中主要包含异常类，基本的异常类是URLError
urllib.parse	该模块定义的功能分为两大类：URL解析和URL引用
urllib.robotparser	该模块用于解析robots.txt文件

10.2.1　request模块

request模块定义了打开URL的方法和类，通过urllib.request模块实现发送请求并读取网页内容的简单示例如下：

```
#导入模块
import urllib.request
#打开指定需要爬取的网页
response = urllib.request.urlopen('http://www.baidu.com')
#读取网页代码
html = response.read()
#打印读取内容
print(html)
```

上面的示例中，是通过get请求方式获取百度的网页内容。下面通过使用urllib.request模块的post请求实现获取网页信息的内容，示例如下：

```
#导入模块
import urllib.parse
import urllib.request
#将数据使用urlencode编码处理后，再使用encoding设置为utf-8编码
data = bytes(urllib.parse.urlencode({'word':'hello'}),encoding='utf8')
#打开指定需要爬取的网页
response = urllib.request.urlopen('http://httpbin.org/post',data=data)
#读取网页代码
html = response.read()
#打印读取内容
print(html)
```

这里通过http://httpbin.org/post网站进行演示，该网站可以作为练习使用urllib的一个站点使用，可以模拟各种请求操作。

官方在urllib和urllib2的基础上，新增了urllib3库，urllib3是一个功能强大，条理清晰，用于HTTP客户端的Python库，许多Python的原生系统已经开始使用urllib3。urllib3提供了很多Python标准库里所没有的重要特性：

（1）线程安全。

（2）连接池。

（3）客户端SSL/TLS验证。

（4）使用多部分编码上传文件。

（5）Helpers用于重试请求并处理HTTP重定向。

（6）支持gzip和deflate编码。

（7）支持HTTP和SOCKS代理。

（8）100%的测试覆盖率。

通过urllib3模块实现发送网络请求的示例代码如下：

```
import urllib3
#创建PoolManager对象，用于处理与线程池的连接以及线程安全的所有细节
http = urllib3.PoolManager()
#对需要爬取的网页发送请求
response = http.request('GET','https://www.baidu.com/')
#打印读取内容
print(response.data)
```

post请求实现获取网页信息的内容，关键代码如下：

```
#对需要爬取的网页发送请求
response = http.request('POST','http://httpbin.org/post',fields={'word':'hello'})
```

注意：在使用urllib3模块前，需要在Python中通过pip install urllib3代码进行模块的安装。

10.2.2　parse模块

urllib.parse模块用于解析URL，包含了多种解析方法，下面列举一些常用的函数。

1．**解析**URL

urlparse() 函数可以将 URL 解析成 ParseResult 对象。对象中包含了六个元素，分别为协议（scheme）、域名（netloc）、路径（path）、路径参数（params）、查询参数（query）、片段（fragment）

例如，解析一个csdn地址的代码如下：

```
from urllib.parse import urlparse

url = 'https://blog.csdn.net/xc_zhou/article/details/80907101'
#解析url
parsed_result = urlparse(url)
#打印信息
print('parsed_result包含了',len(parsed_result),'个元素')
print(parsed_result)
print('scheme :',parsed_result.scheme)
print('netloc :',parsed_result.netloc)
print('path :',parsed_result.path)
print('params :',parsed_result.params)
print('query :',parsed_result.query)
print('fragment :',parsed_result.fragement)
```

urlsplit() 函数也能对 URL 进行拆分，所不同的是， urlsplit() 并不会把 路径参数 (params) 从 路径(path) 中分离出来。

当 URL 中路径部分包含多个参数时，使用 urlparse() 解析是有问题的

这时可以使用 urlsplit() 来解析：

```
from urllib.parse import urlsplit
url = 'http://user:pwd@domain:80/path1;params1/path2;params2?query=queryar
g#fragment'
```

```
#解析url
split_result = urlsplit (url)
#打印信息
print(split_result)
print('split.path   :',split_result.path)
```

如果url包含一个片段标识符，urldefrag()函数可以返回一个没有片段标识符的修改过的url，并且这个片段标识符作为单独的字符串。如果url中没有片段标识符，则返回未修改的url和一个空字符串。代码如下：

```
from urllib.parse import urldefrag
url = 'http://user:pwd@domain:80/path1;params1/path2;params2?query=queryarg#fragment'
#解析url
defrag_result = urldefrag (url)
#打印信息
print(defrag_result)
print('url   :',defrag_result.url)
print('fragment   :',defrag_result.fragment   )
```

2. **组建**URL

urlunparse()接收一个列表的参数，组成一个完整的URL，而且列表的长度是有要求的，是必须六个参数以上，否则抛出异常。

```
from urllib.parse import urlunparse
url_compos = ('http','user:pwd@domain:80','/path1;params1/path2','params2','query=queryarg','fragment')
unparse_result = urlunparse (url_compos)
print(unparse_result)
```

输出结果为完整url：

```
http://user:pwd@domain:80/path1;params1/path2;params2?query=queryarg
```

urljoin()函数可以将两个字符串拼接成url：

```
from urllib.parse import urljoin
#连接两个参数的url，将第二个参数中缺的部分用第一个参数的补齐
#如果第二个有完整的路径，则以第二个为主
```

```
print(urljoin('https://movie.douban.com/','index'))
print(urljoin('https://movie.douban.com/','https://accounts.douban.com/login'))
```

结果为：

```
https://movie.douban.com/index
https://accounts.douban.com/login
```

3. **查询参数的解析**

使用 urlencode() 函数可以将一个 dict 转换成合法的查询参数：

```
from urllib.parse import urlencode
query_args = {
    'name':'dark sun',
    'country':'中国'
}
query_args = urlencode(query_args)
print(query_args)
```

结果为：

```
name=dark+sun&country=%E4%B8%AD%E5%9B%BD
```

使用 parse_qs() 来将查询参数解析成 dict：

```
from urllib.parse import urlencode
from urllib.parse import parse_qs
query_args = {
    'name':'dark sun',
    'country':'中国'
}
query_args = urlencode(query_args)
print(query_args)
print(parse_qs(query_args))
```

结果为：

```
name=dark+sun&country=%E4%B8%AD%E5%9B%BD
{'name': ['dark sun'], 'country': ['中国']}
```

10.3 requests库的基本使用

10.3.1 requests模块简介

requests是Python中实现HTTP请求的一种方式，requests是第三方模块，该模块在实现HTTP请求时要比urllib模块简化很多，操作更加人性化。在使用requests模块时需要通过执行pip install requests代码进行该模块的安装。requests功能特性如下：

（1）Keep-Alive &连接池。

（2）国际化域名和URL。

（3）带持久Cookie的会话。

（4）浏览器式的SSL认证。

（5）自动内容解码。

（6）基本／摘要式的身份认证。

（7）优雅的key/value Cookie。

（8）自动解压。

（9）Unicode响应体。

（10）HTTP(S)代理支持。

（11）文件分块上传。

（12）流下载。

（13）连接超时。

（14）分块请求。

（15）支持.netrc。

10.3.2 发送请求

1. 简单GET请求

以GET请求方式，打印多种请求信息的示例代码如下：

```
#导入模块
import requests
#发送请求
response = requests.get('http://www.baidu.com')
print(response.status_code) #打印状态码
print(response.url) #打印请求url
print(response.headers) #打印头部信息
print(response.cookies) #打印cookie信息
print(response.text) #以文本形式打印网页源码
print(response.content) #以字节流形式打印网页源码
```

部分打印结果如下：

```
200
http://www.baidu.com/
{'Cache-Control': 'private, no-cache, no-store, proxy-revalidate, no-transform', 'Date': 'Mon, 22 Feb 2021 07:51:57 GMT', 'Content-Type': 'text/html', 'Content-Encoding': 'gzip', 'Last-Modified': 'Mon, 23 Jan 2017 13:27:57 GMT', 'Connection': 'keep-alive', 'Pragma': 'no-cache', 'Transfer-Encoding': 'chunked', 'Set-Cookie': 'BDORZ=27315; max-age=86400; domain=.baidu.com; path=/', 'Server': 'bfe/1.0.8.18'}
<RequestsCookieJar[<Cookie BDORZ=27315 for .baidu.com/>]>
<!DOCTYPE html>
...
```

2. **带Headers的GET请求**

有时在请求一个网页内容时，发现无论通过GET或者是POST以及其他请求方式，都会出现403错误。这种现象多数为服务器拒绝了你的访问，那是因为这些网页为了防止恶意采集信息所使用的反爬虫设置。此时可以通过模拟浏览器的头部信息来进行访问，这样就能解决以上反爬设置的问题。下面以requests模块为例介绍请求头部Headers的处理，具体步骤如下：

（1）通过浏览器的网络监视器查看头部信息，首先通过浏览器（以谷歌浏览器为例）打开对应的网页地址，然后按快捷键F12，并选择Network标签，打开网络监视器，再刷新当前页面，网络监视器将显示如图10-7所示的数据变化。

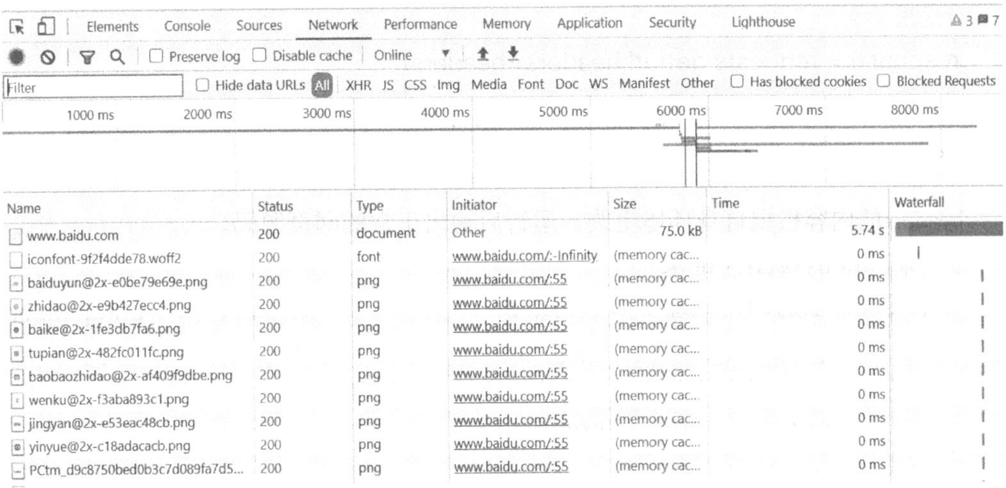

Elements　Console　Sources　Network　Performance　Memory　Application　Security　Lighthouse

Preserve log　Disable cache　Online

Filter　Hide data URLs　All　XHR　JS　CSS　Img　Media　Font　Doc　WS　Manifest　Other　Has blocked cookies　Blocked Requests

1000 ms　2000 ms　3000 ms　4000 ms　5000 ms　6000 ms　7000 ms　8000 ms

Name	Status	Type	Initiator	Size	Time	Waterfall
www.baidu.com	200	document	Other	75.0 kB	5.74 s	
iconfont-9f2f4dde78.woff2	200	font	www.baidu.com/:-Infinity	(memory cac...	0 ms	
baiduyun@2x-e0be79e69e.png	200	png	www.baidu.com/:55	(memory cac...	0 ms	
zhidao@2x-e9b427ecc4.png	200	png	www.baidu.com/:55	(memory cac...	0 ms	
baike@2x-1fe3db7fa6.png	200	png	www.baidu.com/:55	(memory cac...	0 ms	
tupian@2x-482fc011fc.png	200	png	www.baidu.com/:55	(memory cac...	0 ms	
baobaozhidao@2x-af409f9dbe.png	200	png	www.baidu.com/:55	(memory cac...	0 ms	
wenku@2x-f3aba893c1.png	200	png	www.baidu.com/:55	(memory cac...	0 ms	
jingyan@2x-e53eac48cb.png	200	png	www.baidu.com/:55	(memory cac...	0 ms	
yinyue@2x-c18adacacb.png	200	png	www.baidu.com/:55	(memory cac...	0 ms	
PCtm_d9c8750bed0b3c7d089fa7d5...	200	png	www.baidu.com/:55	(memory cac...	0 ms	

图10-7　网络监视器的数据变化

（2）选中第一条信息，右侧的消息头面板中将显示请求头部信息，然后复制该信息，如图10-8所示。

图10-8 复制头部信息

（3）实现代码，首先创建一个需要爬取的url地址，然后创建headers头部信息，再发送请求等待响应，最后打印网页的代码信息。实现代码如下：

```
import requests
#需要爬取网页的地址
url = 'http://www.baidu.com/'
#创建头部信息
headers = {"User-Agent": "Mozilla/5.0 (Windows NT 10.0; Win64; x64)
AppleWebKit/537.36 (KHTML, like Gecko) Chrome/86.0.4240.193 Safari/537.36"}
#发送请求
response = requests.get(url,headers=headers)
#以字节流形式打印网页源码
print(response.content)
```

headers的内容根据自身环境更改。运行后输出正常的网页源码。

3. **带Params的GET请求**

如果发现请求的URL地址中参数是跟在“?”（问号）的后面，例如，httpbin.org/get?key=val。requests模块提供了传递参数的方法，允许用户使用Params关键字参数，以一个字符串字典来提供这些参数。例如，用户想传递key1=value1 和key2=value2 到httpbin.org/get，那么可以使用如下代码：

```
import requests
#传递的参数
payload = {'key1':'value1','key2':'value2'}
```

```
#对需要爬取的网页发送请求
response = requests.get('http://httpbin.org/get',params=payload)
#以字节流形式打印网页源码
print(response.content)
```

4. 发送POST请求

以POST请求方式，发送HTTP网络请求的示例代码如下：

```
import requests
    #表单参数
data = {'word':'hello'}
#对需要爬取的网页发送请求
response = requests.post('http://httpbin.org/post',data=data)
#以字节流形式打印网页源码
print(response.content)
```

requests模块不仅提供了以上两种常用的请求方式，还提供以下多种网络请求的方式。代码如下：

```
#PUT请求
requests.put('http://httpbin.org/put',data={'key':'value'})
#DELETE请求
requests.delete('http://httpbin.org/delete')
#HEAD请求
requests.head('http://httpbin.org/get')
#OPTIONS请求
requests.options('http://httpbin.org/get')
```

10.3.3　解析响应

1. response对象

回到最简单的请求代码：

```
response = requests.get('http://www.baidu.com')
```

response保存了requests发送请求后的响应信息，内容包括状态码、url、头部信息、cookie信息和网页源码等。使用PyCharm的Debug调试工具可以断点查看response的具体内容，如图10-9所示：

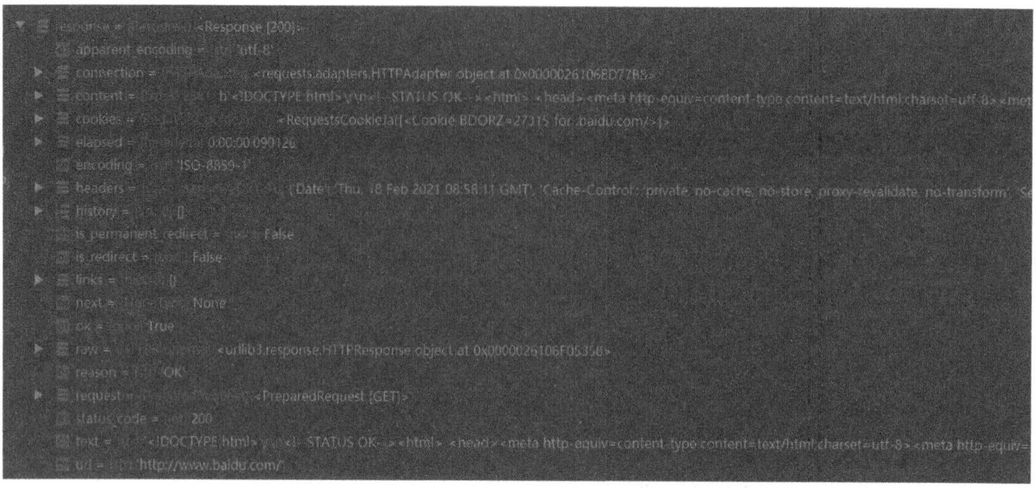

```
response = <Response [200]>
  apparent_encoding = 'utf-8'
  connection = <requests.adapters.HTTPAdapter object at 0x0000026106ED77B8>
  content = b'<!DOCTYPE html>\r\n<!--STATUS OK--><html> <head><meta http-equiv=content-type content=text/html;charset=utf-8><met
  cookies = <RequestsCookieJar[<Cookie BDORZ=27315 for .baidu.com/>]>
  elapsed = 0:00:00.090126
  encoding = 'ISO-8859-1'
  headers = {'Date': 'Thu, 18 Feb 2021 08:58:11 GMT', 'Cache-Control': 'private, no-cache, no-store, proxy-revalidate, no-transform', 'Se
  history = []
  is_permanent_redirect = False
  is_redirect = False
  links = {}
  next = None
  ok = True
  raw = <urllib3.response.HTTPResponse object at 0x0000026106F05358>
  reason = 'OK'
  request = <PreparedRequest [GET]>
  status_code = 200
  text = '<!DOCTYPE html>\r\n<!--STATUS OK--><html> <head><meta http-equiv=content-type content=text/html;charset=utf-8><meta http-equiv=
  url = 'http://www.baidu.com/'
```

图10–9　response内容

（1）响应码处理。其中，获取响应码是使用status_code字段，它表示了本次请求的状态结果，值为200表示正常返回，否则表示出现异常。常见的网络异常有超时异常、HTTP异常、请求异常等。下面模拟一下50次循环请求，设置超时时间为0.5秒，在0.5秒内服务器未做出相应视为超时，并将超时信息打印在控制台中。我们可以使用try-except方法来捕获各种异常并打印相关信息，代码如下：

```
import requests
#导入requests.exceptions模块中的3种异常类
from requests.exceptions import ReadTimeout,HTTPError,RequestException
#循环发送请求50次
for a in range(0,50):
    try:#捕获异常
            #设置超时为0.5秒
            response = requests.get('http://www.baidu.com',timeout=0.5)
            #打印状态码
            print(response.status_code)
    except ReadTimeout: #超时异常
            print('timeout')
    except HTTPError: #HTTP异常
            print('httperror')
    except RequestException: #请求异常
            print('reqerror')
```

上述程序中，正常情况下将打印正常响应码（即200），当网络断开或者设定的超时时间过小时将会打印相应的异常信息。

（2）响应头处理。获取响应头使用headers字段，示例代码如下：

```
import requests

response = requests.get('http://www.baidu.com')
if response.status_code == requests.codes.ok: #响应码
        print(response.headers) #响应头
        print(response.headers.get('content-type')) #获取其中的某个字段
```

打印结果如下：

```
{'Date': 'Mon, 22 Feb 2021 07:54:20 GMT', 'Content-Encoding': 'gzip', 'Set-Cookie':
'BDORZ=27315; max-age=86400; domain=.baidu.com; path=/', 'Content-Type': 'text/html', 'Transfer-Encoding': 'chunked', 'Pragma': 'no-cache', 'Cache-Control': 'private, no-cache, no-store, proxy-revalidate, no-transform', 'Server': 'bfe/1.0.8.18', 'Connection': 'keep-alive', 'Last-Modified': 'Mon, 23 Jan 2017 13:27:52 GMT'}
text/html
```

上述程序中，response.headers包含所有的响应头信息，可以通过get函数获取其中的某一个字段，如果没有这个字段，将返回None。

（3）Cookie处理。如果响应中包含Cookie的值，可用如下方式获取Cookie字段的值，示例如下：

```
import requests

#创建头部信息，根据自身环境获取
headers = {"User-Agent": "Mozilla/5.0 (Windows NT 10.0; Win64; x64) AppleWebKit/537.36 (KHTML, like Gecko) Chrome/86.0.4240.193 Safari/537.36"}
response = requests.get('http://www.baidu.com',headers=headers)
#遍历出所有的cookie字段的值
for cookie in response.cookies.keys():
        print(cookie + ':' + response.cookies.get(cookie))
```

打印结果如下：

```
H_PS_PSSID:33425_33402_33260_33344_31253_33392_33584_26350_22159
BDSVRTM:0
BD_HOME:1
```

如果想自定义cookie值发送出去，可以使用以下方式：

```
import requests
headers = {"User-Agent": "Mozilla/5.0 (Windows NT 10.0; Win64; x64)
AppleWebKit/537.36 (KHTML, like Gecko) Chrome/86.0.4240.193 Safari/537.36"}
#自定义cookies
cookies = dict(name='Tom',age='10')
response = requests.get('http://www.baidu.com',headers=headers,cookies=coo
kies)
print(response.text)
```

还有一种更高级，且能自动处理Cookie的方式，有时候我们不需要关心Cookie值是多少，只希望每次访问的时候，程序自动把Cookie值带上，像浏览器一样。Requests提供一个session的概念，在连续访问网页，处理登录跳转时特别方便，不需要关注具体细节。使用方法示例如下：

```
import requests
#测试地址，根据实际使用修改
loginUrl = 'http://www.xxxxxxx.com/login'
s = requests.Session()
#首先访问登录界面，作为游客，服务器会先分配一个cookie
r = s.get(loginUrl,allow_redirects=True)
datas={'name':'Tom','passwd':'123456'}
#向登录链接发送post请求，验证成功，游客权限转为会员权限
r = s.post(loginUrl,data=datas,allow_redirects=True)
print(t.text)
```

上述程序，如果没有第一步访问登录的页面，而是直接向登录链接发送post请求，系统会把你当作非法用户，因为访问登录页面时会分配一个Cookie，需要将这个Cookie在发送post请求时带上，这种使用Session处理Cookie的方式之后会很常用。

（4）重定向与历史信息。上个例子中使用到了allow_redirects字段，若设置为True，则是允许重定向，设置为False，则是禁止重定向。如果允许重定向，可以通过history字段查看历史信息，即访问成功之前的所有请求跳转信息。依旧请求百度首页，打印response.history，结果如下：

```
[<Response [302]>]
```

2. HTML/XML解析之BeautifulSoup

BeautifulSoup 是一个用于从HTML 和XML 文件中提取数据的Python 库。

BeautifulSoup 提供一些简单的函数用来处理导航、搜索、修改分析树等功能。BeautifulSoup模块中的查找提取功能非常强大，而且非常便捷，它通常可以节省程序员数小时或数天的工作时间。

BeautifulSoup自动将输入文档转换为Unicode编码，输出文档转换为utf-8编码。用户不需要考虑编码方式，除非文档没有指定一个编码方式，这时，BeautifulSoup就不能自动识别编码方式了。然后，用户仅仅需要说明一下原始编码方式就可以了。

（1）BeautifulSoup安装。目前推荐使用的是BeautifulSoup 4，不过它已经被移植到bs4 当中了，所以在使用BeautifulSoup 4之前需要先通过命令pip install bs4进行bs4库的安装，在导入时需要from bs4 ， 然后再导入BeautifulSoup。安装bs4时，beautifulsoup 4也会一并安装。本节所有的pip安装命令都可以指定清华大学镜像地址下载，即在命令后添加参数：

-ihttps://pypi.tuna.tsinghua.edu.cn/simple/

BeautifulSoup支持Python标准库中包含的HTML解析器，但它也支持许多第三方Python解析器，其中包含lxml解析器。用户可以使用pip install lxml命令安装lxml。

另一个解析器是html5lib，它是一个用于解析HTML的Python库，按照Web浏览器的方式解析HTML。用户可以使用pip install html5lib命令安装html5lib。

在表10-4中总结了每个解析器的优缺点。

表10.4　解析器的比较

解析器	用法	优点	缺点
Python标准库	BeautifulSoup(markup, ‘html.parser’)	Python标准库，执行速度适中	（在Python2.7.3或3.2.2之前的版本中）文档容错能力差
lxml的HTML解析器	BeautifulSoup(markup, ‘lxml’)	速度快，文档容错能力强	需要安装C语言库
lxml的XML解析器	BeautifulSoup(markup, ‘lxml-xml’) BeautifulSoup(markup, ‘xml’)	速度快，唯一支持XML的解析器	需要安装C语言库
html5lib	BeautifulSoup(markup, ‘html5lib’)	最好的容错性，以浏览器的方式解析文档，生成HTML5格式的文档	速度慢，不依赖外部扩展

（2）BeautifulSoup的使用。BeautifulSoup安装完成以后，下面将介绍如何通过BeautifulSoup库进行HTML的解析工作。首先导入bs4库，然后创建一个模拟HTML代码的字符串，创建BeautifulSoup对象，并指定解析器为lxml，最后通过打印的方式将解析的HTML代码显示在控制台当中，代码如下：

```
from bs4 import BeautifulSoup
#创建模拟HTML代码的字符串
html_doc = """
<html><head><title>The Dormouse's story</title></head>
```

```
<body>
<p class="title"><b>The Dormouse's story</b></p>
<p class="story">Once upon a time there were three little sisters and their names were
<a href=http://example.com/elsie class="sister" id="link1">Elsie</a>,
<a href=http://example.com/lacie class="sister" id="link2">Lacie</a> and
<a href=http://example.com/tillie class="sister" id="link3">Tillie</a>,
and they lived at the bottom of a well.</p>

<p class="story">…</p>
"""

#创建一个BeautifulSoup对象，获取页面正文
soup = BeautifulSoup(html_doc,features='lxml')
#打印解析的html代码
print(soup)
```

运行结果如下：

```
<html><head><title>The Dormouse's story</title></head>
<body>
<p class=""title""><b>The Dormouse's story</b></p>
<p class=""story"">Once upon a time there were three little sisters and their names were
<a class=""sister"" href="http://example.com/elsie" id=""link1"">Elsie</a>,
<a class=""sister"" href="http://example.com/lacie" id=""link2"">Lacie</a> and
<a class=""sister"" href="http://example.com/tillie" id=""link3"">Tillie</a>,
and they lived at the bottom of a well.</p>
<p class=""story"">…</p>
</body></html>
```

如果将html_doc字符串中的代码保存在index.html文件中，可以通过打开HTML文件的方式进行代码的解析，并且可以通过prettify()方法进行代码的格式化处理，代码如下：

```
#创建BeautifulSoup对象，打开需要解析的html文件
soup = BeautifulSoup(open('index.html'),features='lxml')
#打印格式化后的代码
print(soup.prettify())
```

部分运行结果如下：

```
<html>
<head>
<title>
 The Dormouse's story
</title>
</head>
<body>
<p class=""title"">
<b>
  The Dormouse's story
</b>
</p>
<p class=""story"">
…
```

3. JSON解析

JSON是一种轻量级的数据交换格式。Python3 中可以使用 json 模块来对 json数据进行编解码，它包含了两个函数：

json.loads(): 对数据进行解码，即输入json类型，输出python类型。

json.dumps(): 对数据进行编码，即输入python类型，输出json类型。

在json 的编解码过程中，Python 的原始类型与 json 类型会相互转换，具体的转化对照如表10-5、表10-6所示。

表10–5　Python 编码为 json 类型转换对应表

python	json
dict	object
list,tuple	array
str	string
int,float,int- & float-derived Enums	number
True	true
False	false
None	null

表10-6　JSON 解码为 Python 类型转换对应表

JSON	Pyhon
object	dict
array	list
string	str
number(int)	int
number(real)	float
true	True
false	false
null	None

以下实例演示了 Python 数据结构转换为JSON：

```
#导入json模块
import json
#Python 字典类型转换为 JSON 对象
data = {
    'no' : 1,
    'name' : 'Baidu',
    'url' : 'http://www.baidu.com'
}
json_str = json.dumps(data)
print ("Python 原始数据：", repr(data))
print ("JSON 对象：", json_str)
```

运行输出如下：

```
Python 原始数据：{'url': 'http://www.baidu.com', 'no': 1, 'name': 'Baidu'}
JSON 对象：{"url": "http://www.baidu.com", "no": 1, "name": "Baidu"}
```

接着以上实例，我们可以将一个JSON编码的字符串转换回一个Python数据结构：

```
#导入json模块
import json
#Python 字典类型转换为 JSON 对象
data = {
    'no' : 1,
    'name' : 'Baidu',
```

```
    'url' : 'http://www.baidu.com'
}
json_str = json.dumps(data)
# print ("Python 原始数据：", repr(data))
# print ("JSON 对象：", json_str)
# 将 JSON 对象转换为 Python 字典
data2 = json.loads(json_str)
print ("data2['name']: ", data2['name'])
print ("data2['url']: ", data2['url'])
```

运行输出如下：

```
data2['name']:  Baidu
data2['url']:  http://www.baidu.com
```

如果你要处理的是文件而不是字符串，你可以使用 json.dump() 和 json.load() 来编码和解码JSON数据。例如：

```
# 写入 JSON 数据
with open('data.json', 'w') as f:
    json.dump(data, f)
# 读取数据
with open('data.json', 'r') as f:
    data = json.load(f)
```

10.4　爬虫框架简介

爬虫框架就是一些爬虫项目的半成品，可以将一些爬虫常用的功能写好，然后留下一些接口，在不同的爬虫项目当中调用适合自己项目的接口，再编写少量的代码实现自己需要的功能。因为框架中已经实现了爬虫常用的功能，所以为开发人员节省了很多精力与时间。

10.4.1　Scrapy框架

Scrapy框架是一套比较成熟的Python爬虫框架，简单轻巧，并且非常方便。可以高效率地爬取Web页面并从页面中提取结构化的数据。Scrapy是一套开源的框架，所以在使用时不需要担心收取费用的问题。Scrapy的官网地址为https://scrapy.org，官网页面如图10–10所示。

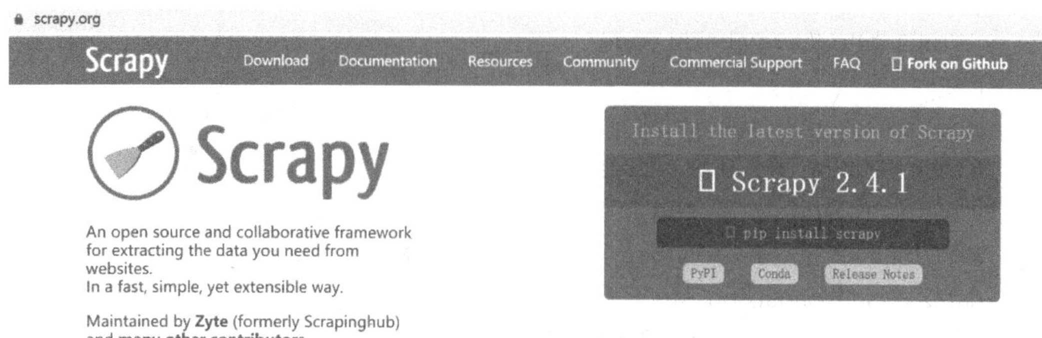

图10-10　Scrapy官网页面

Scrapy开源框架对开发者提供了非常贴心的开发文档，点击Documentation标签，文档中详细地介绍了开源框架的安装以及Scrapy的使用教程。

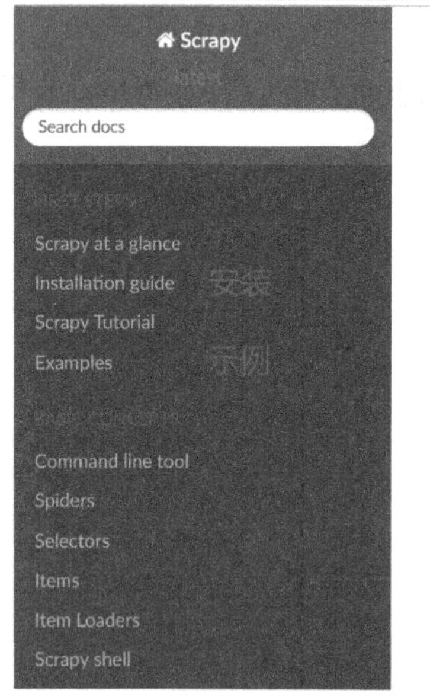

图10-11　官方文档页面

10.4.2　Pyspider框架

相对于Scrapy框架而言，Pyspider框架是一支新秀。采用Python语言编写，分布式架构，支持多种数据库后端，强大的WebUI支持脚本编辑器、任务监视器、项目管理器以及结果查看器。Scrapy的具体特性如下：

- Python脚本控制，可以用任何您喜欢的HTML解析包（内置pyquery）。
- 使用Web界面编写调试脚本、起停脚本，监控执行状态，查看活动历史，获取结果产出。
- 支持MySQL 、MongoDB 、Redis 、SQLite 、Elasticsearch 、PostgreSQL 与

SQLAlchemy。

- 支持RabbitMQ、Beanstalk、Redis和Kombu作为消息队列。
- 支持抓取JavaScript的页面。
- 强大的调度控制，支持超时重爬及优先级设置。
- 组件可替换，支持单机 / 分布式部署，支持Docker部署。

pyspider源码地址为https://github.com/binux/pyspider/releases。开发文档地址为http://docs.pyspider.org/。

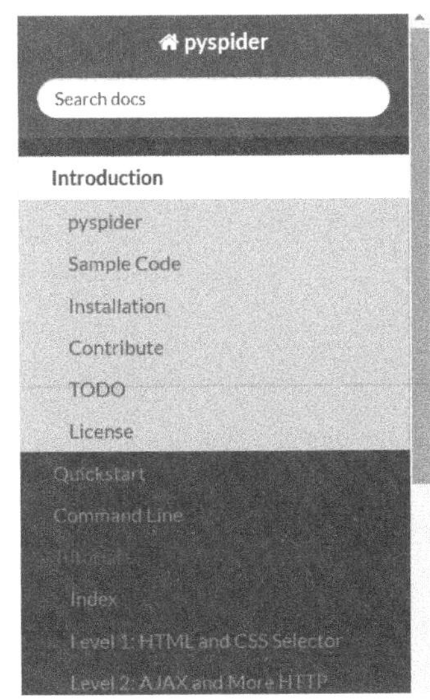

图10–12　pyspider官方文档

案例7　网络爬虫实践

【案例名称】网络爬虫实践

百度贴吧根据搜索引擎关键字，聚集了网络上各细分类别人群，是全球最大的中文交流平台之一。对于研究各种社会舆论、热点事件、思想主题等具有很好的参考作用。使用网络爬虫可以自动获取百度贴吧中网民的发帖和回帖内容。

【案例目的】

（1）理解网络爬虫的开发流程；
（2）掌握Python 发送HTTP 请求的方法；
（3）掌握Python 解析HTTP 响应的方法。

【案例思路】

（1）使用Python requests 库对百度贴吧网址发送请求并获取响应。

（2）使用Python bs4 库对百度贴吧返回的响应内容（html）进行解析并获取网民的言论文本。

【案例环境】

Ubuntu 16.04。

Pycharm V2018.2。

Python 3.6。

requests。

bs4。

【案例步骤】

➤ 步骤一　在IDE 中创建项目MyWebCrawler

1. 新建项目

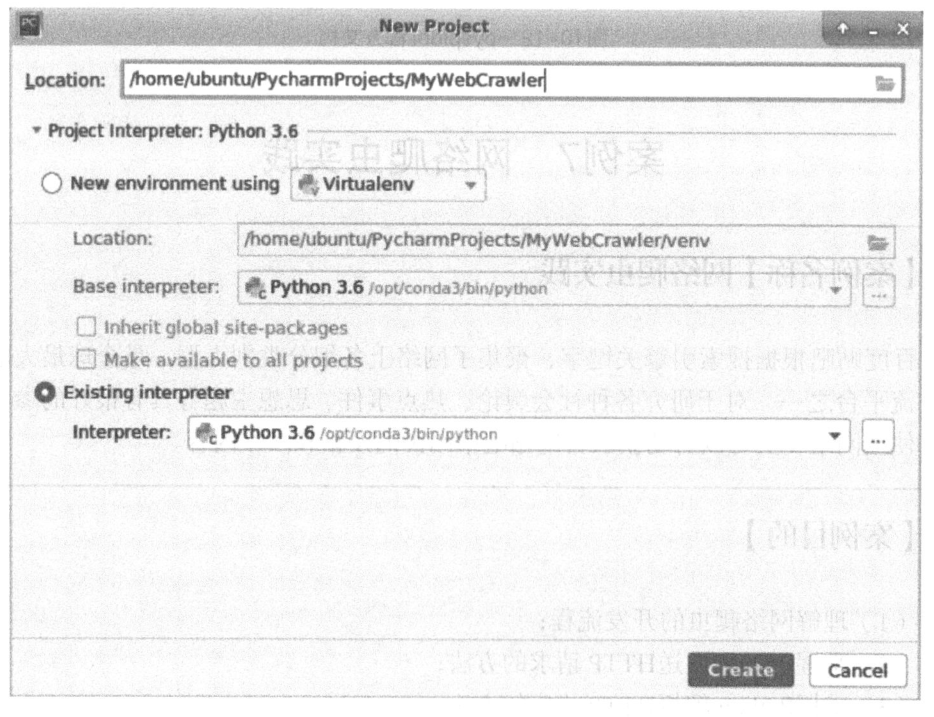

2. 新建Python模块

右键刚才创建的项目MyWebCrawler，选择New Python file添加Python模块tieba_crawler。

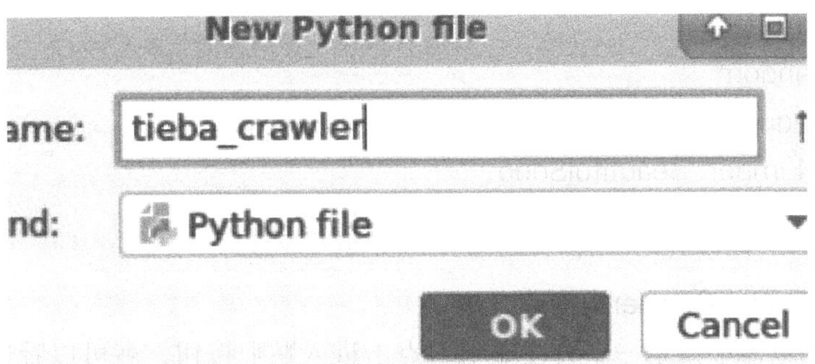

3. 为项目安装所需库

本实验使用BeautifulSoup进行html解析，因此需先行安装bs4库。

在Terminal中使用如下命令进行bs4库安装：

```
pip install bs4
```

```
Terminal
ubuntu@27ec103184a9:~/PycharmProjects/MyWebCrawler$ pip install bs4
Looking in indexes: http://10.90.3.2/lms_packages/python_packages/simple, https://mirrors.aliyun.com/pypi/simple/
Collecting bs4
  Downloading https://mirrors.aliyun.com/pypi/packages/10/ed/7e8b97591f6f456174139ec089c769f89a94a1a4025fe967691de971f314/bs4-0.0.1
gz (1.1 kB)
Collecting beautifulsoup4
  Downloading https://mirrors.aliyun.com/pypi/packages/d1/41/e6495bd7d3781cee623ce23ea6ac73282a373088fcd0ddc809a047b18eae/beautiful
-4.9.3-py3-none-any.whl (115 kB)
     |████████████████████████████████| 115 kB 3.1 MB/s
Collecting soupsieve>1.2; python_version >= "3.0"
  Downloading https://mirrors.aliyun.com/pypi/packages/41/e7/3617a4b988ed7744743fb0dbba5aa0a6e3f95a9557b43f8c4740d296b48a/soupsieve
py3-none-any.whl (33 kB)
Building wheels for collected packages: bs4
  Building wheel for bs4 (setup.py) ... done
  Created wheel for bs4: filename=bs4-0.0.1-py3-none-any.whl size=1278 sha256=4b7262c3f11693fef0c818c6aa5d0d88e445db37a9b4f5c7685d9
703665
  Stored in directory: /home/ubuntu/.cache/pip/wheels/97/77/59/7ea5aeee3ff555eea69128f605eef9a32dd36befef707e0f95
Successfully built bs4
Installing collected packages: soupsieve, beautifulsoup4, bs4
Successfully installed beautifulsoup4-4.9.3 bs4-0.0.1 soupsieve-2.2
```

➢ 步骤二　完成贴吧爬虫程序编码

在新建的tieba_crawler.py文件中完成代码的实现。

1. 导入所需库

本实验使用以下python模块。

```
- os: 创建文件下载目录、判断文件是否存在等
- time + random：实现随机间隔时间抓取网页，避免被网页反爬机制限制
```

- requests：实现HTTP通信，发送HTTP请求和获取网页响应内容
- bs4：实现网页响应HTML元素解析和文本提取

```
import os
import time
import random
import requests
from bs4 import BeautifulSoup
```

2. 创建TieBa_Crawler类构造方法

在网页浏览器中搜索一个百度贴吧，点击进入贴吧按钮，就可以看到贴吧页面，并且我们可以看到此时浏览器的地址栏中显示了该贴吧URL地址，如图所示：

该URL地址由以下主要部分组成：

- https://tieba.baidu.com/f：贴吧网站主页地址。
- ?ie=utf-8&kw=重庆科技学院&fr=search：当前贴吧网页的请求参数。其中，进入当前搜索的贴吧的关键参数为：kw=%贴吧名称%。

我们也可以通过Chrome浏览器的开发者工具（F12）查看详细的请求信息。

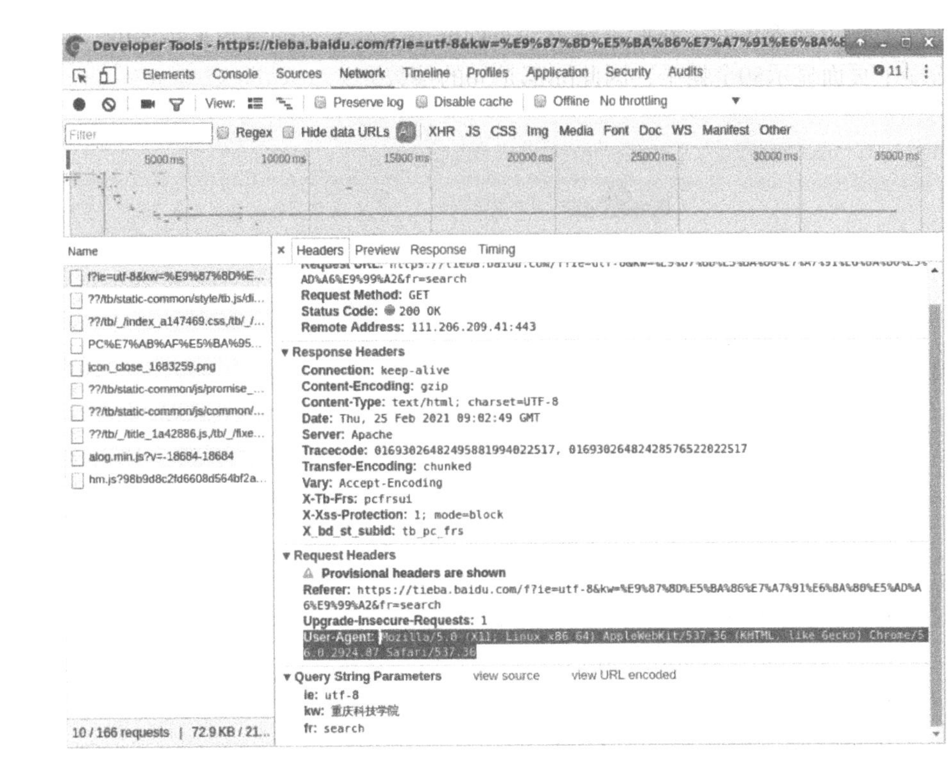

通过以上对贴吧首页的分析，我们构造如下的TieBa_Crawler类：

```
class TieBa_Crawler(object):
    '''贴吧爬虫类'''
    # 贴吧网站地址
    base_url = "https://tieba.baidu.com"
    def __init__(self,name):
        # 初始化贴吧名称
        self.name = name
        # 初始化贴吧地址
        self.url = f'{TieBa_Crawler.base_url}/f?kw={self.name}'
        # 初始化爬取页面数量
        self.pages = 1
        # 初始化浏览器类型
        self.headers = {"User-Agent": "Mozilla/5.0 (X11; Linux x86_64) AppleWebKit/537.36 (KHTML, like Gecko) Chrome/56.0.2924.87 Safari/537.36"}
```

3. 编写获取贴吧帖子列表页面的方法

一个贴吧中有很多的帖子，一个页面显示不完全，需要通过翻页来浏览更多。通过浏览贴吧帖子列表页面，我们发现不同页面的请求是通过pn参数来传递的。百度贴吧中每一个页面显示50个帖子，因此pn都是50的倍数。

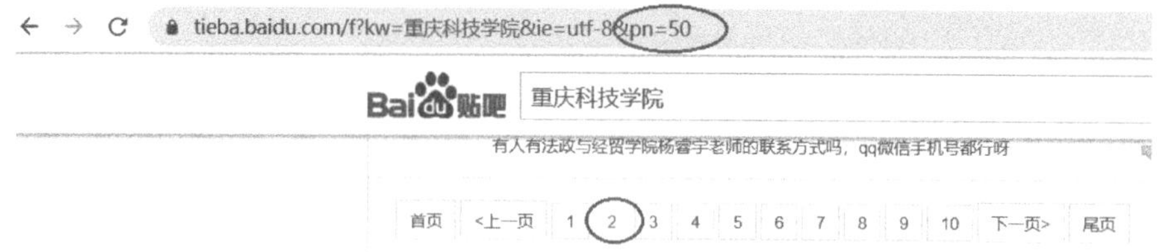

因此，我们编写获取贴吧列表页面的方法如下：

```
def get_forum_page(self,page_num=1):
    '''获取贴吧帖子列表页面'''
    # pn参数：（页码-1）*50，默认情况pn=0获取首页
    pn = (page_num-1)*50
    # url: 形如 https://tieba.baidu.com/f?kw=重庆科技学院&pn=0
    url = self.url + f'&pn={pn}'
    # 发送GET请求获取服务器响应对象
    response = requests.get(url)
    # 返回响应文本
    return response.text
```

4. **编写解析贴吧列表页面的方法**

按F12打开Chrome开发者工具查看网页元素。

如图可知，每一个发帖的标题和链接位于XPATH：/html/body/div[2]/div/div[2]/div/div/div[1]/div/div/div/div[4]/ul/li[1]/div/div[2]/div[1]/div[1]/a

如：

```
<a rel="noreferrer" href="/p/7234478535" title="租房咨询" target="_blank" class="j_th_tit ">租房咨询</a>
```

该结构使用XPATH表示比较复杂，而使用BeautifulSoup可以更简便地找到该标签元素。

编写代码如下：

```
    def get_post_list(self,html_content):
        '''解析贴吧页面，获取帖子链接和标题的列表'''
        # 使用BeautifulSoup的对贴吧页面的html文本进行解析，获得soup对象
        soup = BeautifulSoup(html_content,"html.parser")
        # 初始化帖子列表
        post_list = []
        # 在soup对象中查找class="j_th_tit "的元素
        for post in soup.find_all('a', class_="j_th_tit"):
            # 获取帖子链接
            post_href = post.attrs.get('href')
            # 获取帖子标题
            post_title = post.attrs.get('title')
            # 将帖子链接和标题存放在帖子列表中
            post_list.append((post_href,post_title))
        # 返回帖子列表
        return post_list
```

5. 编写获取帖子内容页面的方法

在前一步中，我们编写了getpostlist方法，该方法返回一个列表，从中我们可以得到当前贴吧页面中所有的帖子的链接和标题。

我们需要进一步编写一个方法来通过帖子链接获取帖子页面的方法。

首先，打开浏览器对帖子页面进行分析，发现：

- 每个帖子有一个ID，这个ID会作为URL地址的一部分，如：https://tieba.baidu.com/p/%帖子ID%。

- 如果帖子回复可能超过一页，需要分页，页码请求通过参数pn发送，如：https://tieba.baidu.com/p/%帖子ID%?pn=2。而且在多页情况下，页面会出现页面跳转控件。

- 帖子内容页面支持“只看楼主”功能，此功能通过参数seelz开启或关闭，如：https://tieba.baidu.com/p/%帖子ID%?seelz=1。且经过比较，发现在不同的浏览器中，分页数量不同。

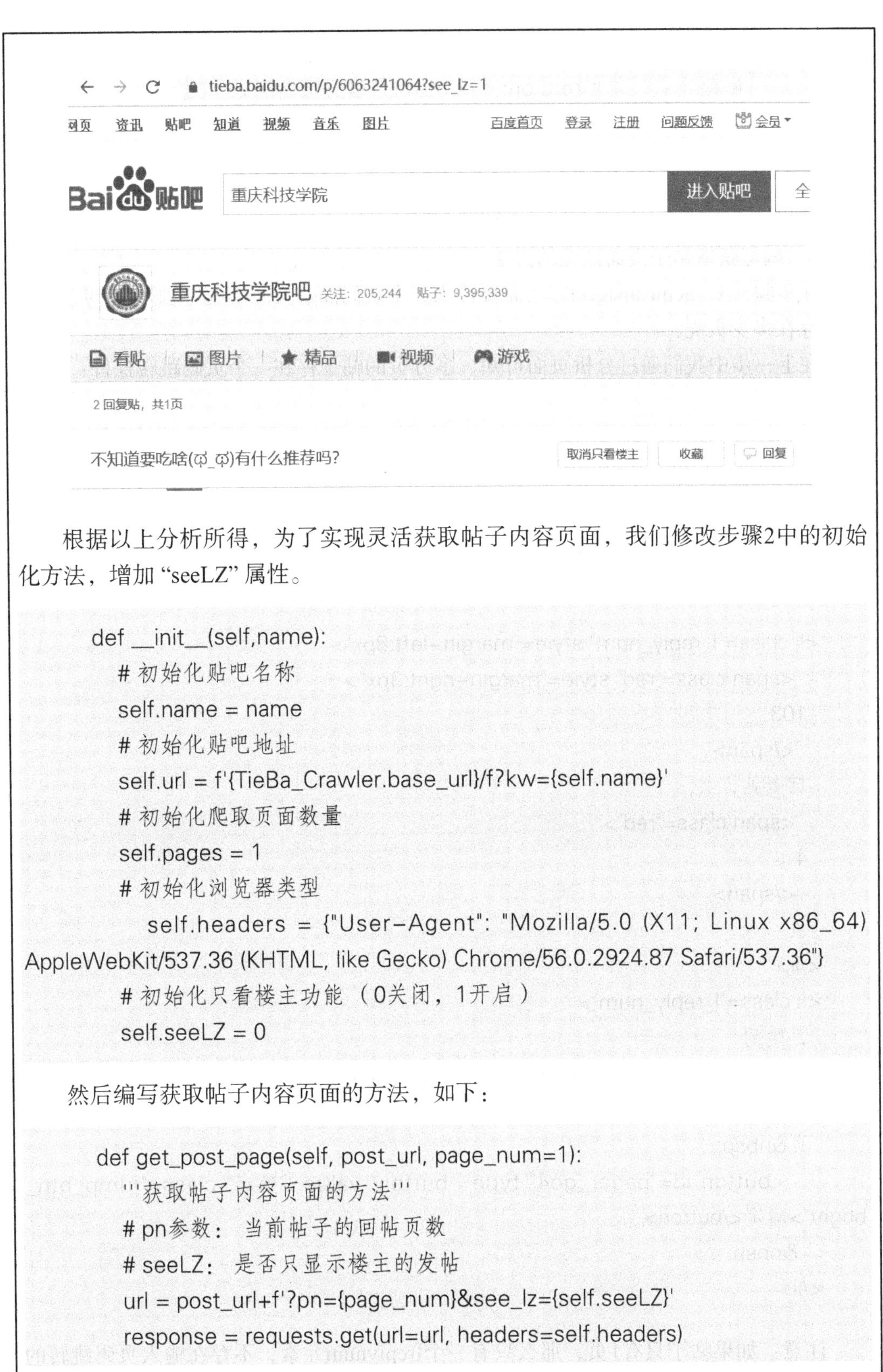

根据以上分析所得，为了实现灵活获取帖子内容页面，我们修改步骤2中的初始化方法，增加“seeLZ”属性。

```
def __init__(self,name):
    # 初始化贴吧名称
    self.name = name
    # 初始化贴吧地址
    self.url = f'{TieBa_Crawler.base_url}/f?kw={self.name}'
    # 初始化爬取页面数量
    self.pages = 1
    # 初始化浏览器类型
        self.headers = {"User-Agent": "Mozilla/5.0 (X11; Linux x86_64)
AppleWebKit/537.36 (KHTML, like Gecko) Chrome/56.0.2924.87 Safari/537.36"}
    # 初始化只看楼主功能 （0关闭，1开启）
    self.seeLZ = 0
```

然后编写获取帖子内容页面的方法，如下：

```
def get_post_page(self, post_url, page_num=1):
    '''获取帖子内容页面的方法'''
    # pn参数： 当前帖子的回帖页数
    # seeLZ： 是否只显示楼主的发帖
    url = post_url+f'?pn={page_num}&see_lz={self.seeLZ}'
    response = requests.get(url=url, headers=self.headers)
```

```
        # 此处我们使用response.content获取页面响应的二进制内容，注意与
response.text的区别
        return response.content
```

6. 编写获取帖子页面数量的方法

在步骤5中，getpostpage()方法需要传入一个页码page_num参数。那么如何获知该帖子存在多少页呢?

在上一步中我们通过分析页面可知，多分页的帖子存在一个页码跳转控件：

1 2 3 4 下一页 尾页 103 回复贴，共4页，跳到 [ ] 页 确定

根据其html元素，我们可以看到其包含一个max-page属性，我们可以使用该属性来获取帖子页面数量。

```
<li class="l_reply_num" style="margin-left:8px">
    <span class="red" style="margin-right:3px">
   103
    </span>
   回复帖，共
    <span class="red">
   4
    </span>
    页
</li>
<li class="l_reply_num">
   ，跳到
      <input theme="4" id="jumpPage4" max-page="4" type="text" class="jump_
input_bright">
   页 
      <button id="pager_go4" type="button" value="确定" class="jump_btn_
bright">确定</button>
      
</li>
```

注意：如果帖子只有1页，那么只有一个lreplynum元素，不存在输入页码跳转的

input和button元素。

因此，获取帖子页面数量的方法如下：

```
def get_post_page_num(self,html_content):
    '''获取帖子内容页面的数量'''
    # 默认帖子页面为1页
    post_page_num = 1
    # 使用BeautifulSoup解析帖子页面的html响应文本，得到soup对象
    soup = BeautifulSoup(html_content, "html.parser")
    # 查找所有的l_reply_num列表元素
    for l_reply_num in soup.find_all('li',class_="l_reply_num"):
        # 如果帖子有多页，那么存在一个输入页码的input控件
        if l_reply_num.find('input'):
            # 获取该input控件的max-page属性，即该贴存在页面的总数量
            post_page_num = l_reply_num.find('input').attrs.get('max-page')
    # 以数值类型返回这个数量
    return int(post_page_num)
```

7. **编写解析帖子内容页面的方法**

使用F12打开Chrome开发工具分析帖子内容页面，确定如何获取每一个楼层的回帖内容。

如上图所示，发帖和回帖的文本内容所在XPath路径为/html/body/div[5]/div/div/div[2]/div/div[4]/div[1]/div[3]/div[1]/div[3]/div[1]/cc/div[2]/text()，标签如下：

```
<div id="post_content_138012964022" class="d_post_content j_d_post_content  clearfix" style="display:;">            请问贵校周围有没有租房的呀，在附近实习。
</div>
```

因此，根据以上分析，编写解析帖子页面内容的方法：

```
    def get_post_text(self,html_content):
        '''解析帖子内容页面，将各楼层文本信息存放在列表中返回'''
        # 使用BeautifulSoup的对贴吧内容页面的html文本进行解析，获的soup对象
        soup = BeautifulSoup(html_content, "html.parser")
        # 初始化post_content列表，用于存放各楼层发帖本文
        post_content = []
        # 搜索所有的发帖楼层的html元素
        for d_post_content in soup.find_all('div', class_="d_post_content j_d_post_content clearfix"):
            # 获取楼层内的文本信息
            post_text = d_post_content.get_text().strip()
            # 将该楼层文本信息存放入内容列表
            post_content.append(post_text)
        # 返回包含该页面所有楼层内容的列表
        return post_content
```

8. 编写保存帖子内容到文件的方法

上一步，我们获取了页面各楼层内容的列表，接下来，我们可以将这些内容保存到文件中。

```
    def save_post_text(self,post_title, post_content):
        '''保存帖子内容到文件'''
        # 以贴吧名称作为文件存放的目录
        if not os.path.exists(self.name):
            os.mkdir(self.name)
        # 以帖子标题.txt作为文件名，保存到贴吧名目录下
        filepath = os.path.join(self.name,post_title+'.txt')
        # 打开帖子标题.txt文件，并写入各楼层内容
        with open(filepath,mode='a',encoding= 'utf-8') as f:
```

```
            for num,text in enumerate(post_content):
                f.write(f"{num}楼".center(50,'-'))
                f.write("\n")
                f.write(text)
                f.write("\n")
```

9. 编写爬虫运行函数

```
    def run(self, pages=1):
        '''爬虫运行函数'''
        # 设置抓取页面数量（每页50贴）
        self.pages = pages
        # 对于每一页循环
        for cur_forum_page in range(self.pages):
            # 首先获取贴吧列表页面的html文本
            forum_page_html = cqust_tieba.get_forum_page(cur_forum_page)
            # 从贴吧列表页面获取当前页所有帖子的相对链接和标题
            post_list = cqust_tieba.get_post_list(forum_page_html)
            # 对每一个帖子循环
            for post_url, post_title in post_list:
                # 使用贴吧基本地址和帖子相对链接组合成帖子链接
                post_url = TieBa_Crawler.base_url + post_url
                # 从第1页开始
                cur_page = 1
                # 获取帖子html文本
                    post_page_html = cqust_tieba.get_post_page(post_url, page_
num=cur_page).decode('utf-8')
                # 获取帖子各楼层文本列表
                post_text_list = cqust_tieba.get_post_text(post_page_html)
                # 获取帖子页面数量
                post_page_num = cqust_tieba.get_post_page_num(post_page_html)
                # 完成一次抓取后暂停随机1.x秒，避免频繁抓取触发反爬验证机制
                time.sleep(1+random.random())
                # 如果存在多页
                while cur_page < post_page_num:
                    # 抓取下一页
```

```
            cur_page += 1
            # 获取帖子html文本
            post_page = cqust_tieba.get_post_page(post_url, page_num=cur_
page).decode('utf-8')
            # 将后续页的各楼层文本追加到列表中
            post_text_list += cqust_tieba.get_post_text(post_page)
            # 完成一次抓取后暂停随机1.x秒，避免频繁抓取触发反爬验证机制
            time.sleep(1+random.random())
        # 将每一个帖子所有页面的楼层内容列表写入文件中
        cqust_tieba.save_post_text(post_title, post_text_list)
        # 控制台输出当前抓取完毕的帖子信息
        print(post_url, post_title, post_page_num)
        # 完成一次抓取后暂停随机3~5秒，避免频繁抓取触发反爬验证机制
        time.sleep(3 + 2 * random.random())
```

➢ 步骤三　运行代码，观察结果

1. 编写程序入口

```
if __name__ == '__main__':
    # 使用贴吧名称创建一个贴吧爬虫
    cqust_tieba = TieBa_Crawler('重庆科技学院')
    # 运行这个贴吧爬虫，run方法可传入页面抓取数量，默认为1页
    cqust_tieba.run()
```

运行结果如下图：

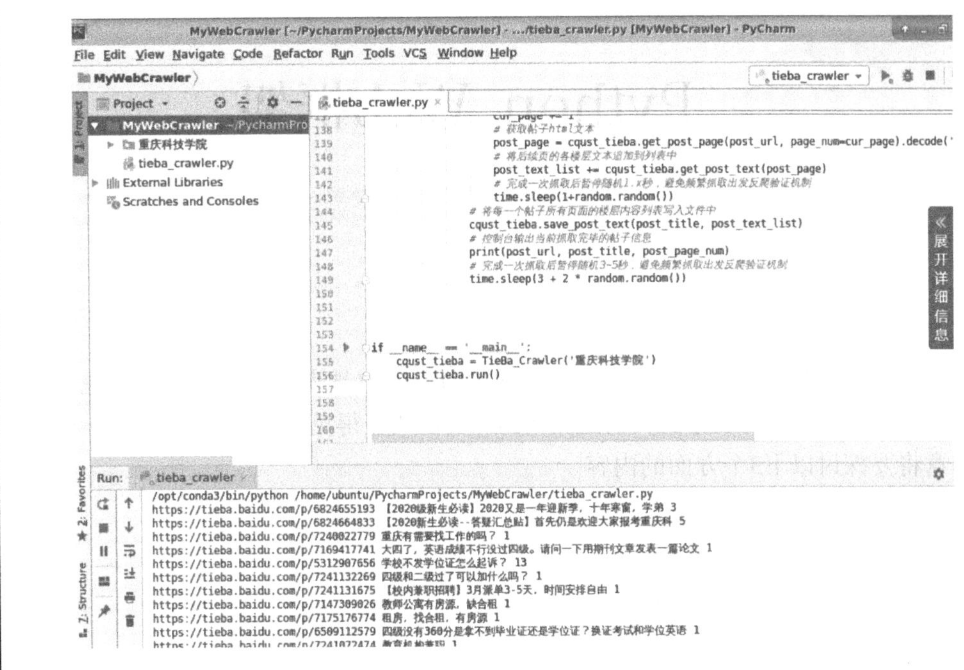

2. 查看抓取帖子内容文件，如下图：

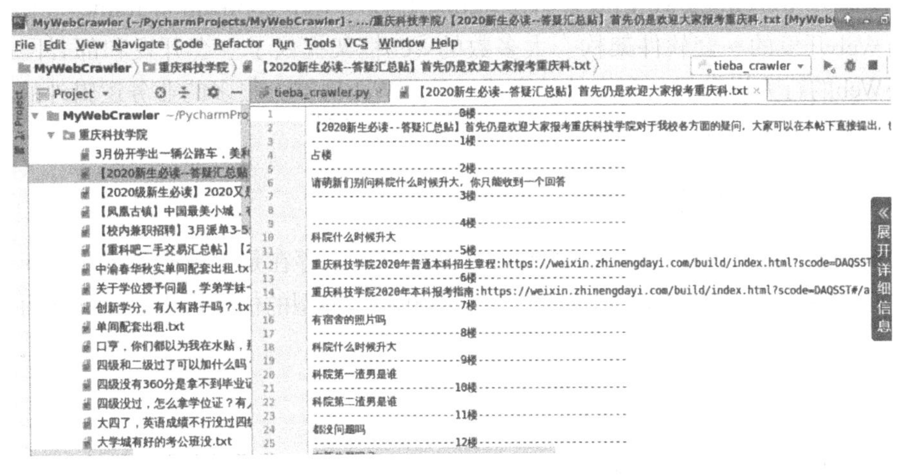

【案例总结】

（1）网页爬虫原理与过程；
（2）requests库的基本使用：
（3）BeautifulSoup的基本使用。

第11章 Python Web框架

随着Web最新发展趋势的不断升级，Web项目开发也越来越难，而且需要花费更多的开发时间。所以，Web程序员灵活运用Web开发框架显得更为重要。

本章将要探讨以下3个方面的内容。

（1）Web框架的基本概念。

（2）常见的Python Web框架。

（3）Flask框架的安装与使用。

11.1 Web框架简介

Web框架(Web framework)或者叫作Web应用框架(Web application framework)，是用于进行Web开发的一套软件架构。大多数的Web框架提供了一套开发和部署网站的方式。为Web的行为提供了一套支持的方法。使用Web框架，很多的业务逻辑外的功能不需要自己再去完善，而是使用框架已有的功能就可以。

11.1.1 MVC和Web框架

Web框架是用来简化Web开发的软件框架。框架的存在是为了避免用户重新发明轮子，并且在创建一个新的网站时帮助减少一些开销。典型的框架提供了以下常用功能：

（1）管理路由。

（2）访问数据库。

（3）管理会话和Cookies。

（4）创建模板来显示HTML。

（5）促进代码的重用。

事实上，框架根本就不是什么新的东西，它只是一些能够实现常用功能的Python文件。我们可以把框架看作是工具的集合，而不是特定的东西。框架的存在使得建立网站更快、更容易。框架还促进了代码的重用。

MVC（Model-View-Controller）模式最早由Trygve Reenskaug在1978年提出，在20世纪80年代是程序语言Smalltalk的一种内部架构。后来MVC被其他语言所借鉴，成为了软件工程中的一种软件架构模式。MVC把Web应用系统分为3个基本部分。

模型（Model）：用于封装与应用程序的业务逻辑相关的数据及对数据的处理方

法，是Web应用程序中用于处理应用程序的数据逻辑的部分，Model只提供功能性的接口，通过这些接口可以获取Model的所有功能。Model不依赖于View和Controller，它们可以在任何时候调用Model访问数据。有些Model还提供了事件通知机制，为在其上注册过的View或Controller提供实时的数据更新。

视图（View）：负责数据的显示和呈现，View是对用户的直接输出。MVC中的一个Model通常为多个View提供服务。为了获取Model的实时更新数据，View应该尽早地注册到Model中。

控制器（Controller）：负责从用户端收集用户的输入，可以看成提供View的反向功能。当用户的输入导致View发生变化时，这种变化必须是通过Model反映给View的。在MVC架构下，Controller一般不能与View直接通信，这样提高了业务数据的一致性，即以Model作为数据中心。

这3个基本部分互相分离，使得在改进和升级界面及用户交互流程时，不需要重写业务逻辑及数据访问代码。MVC架构如图11–1所示。

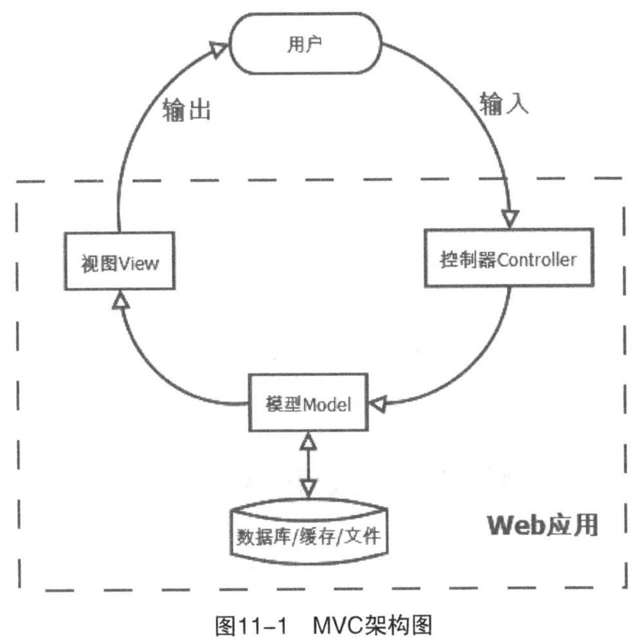

图11–1　MVC架构图

11.1.2　Python中常用的Web框架

WSGI（服务器网关接口）是Web服务器和Web应用程序或框架之间的一种简单而通用的接口。也就是说，只要遵循WSGI接口规则，就可以自主开发Web框架。所以，各种开源Web框架至少有上百个，关于Python框架优劣的讨论也仍在继续。下面介绍几种Python的主流Web框架。

1. Django

Django于2003年诞生于美国堪萨斯州，最初用来制作在线新闻Web站点，于2005年加入了BSD许可证家族，成为开源网络框架。Django根据比利时的爵士音乐家Django

Reinhardt命名，作者这样命名Django意味着Django能优雅地演奏（开发）功能丰富的乐曲（Web应用）。

Django是当前Python世界里最负盛名且最成熟的网络框架。最初用来制作在线新闻的Web站点，目前已发展为应用最广泛的Python网络框架。Django的各模块之间结合得比较紧密，所以在功能强大的同时又是一个相对封闭的系统，但是其健全的在线文档及开发社区，使开发者在遇到问题时能找到解决方法。

2. Flask

Flask是Python Web框架族里比较年轻的一个，于2010年出现，这使得它吸收了其他框架的优点，并且把自己的主要领域定义在了微小项目上。同时，它是可扩展的，Flask让开发者自己选择用什么数据库插件存储他们的数据。Flask是一个面向简单需求和小型应用的微框架。

3. Bottle

这个框架相对来说比较新。Bottle才是名副其实的微框架——它只 有大约4500行代码。它除了Python标准库以外，没有任何其他的依赖， 甚至还有自己独特的一点儿模板语言。Bottle的文档很详细并且抓住了事物的实质。它很像Flask，也使用了装饰器来定义路径。

4. Tornado

Tornado是使用Python编写的一个强大的可扩展的Web服务器。它在处理高网络流量时表现得足够强健，却在创建和编写时有着足够的轻量级，并能够被用在大量的应用和工具中。Tornado作为FriendFeed网站的基础框架，于2009年9月10日发布，目前已经获得了很多社区的支持，并且在一系列不同的场合中得到应用。除FriendFeed和Facebook外，还有很多公司在生产上转向Tornado，包括Quora、Turntable.fm、Bit.ly、Hipmunk及MyYearbook等。

11.2 Flask框架的基本使用

Flask依赖两个外部库：Werkzeug和Jinja2。Werkzeug是一个WSGI（在Web应用和多种服务器之间的标准Python接口）工具集。Jinja2负责渲染模板。所以，在安装Flask之前，需要安装这两个外部库，而最简单的方式就是使用Virtualenv创建虚拟环境。

11.2.1 Flask安装

1. 安装虚拟环境

安装Flask最便捷的方式是使用虚拟环境。Virtualenv为每个不同项目提供 一份Python安装。可以使用如下命令进行安装：

```
# 安装virtualenv
D:\python>pip install virtualenv
# 通过virtualenv创建虚拟环境flask_env,虚拟环境名字可自定义
```

```
D:\python>virtualenv flask_env
# 激活虚拟环境flask_env
D:\python>flask_env\Scripts\activate
```

激活后的效果如图11-2所示。

```
D:\python>flask_env\Scripts\activate

(flask_env) D:\python>
```

图11-2 激活虚拟环境后的效果

2. 安装Flask

大多数Python包都使用pip实用工具安装，使用Virtualenv创建虚拟环境时 会自动安装pip。激活虚拟环境后，pip所在的路径会被添加进PATH。使用如下命令安装Flask：

```
(flask_env) D:\python>pip install flask
```

```
(flask_env) D:\python>
(flask_env) D:\python>pip install flask
Looking in indexes: http://mirrors.aliyun.com/pypi/simple/
Collecting flask
  Downloading http://mirrors.aliyun.com/pypi/packages/f2/28/2a03252dfb9ebf377f40fba6a7841
b47083260bf8bd8e737b0c6952df83f/Flask-1.1.2-py2.py3-none-any.whl (94 kB)
     |████████████████████████████████| 94 kB 63 kB/s
Collecting click>=5.1
  Downloading http://mirrors.aliyun.com/pypi/packages/d2/3d/fa76db83bf75c4f8d338c2fd15c8d
33fdd7ad23a9b5e57eb6c5de26b430e/click-7.1.2-py2.py3-none-any.whl (82 kB)
     |████████████████████████████████| 82 kB 79 kB/s
Collecting itsdangerous>=0.24
  Downloading http://mirrors.aliyun.com/pypi/packages/76/ae/44b03b253d6fade317f32c24d100b
3b35c2239807046a4c953c7b89fa49e/itsdangerous-1.1.0-py2.py3-none-any.whl (16 kB)
Collecting Werkzeug>=0.15
  Downloading http://mirrors.aliyun.com/pypi/packages/cc/94/5f7079a0e00bd6863ef8f1da63872
1e9da21e5bacee597595b318f71d62e/Werkzeug-1.0.1-py2.py3-none-any.whl (298 kB)
     |████████████████████████████████| 298 kB 61 kB/s
```

图11-3 安装Flask

运行效果如图11-3所示。安装完成以后，可以通过如下命令查看所有安装包：

```
(flask_env) D:\python>pip list --format columns
```

从图11-4中可以看到，已经成功安装了Flask，并且也安装Flask的两个外部依赖库：Werkzeug和Jinja2。

```
(flask_env) D:\python>
(flask_env) D:\python>pip list --format columns
Package      Version
------------ -------
click        7.1.2
Flask        1.1.2
itsdangerous 1.1.0
Jinja2       2.11.3
MarkupSafe   1.1.1
pip          21.0.1
setuptools   52.0.0
Werkzeug     1.0.1
wheel        0.36.2

(flask_env) D:\python>
```

图11-4 查看所有安装包

11.2.2 初始化Flask应用程序

一个最小的 Flask 应用如下：

```
from flask import Flask
app = Flask(__name__)
@app.route('/')
def hello_world():
    return 'Hello World!'
if __name__ == '__main__':
app.run()
```

把它保存为 hello.py 或其他类似名称。请不要使用 flask.py 作为应用名称，这会与 Flask 本身发生冲突。

可以通过如下命令运行这个应用，如图11-5所示：

```
(flask_env) D:\python>python hello.py
```

```
(flask_env) D:\python>
(flask_env) D:\python>python hello.py
 * Serving Flask app "hello" (lazy loading)
 * Environment: production
   WARNING: This is a development server. Do not use it in a production deployment.
   Use a production WSGI server instead.
 * Debug mode: off
 * Running on http://127.0.0.1:5000/ (Press CTRL+C to quit)
```

图11-5 启动Flask应用

现在访问 http://127.0.0.1:5000/ ，你会看见 Hello World 问候，如图11-6所示。

```
127.0.0.1:5000

Hello, World!
```

图11-6　访问Flask应用

这段代码做了什么？首先，我们导入了 Flask 类。这个类的实例将会是我们的 WSGI 应用程序。

接下来，我们创建一个该类的实例，第一个参数是应用模块或者包的名称。如果你使用单一的模块（如本例），你应该使用 __name__ ，因为模块的名称将会因其作为单独应用启动还是作为模块导入而有不同（也即是 '__main__' 或实际的导入名）。这是必须的，这样 Flask 才知道到哪去找模板、静态文件等。

然后，我们使用 route() 装饰器告诉 Flask 什么样的URL 能触发我们的函数。

这个函数的名字也在生成 URL 时被特定的函数采用，这个函数返回我们想要显示在用户浏览器中的信息。

最后我们用 run() 函数来让应用运行在本地服务器上。其中 if __name__ == '__main__' : 确保服务器只会在该脚本被 Python 解释器直接执行的时候才会运行，而不是作为模块导入的时候。欲关闭服务器，按 Ctrl+C。

虽然run()方法适用于启动本地的开发服务器，但是你每次修改代码后都要手动重启它。这样并不够优雅，而且 Flask 可以做到更好。如果你启用了调试支持，服务器会在代码修改后自动重新载入，并在发生错误时提供一个相当有用的调试器。

有两种途径来启用调试模式。一种是直接在应用对象上设置：

```
app.debug = True
app.run()
```

另一种是作为 run 方法的一个参数传入：

```
app.run(debug=True)
```

两种方法的效果完全相同。

11.2.3　路由与视图

现代 Web 应用的 URL 十分优雅，易于人们辨识记忆，这一点对于那些面向使用低速网络连接移动设备访问的应用特别有用。如果可以不访问索引页，而是直接访问想要的那个页面，他们多半会笑逐颜开而再度光顾。

如上所见， route() 装饰器把一个函数绑定到对应的 URL 上。

这里是一些基本的例子：

```
@app.route('/')
def index():
    return 'Index Page'
@app.route('/hello')
def hello():
    return 'Hello World'
```

但是，不仅如此！你可以构造含有动态部分的 URL，也可以在一个函数上附着多个规则。

要给 URL 添加变量部分，你可以把这些特殊的字段标记为 <variable_name>， 这个部分将会作为命名参数传递到你的函数。规则可以用 <converter:variable_name> 指定一个可选的转换器。这里有一些不错的例子：

```
@app.route('/user/<username>')
def show_user_profile(username):
    # show the user profile for that user
    return 'User %s' % username
@app.route('/post/<int:post_id>')
def show_post(post_id):
    # show the post with the given id, the id is an integer
    return 'Post %d' % post_id
```

转换器类型如图11-7所示：

string	（缺省值）接受任何不包含斜杠的文本
int	接受正整数
float	接受正浮点数
path	类似 string，但可以包含斜杠
uuid	接受 UUID 字符串

图11-7　转换器类型

Flask 的 URL 规则基于 Werkzeug 的路由模块。这个模块背后的思想是基于 Apache 以及更早的 HTTP 服务器主张的先例，保证优雅且唯一的 URL。

以这两个规则为例：

```
@app.route('/projects/')
def projects():
    return 'The project page'
@app.route('/about')
```

```
def about():
    return 'The about page'
```

虽然它们看起来着实相似，但它们结尾斜线的使用在URL定义中不同。 第一种情况中，指向projects的规范 URL 尾端有一个斜线。这种感觉很像在文件系统中的文件夹。访问一个结尾不带斜线的 URL 会被 Flask 重定向到带斜线的规范 URL 去。

然而，第二种情况的 URL 结尾不带斜线，类似 UNIX-like 系统下的文件的路径名。访问结尾带斜线的 URL 会产生一个 404 "Not Found" 错误。

这个行为使得在遗忘尾斜线时，允许关联的 URL 接任工作，与 Apache 和其他的服务器的行为并无二异。此外，也保证了 URL 的唯一，有助于避免搜索引擎索引同一个页面两次。

如果 Flask 能匹配 URL，那么 Flask 可以生成它们吗？当然可以。你可以用 url_for()来给指定的函数构造 URL。它接受函数名作为第一个参数，也接受对应 URL 规则的变量部分的命名参数。未知变量部分会添加到 URL 末尾作为查询参数。这里有一些例子：

```
from flask import Flask, url_for
app = Flask(__name__)
@app.route('/')
def index():
 return 'index'
@app.route('/login')
def login():
 return 'login'
@app.route('/user/<username>')
def profile(username):
return '{}\'s profile'.format(escape(username))
with app.test_request_context():
print(url_for('index'))
print(url_for('login'))
print(url_for('login', next='/'))
print(url_for('profile', username='John Doe'))
```

为什么你要构建 URL 而非在模板中硬编码？这里有三个绝妙的理由：

反向构建通常比硬编码的描述性更好。更重要的是，它允许你一次性修改 URL，而不用四处边找边改。

URL 构建会转义特殊字符和 Unicode 数据，免去你很多麻烦。

如果你的应用不位于 URL 的根路径（比如，在/myapplication下，而不是/），url_

for()会妥善处理这个问题。

HTTP（与 Web 应用会话的协议）有许多不同的访问 URL 方法。在默认情况下，路由只回应 GET 请求，但是通过route()装饰器传递methods参数可以改变这个行为。这里有一些例子：

```
@app.route('/login', methods=['GET', 'POST'])
def login():
    if request.method == 'POST':
do_the_login()
    else:
show_the_login_form()
```

如果存在GET，那么也会替你自动地添加HEAD，无需干预。它会确保遵照HTTP RFC（描述 HTTP 协议的文档）处理HEAD请求，所以你可以完全忽略这部分的 HTTP 规范。同样，自从 Flask 0.6 起，也实现了OPTIONS的自动处理。

动态 web 应用也会需要静态文件，通常是 CSS 和 JavaScript 文件。理想状况下，你已经配置好 Web 服务器来提供静态文件，但是在开发中，Flask 也可以做到。只要在你的包中或是模块的所在目录中创建一个名为static的文件夹，在应用中使用/static即可访问。

给静态文件生成 URL，使用特殊的“static”端点名：

```
url_for('static', filename='style.css')
```

这个文件应该存储在文件系统上的static/style.css 。

11.2.3 模板的基本使用

用 Python 生成 HTML 十分无趣，而且相当繁琐，因为你必须手动对 HTML 做转义来保证应用的安全。为此，Flask 配备了Jinja2模板引擎。

你可以使用render_template()方法来渲染模板。你需要做的一切就是将模板名和你想作为关键字的参数传入模板的变量。这里有一个展示如何渲染模板的简例：

```
from flask import render_template
@app.route('/hello/')
@app.route('/hello/<name>')
def hello(name=None):
    return render_template('hello.html', name=name)
```

Flask 会在templates文件夹里寻找模板。所以，如果你的应用是个模块，这个文件夹应该与模块同级；如果它是一个包，那么这个文件夹作为包的子目录：

情况 1：模块。

```
/application.py
/templates
   /hello.html
```

情况 2：包。

```
/application
   /__init__.py
   /templates
      /hello.html
```

Jinja模板只是一个文本文件。Jinja可以生成任何基于文本的格式（HTML，XML，CSV，LaTeX等）。一个神社模板并不需要有一个特定扩展名“.html”“.xml”或任何其他扩展名是刚刚好。模板包含变量和/或表达式，在渲染模板时将其替换为值；和标签，它们控制模板的逻辑。模板语法在很大程度上受到Django和Python的启发。

让我们完成第一个模板(templates/index.html):

```
<html>
<head>
<title>{{title}} – microblog</title>
</head>
<body>
<h1>Hello, {{user.nickname}}!</h1>
</body>
</html>
```

如你所见，我们只是写了一个普通的HTML页面，唯一跟HTML有区别的就是里面掺杂了一些以 {{ ... }} 组成的动态内容占位符。

现在让我们来看看视图函数中是如何处理这个模板的(views.py):

```
from flask import render_template
from app import app
@app.route('/')
@app.route('/index')
def index():
   user = { 'nickname': 'Miguel' } # fake user
   return render_template("index.html",
```

```
        title = 'Home',
        user = user)
```

在上面的程序中，我们从 Flask 框架 import 了一个叫 render_template 的新函数，并用这个函数来渲染模板。并给这个函数赋予了模板文件名和一些变量作为参数。它将导入的变量替换掉模板中的变量占位符，并返回渲染后的模板。

在 Flask 底层，render_template 函数实际上是调用了 Flask 的一个组件：Jinja 2模板处理引擎。是 Jinjia 2 用导入的变量替换掉了模板中对应的 {{ ... }} 代码块。

Jinja 2 模板系统支持流程控制语句，我们来尝试一下在模板中添加一个 if 流程控制语句 (templates/index.html):

```
<html>
<head>
  {% if title %}
<title>{{title}} – microblog</title>
  {% else %}
<title>Welcome to microblog</title>
  {% endif %}
</head>
<body>
<h1>Hello, {{user.nickname}}!</h1>
</body>
</html>
```

如果我们在视图函数中忘了定义页面标题变量 title，它将会使用自己的标题替代。

也许用户想在他的主页上展示好友最近写的文章，有点像人人，或者新浪微博那样的好友动态，接下来我们就要看看如何来完成这个功能。

首先，创建用户和文章 (views.py):

```
def index():
    user = { 'nickname': 'Miguel' } # fake user
    posts = [ # fake array of posts
        {
            'author': { 'nickname': 'John' },
            'body': 'Beautiful day in Portland!'
        },
        {
            'author': { 'nickname': 'Susan' },
```

```
        'body': 'The Avengers movie was so cool!'
    }
]
return render_template("index.html",
    title = 'Home',
    user = user,
    posts = posts)
```

用数组存储用户的文章，每一个数组元素都是一个字典，如上代码所示，这个字典的key是author和body，用来存储文章的作者和文章内容。

我们的模板文件现在有了一个新问题。我们刚刚创建了一个包含用户文章的内容数据，这个数组可能包含任意数量的文章。怎样才能让模板根据这个数组的数量自动渲染内容。

要解决这个问题，就需要一个新的流程控制语句：for循环。让我们来把 for循环添加到模板文件(templates/index.html):

```
<html>
<head>
  {% if title %}
<title>{{title}} – microblog</title>
  {% else %}
<title>microblog</title>
  {% endif %}
</head>
<body>
<h1>Hi, {{user.nickname}}!</h1>
  {% for post in posts %}
<p>{{post.author.nickname}} says: <b>{{post.body}}</b></p>
  {% endfor %}
</body>
</html>
```

案例8　基于Flask的Web应用开发

【案例名称】基于Flask的Web应用开发

Web应用开发就是指开发Web应用程序，Web应用程序是一种可以通过Web访问的应用程序，其最大好处是用户很容易访问应用程序，用户只需要有浏览器即可，不需要再安装其他软件，而基于Flask开Web应用是较为常见的一种开发模式，有必要掌握熟悉。

【案例目的】

（1）掌握Flask环境的安装；
（2）掌握Flask模板的使用；
（3）理解Flask路由与视图；
（4）理解Flask静态资源使用。

【案例思路】

Flask是一个轻量级的可定制框架，使用Python语言编写，较其他同类型框架更为灵活、轻便、安全且容易上手。它可以很好地结合MVC模式进行开发，开发人员分工合作，小型团队在短时间内就可以完成功能丰富的中小型网站或Web服务的实现。另外，Flask还有很强的定制性，用户可以根据自己的需求来添加相应的功能，在保持核心功能简单的同时实现功能的丰富与扩展，其强大的插件库可以让用户实现个性化的网站定制，开发出功能强大的网站。

Flask的基本模式为在程序里将一个视图函数分配给一个URL，每当用户访问这个URL时，系统就会执行给该URL分配好的视图函数，获取函数的返回值并将其显示到浏览器上，其工作过程见下图。

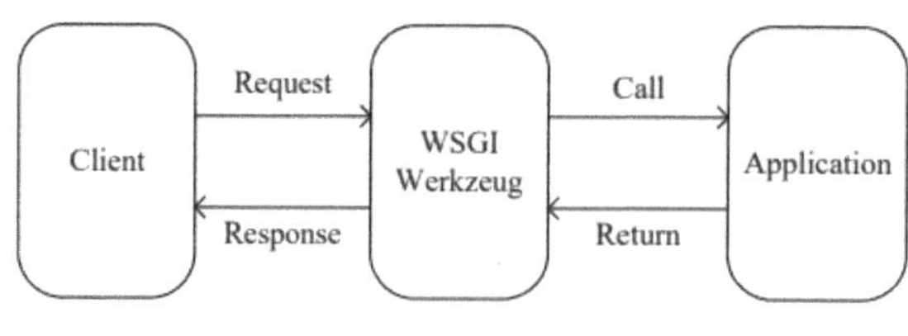

【案例环境】

Ubuntu 16.04。
Pycharm 2018.2。
Python 3.6。

【案例步骤】

➢ 步骤一　安装环境

（1）安装virtualenv。

pip install virtualenv

```
Terminal - ubuntu@9ac7c317b361: ~
File  Edit  View  Terminal  Tabs  Help
ubuntu@9ac7c317b361:~$ pip install virtualenv
Looking in indexes: http://10.90.3.2/lms_packages/python_packages/simple,
ps://mirrors.aliyun.com/pypi/simple/
Collecting virtualenv
  Downloading https://mirrors.aliyun.com/pypi/packages/9f/fb/7423637e48c
e567ca113d2b05068f8b457dde998ab487adf7386c86/virtualenv-20.4.2-py2.py3-n
ny.whl (7.2 MB)
     |████████████████████████████████| 7.2 MB 230 kB/s
Collecting importlib-resources>=1.0; python_version < "3.7"
  Downloading https://mirrors.aliyun.com/pypi/packages/82/70/7bf5f275a73
2c30c8461502d3658a75363db9f4f88ddbeb9eeac/importlib_resources-5.1.0-py3-
.whl (24 kB)
Requirement already satisfied: importlib-metadata>=0.12; python_version <
in /opt/conda3/lib/python3.6/site-packages (from virtualenv) (1.7.0)
Collecting distlib<1,>=0.3.1
  Downloading https://mirrors.aliyun.com/pypi/packages/f5/0a/490fa011d69
a0cf57de82237f52a6db9d40f33c53b2736c9a1f9/distlib-0.3.1-py2.py3-none-any
5 kB)
     |████████████████████████████████| 335 kB 713 kB/s
Collecting filelock<4,>=3.0.0
  Downloading https://mirrors.aliyun.com/pypi/packages/93/83/71a2ee6158b
c0dea1637f81d5eef866e188e1971a1b1ab01a35a/filelock-3.0.12-py3-none-any.w
kB)
Requirement already satisfied: six<2,>=1.9.0 in /opt/conda3/lib/python3.
```

（2）安装虚拟环境。

virtualenv flask_env

```
ubuntu@9ac7c317b361:~$ virtualenv flask_env
created virtual environment CPython3.6.5.final.0-64 in 952ms
  creator CPython3Posix(dest=/home/ubuntu/flask_env, clear=False, no_vcs
False, global=False)
  seeder FromAppData(download=False, pip=bundle, setuptools=bundle, wheel
, via=copy, app_data_dir=/home/ubuntu/.local/share/virtualenv)
    added seed packages: pip==21.0.1, setuptools==52.0.0, wheel==0.36.2
  activators BashActivator,CShellActivator,FishActivator,PowerShellActiva
honActivator,XonshActivator
ubuntu@9ac7c317b361:~$
```

（3）激活虚拟环境。

source flask_env/bin/activate

```
ubuntu@9ac7c317b361:~$ source flask_env/bin/activate
(flask_env) ubuntu@9ac7c317b361:~$
```

（4）安装Flask。

pip install flask

```
(flask_env) ubuntu@9ac7c317b361:~$ pip install flask
Looking in indexes: http://10.90.3.2/lms_packages/python_packages/simple
//mirrors.aliyun.com/pypi/simple/
Collecting flask
  Downloading https://mirrors.aliyun.com/pypi/packages/f2/28/2a03252dfb9
0fba6a7841b47083260bf8bd8e737b0c6952df83f/Flask-1.1.2-py2.py3-none-any.wh
B)
     |████████████████████████████████| 94 kB 2.8 MB/s
Collecting Werkzeug>=0.15
  Downloading https://mirrors.aliyun.com/pypi/packages/cc/94/5f7079a0e00
8f1da638721e9da21e5bacee597595b318f71d62e/Werkzeug-1.0.1-py2.py3-none-any
98 kB)
     |████████████████████████████████| 298 kB 6.6 MB/s
Collecting itsdangerous>=0.24
  Downloading https://mirrors.aliyun.com/pypi/packages/76/ae/44b03b253d6
32c24d100b3b35c2239807046a4c953c7b89fa49e/itsdangerous-1.1.0-py2.py3-none
l (16 kB)
Collecting click>=5.1
```

（5）验证安装是否成功。

pip list

```
(flask_env) ubuntu@9ac7c317b361:~$ pip list
Package      Version
------------ -------
click        7.1.2
Flask        1.1.2
itsdangerous 1.1.0
Jinja2       2.11.3
MarkupSafe   1.1.1
pip          21.0.1
setuptools   52.0.0
Werkzeug     1.0.1
wheel        0.36.2
(flask_env) ubuntu@9ac7c317b361:~$
```

如上图所示，已安装Flask、Jinja2和Werkzeug。

➤ 步骤二　创建Flask项目

（1）打开PyCharm。

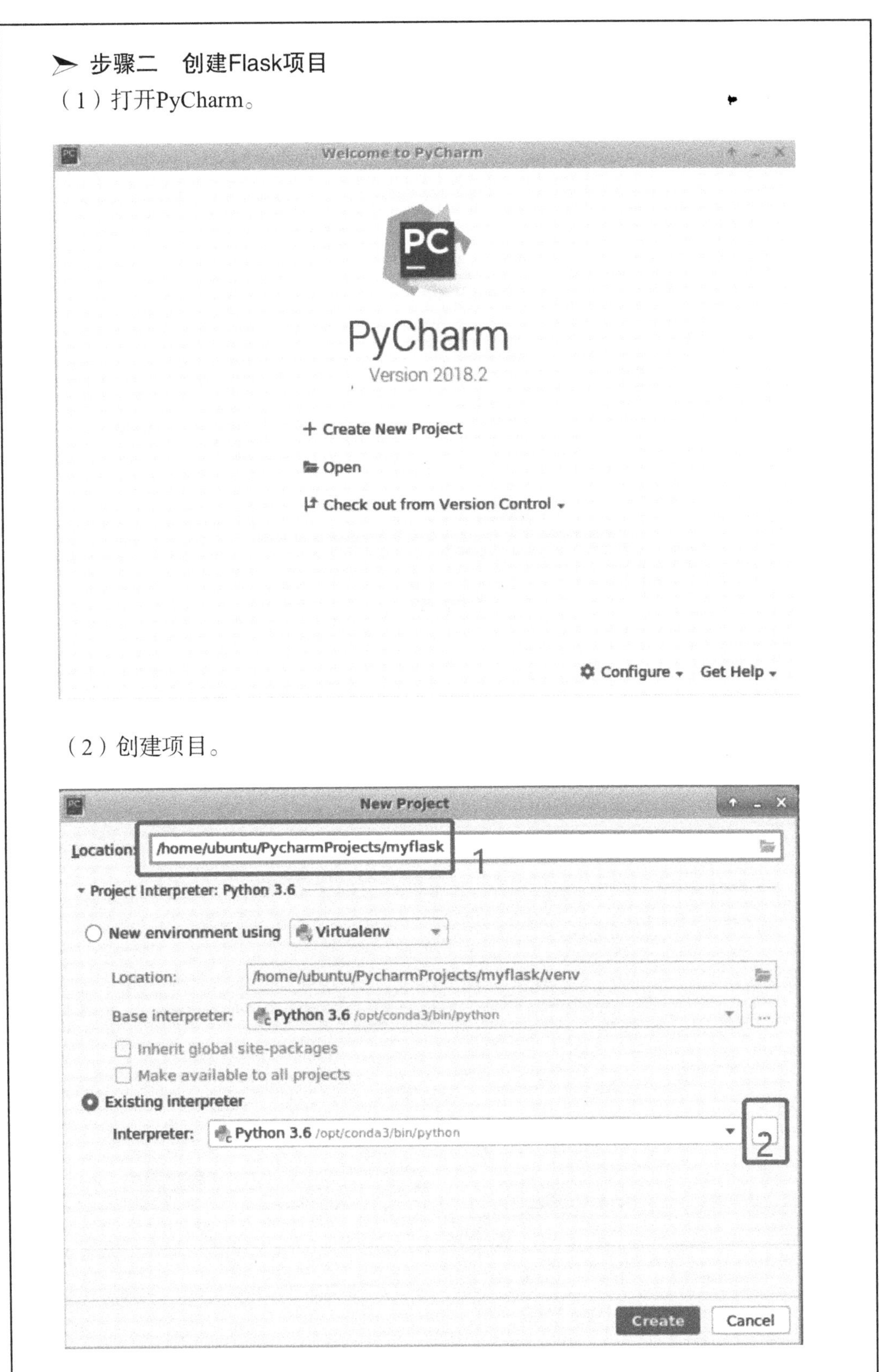

（2）创建项目。

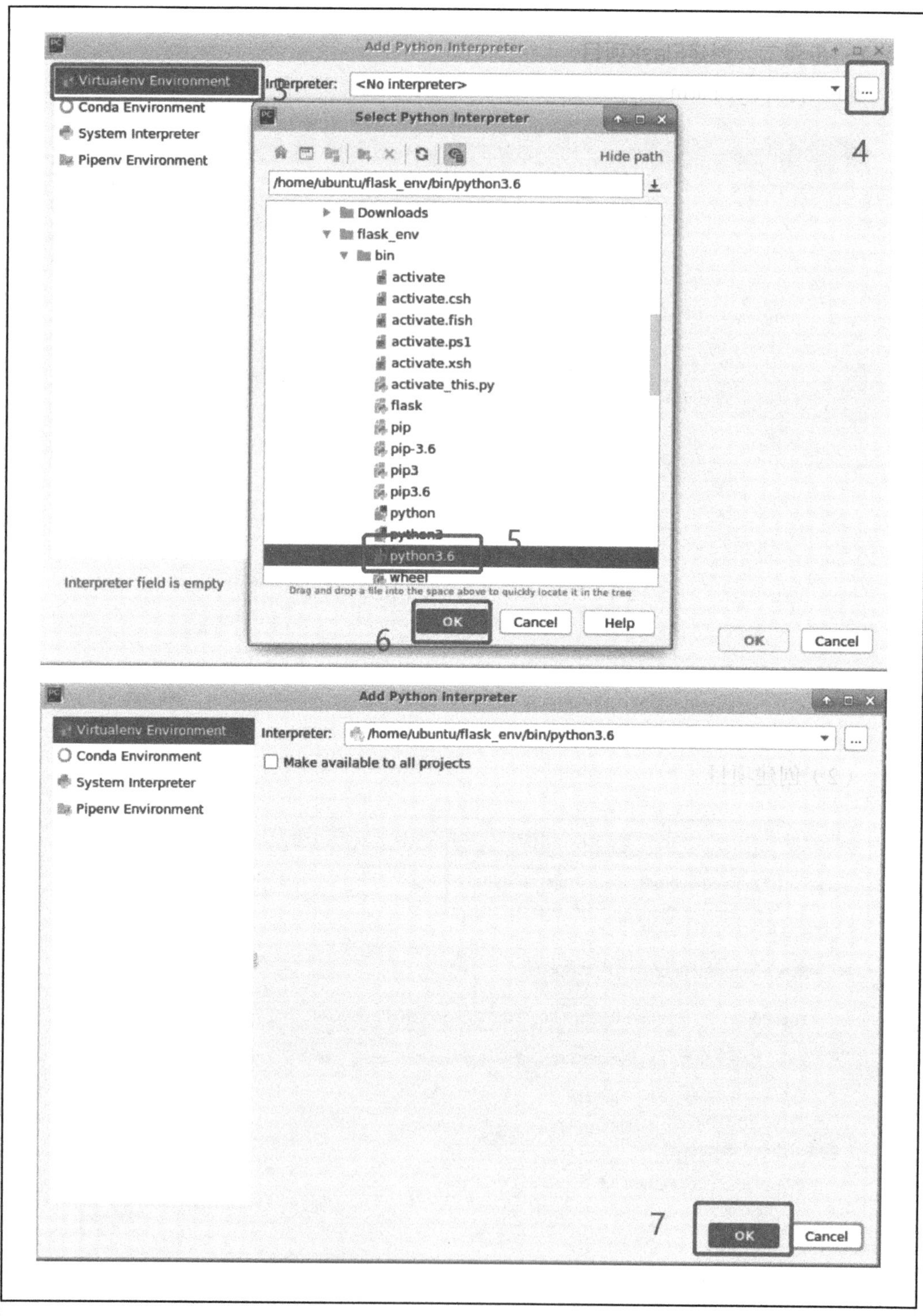
Add Python Interpreter
Virtualenv Environment
Conda Environment
System Interpreter
Pipenv Environment
Interpreter:
<No interpreter>
3
4
Select Python Interpreter
Hide path
/home/ubuntu/flask_env/bin/python3.6
Downloads
flask_env
bin
activate
activate.csh
activate.fish
activate.ps1
activate.xsh
activate_this.py
flask
pip
pip-3.6
pip3
pip3.6
python
python3
python3.6
5
wheel
Drag and drop a file into the space above to quickly locate it in the tree
OK
Cancel
Help
6
Interpreter field is empty
OK
Cancel
Add Python Interpreter
Virtualenv Environment
Conda Environment
System Interpreter
Pipenv Environment
Interpreter:
/home/ubuntu/flask_env/bin/python3.6
Make available to all projects
7
OK
Cancel

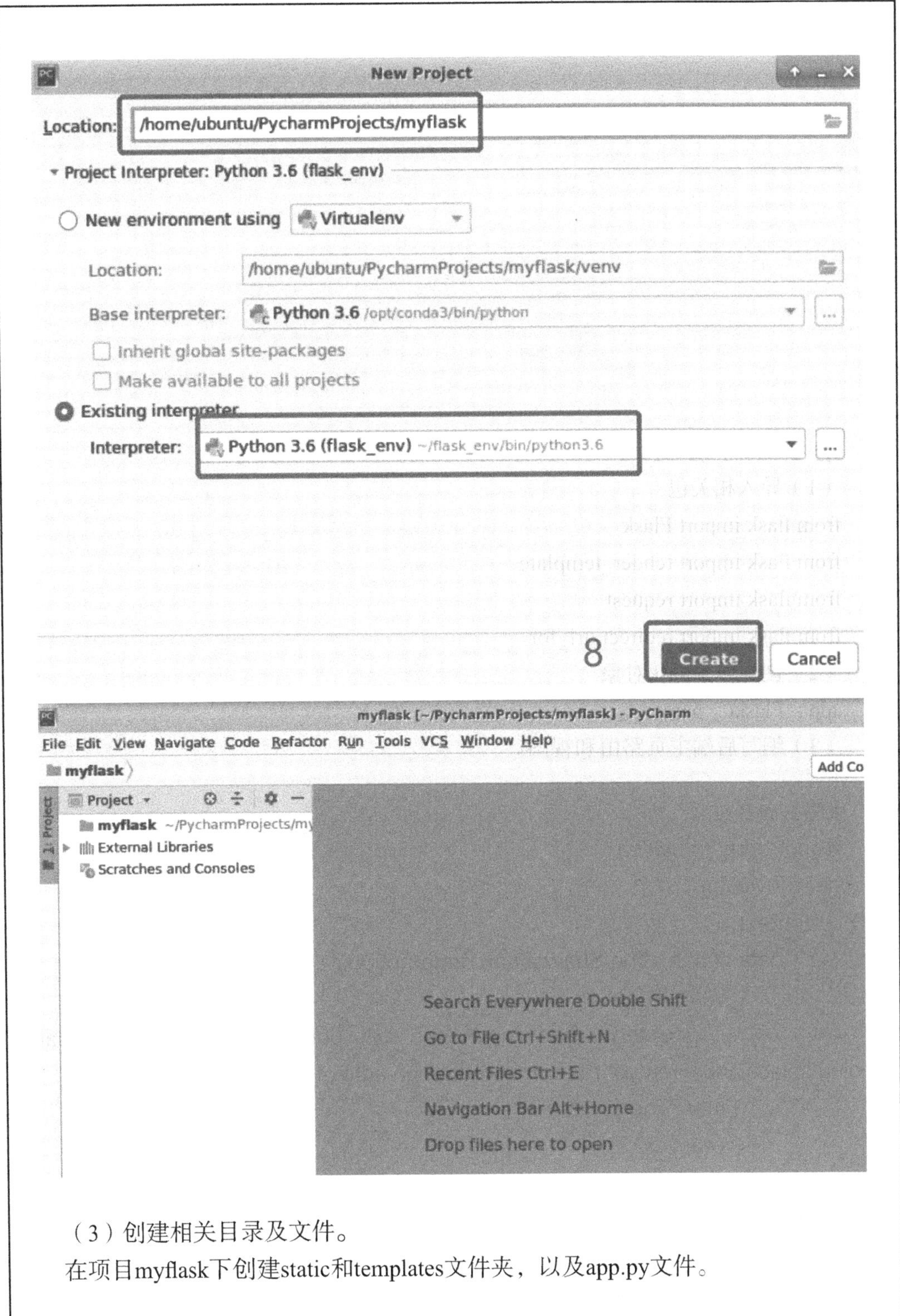

（3）创建相关目录及文件。

在项目myflask下创建static和templates文件夹，以及app.py文件。

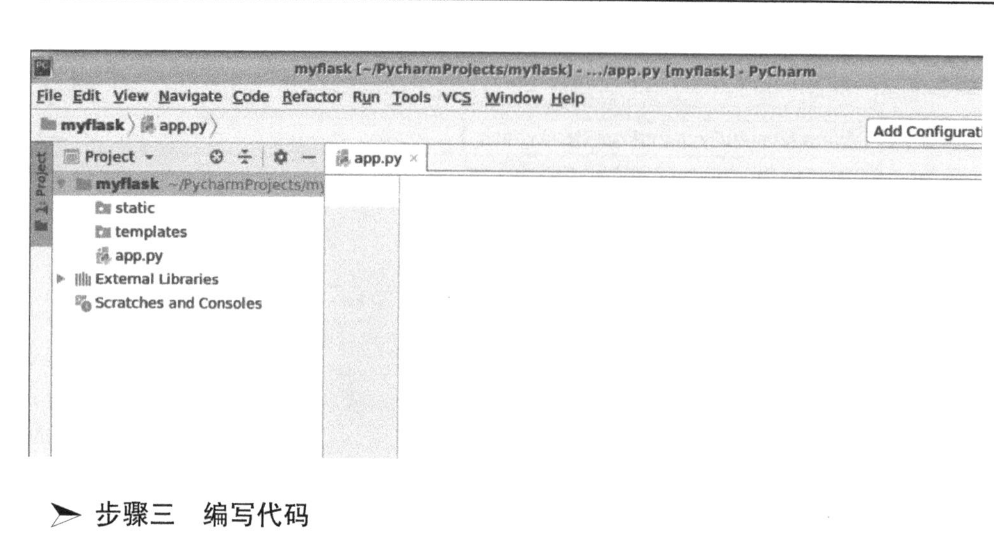

➤ 步骤三　编写代码

（1）导入相关包。

```
from flask import Flask
from flask import render_template
from flask import request
from flask import redirect,url_for
```

（2）创建一个flask对象。

```
app = Flask(__name__)
```

（3）编写后端主页路由和视图。

```
#路由和视图
@app.route('/movies')
def movies():
    context = {
        'data':[{'title':'The Shawshank Redemption',
                 'years':1994,
                    'content':'Two imprisoned men bond over a number of years,
finding solace and eventual redemption through acts of common decency.'},
                {'title':'The Godfather',
                 'years':1972,
                    'content':'An organized crime dynasty\'s aging patriarch transfers
control of his clandestine empire to his reluctant son.'},
                {'title':'The Dark Knight',
                 'years':2008,
```

```
                    'content':'When the menace known as the Joker wreaks havoc
and chaos on the people of Gotham, Batman must accept one of the greatest
psychological and physical tests of his ability to fight injustice.'}
            ]
    }

    return render_template('movies.html',**context)
```

（4）编写电影具体信息路由和视图。

```
@app.route('/detail/<movie_name>')
def detail(movie_name):
    if movie_name == 'The Shawshank Redemption':
        image_name = "01.jpg"
    elif movie_name == 'The Shawshank Redemption':
        image_name = "02.jpg"
    else:
        image_name = "03.jpg"
     return render_template('detail.html', movie_name=movie_name,image_
name=image_name)
```

（5）编写登录页路由和视图。

```
@app.route('/',methods=['GET','POST'])
@app.route('/login',methods=['GET','POST'])
def login():
    if request.method == 'GET':
        return render_template('login.html')
    else:
        account = request.form.get('account')
        password = request.form.get('password')
        if not account or not password:
            return render_template('login.html',message="请输入账号和密码！")
        elif account !='admin' or password != '123456':
            return render_template('login.html',message="账号或密码错误！")
        else:
            return redirect(url_for('movies'))
```

（6）编写主页前端HTML。

编写movies.html，放入myflask项目的templates目录下。

```
<!DOCTYPE html>
<html lang="en">
<head>
  <meta charset="UTF-8">
  <title>Title</title>
</head>
<body>

<ul>
  {% for d in data %}
      <li>
          <a href="detail/{{ d.title }}"><h1>{{ d.title }}</h1></a>
          <h2>{{ d.years }}</h2>
          <h2>{{ d.content }}</h2>
      </li>
      <hr>
      <br>

  {% endfor %}


</ul>

</body>
</html>
```

（7）编写电影具体信息页面HTML。

编写detail.html，放入myflask项目的templates目录下。

```
<!DOCTYPE html>
<html lang="en">
<head>
  <meta charset="UTF-8">
  <title>Title</title>
```

```
</head>
<body>
<h1>{{ movie_name }}</h1>
<img src="{{ url_for('static',filename=image_name)}}" />
</body>
</html>
```

（8）编写登录页HTML。

编写login.html，放入myflask项目的templates目录下。

```
<form action="" method="post">

    账号：<input type="text" name="account"><br>
    密码：<input type="password" name="password"><br>
    <input type="submit" value="登录"><br>
    {% if message %}
        {{ message }}
    {% endif %}
</form>


</body>
</html>
```

（9）静态资源。

将图片01.jpg、02.jpg、03.jpg放入static文件夹下。

将图片01.jpg、02.jpg、03.jpg放入static文件夹下，新开一个终端执行以下命令。

```
wget -P /home/ubuntu/PycharmProjects/myflask/static http://i9000.net:8888/sgn/HUP/Python/08/01.jpg
wget -P /home/ubuntu/PycharmProjects/myflask/static http://i9000.net:8888/sgn/HUP/Python/08/02.jpg
wget -P /home/ubuntu/PycharmProjects/myflask/static http://i9000.net:8888/sgn/HUP/Python/08/03.jpg
```

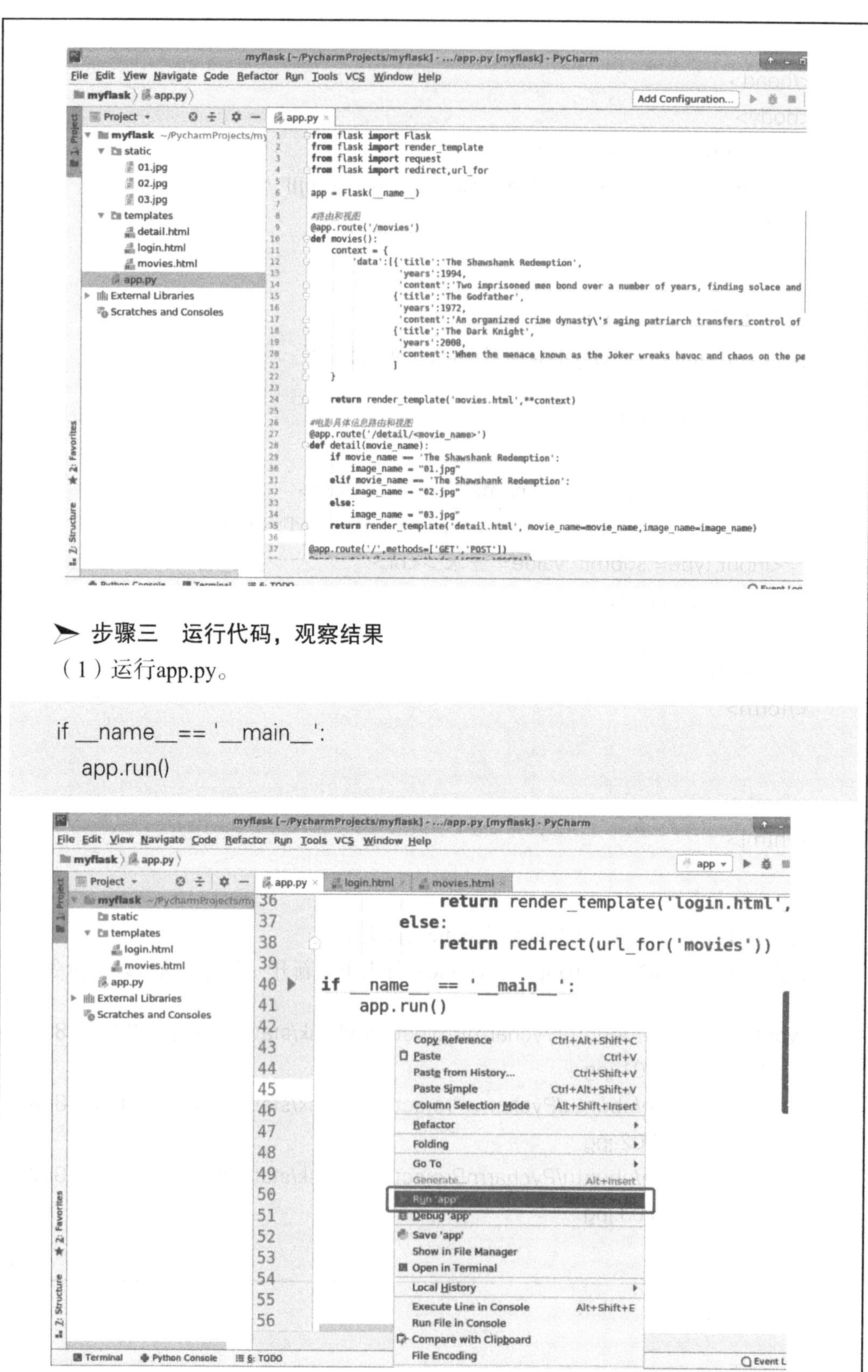

➤ 步骤三　运行代码，观察结果

（1）运行app.py。

```
if __name__== '__main__':
    app.run()
```

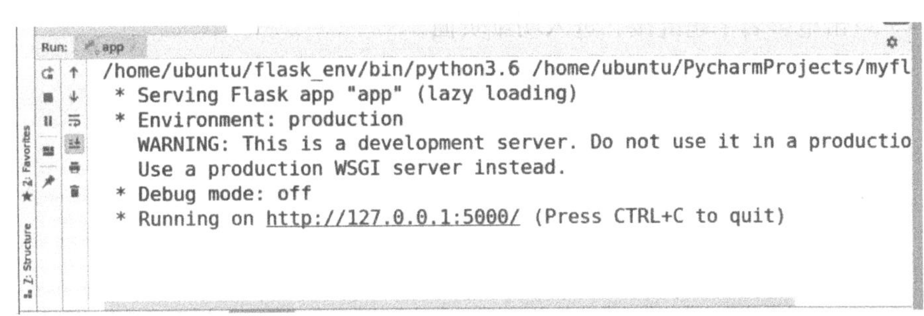

（2）打开浏览器，输入http://127.0.0.1:5000/进行访问。

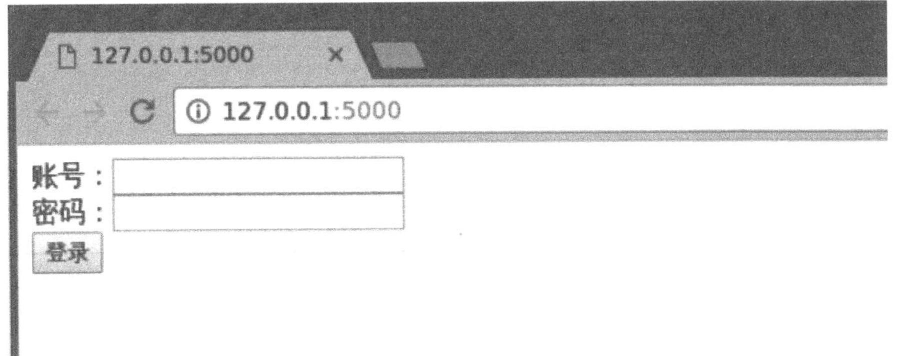

（3）输入账号密码登录。

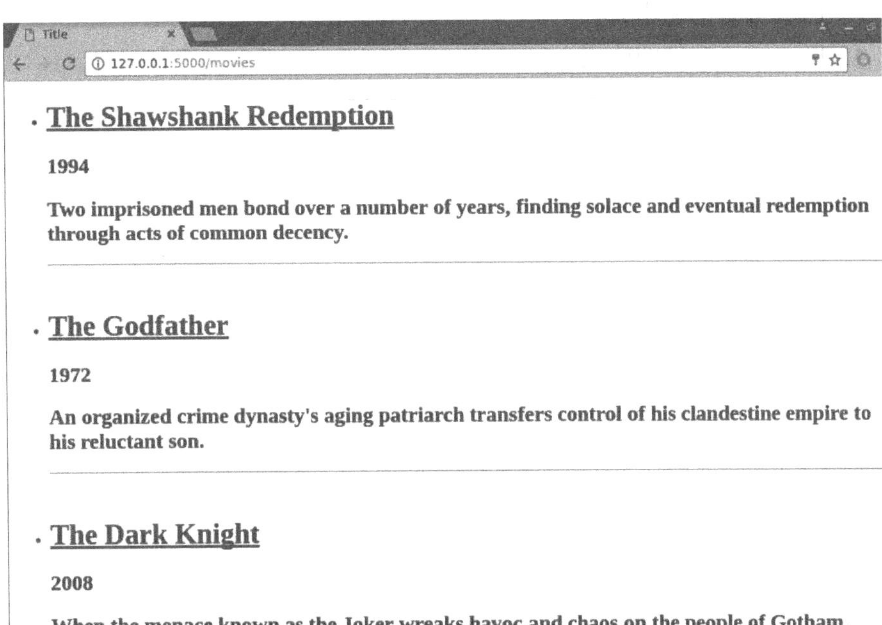

（4）点击电影名字超链接，进入明细页面。

The Shawshank Redemption

【案例总结】

（1）Flask环境的安装与使用；
（2）Flask路由与视图编写；
（3）Flask模板的使用；
（4）Flask静态文件的使用。

第12章 Python数据分析

数据分析是指用适当的统计分析方法对收集来的大量数据进行分析，将它们加以汇总和理解并消化，以求最大化地开发数据的功能，发挥数据的作用。数据分析是为了提取有用信息和形成结论而对数据加以详细研究和概括总结的过程。

近年来，数据分析工作岗位变得越来越受欢迎，有多种语言都可应用于数据分析，但Python却成为首选。

Python在数据分析和交互、探索性计算以及数据可视化等方面都有非常成熟的库和活跃的社区，让Python成为数据任务处理重要解决方案。在数据处理和分析方面，Python拥有numpy、pandas、matplotlib、scikit-learn、ipython等优秀的库以及工具，尤其是numpy和pandas在处理数据方面有着绝对优势。本章将要探讨以下2个方面的内容。

（1）NumPy库的基本使用。

（2）Pandas库的基本使用。

12.1 NumPy库的基本使用

NumPy(Numerical Python) 是 Python 语言的一个扩展程序库，支持大量的维度数组与矩阵运算，此外也针对数组运算提供大量的数学函数库。Numpy是Python数值计算的基石，提供多种数据结构、算法以及大部分设计Python数值计算所需的接口。

12.1.1 NumPy库简介

NumPy是Python中科学计算的基础包。它是一个Python库，提供多维数组对象，各种派生对象（如掩码数组和矩阵），以及用于数组快速操作的各种API，有包括数学、逻辑、形状操作、排序、选择、输入输出、离散傅里叶变换、基本线性代数，基本统计运算和随机模拟等等。

NumPy 最重要的一个特点是其 N 维数组对象 ndarray。它是一系列同类型数据的集合，以 0 下标为开始进行集合中元素的索引。ndarray 对象用于存放同类型元素的多维数组。ndarray中的每个元素在内存中都有相同存储大小的区域。

ndarray 内部由以下内容组成：

- 一个指向数据（内存或内存映射文件中的一块数据）的指针，这个指针能够找到存储的数组值。

- 数据类型或 dtype，描述在数组中的固定大小值的格子。numpy有一套自己的类型，如np.int8、np.float32
- 一个表示数组形状（shape）的元组，表示各维度大小的元组。如（3，2）表示3行2列的数组
- 一个跨度元组（stride），其中的整数指的是为了前进到当前维度下一个元素需要”跨过”的字节数。跨度可以是负数，这样会使数组在内存中后向移动，切片中 obj[::-1] 或 obj[:,::-1] 就是如此。

NumPy 数组的一些基本属性如下：

- NumPy数组的维数称为秩（rank），秩就是轴的数量，即数组的维度，一维数组的秩为 1，二维数组的秩为 2，以此类推。
- 在 NumPy 中，每一个线性的数组称为是一个轴(axis)，也就是维度(dimensions)。比如说，二维数组相当于是两个一维数组，其中第一个一维数组中每个元素又是一个一维数组。所以一维数组就是 NumPy 中的轴（axis），第一个轴相当于是底层数组，第二个轴是底层数组里的数组。而轴的数量——秩，就是数组的维数。
- 很多时候可以声明 axis。axis=0，表示沿着第 0 轴进行操作，即对每一列进行操作；axis=1，表示沿着第1轴进行操作，即对每一行进行操作。

NumPy数组和原生Python Array（数组）之间有几个重要的区别：

- NumPy 数组在创建时具有固定的大小，与Python的原生数组对象（可以动态增长）不同。更改ndarray的大小将创建一个新数组并删除原来的数组。
- NumPy 数组中的元素都需要具有相同的数据类型，因此在内存中的大小相同。例外情况：Python的原生数组里包含了NumPy的对象的时候，这种情况下就允许不同大小元素的数组。
- NumPy 数组有助于对大量数据进行高级数学和其他类型的操作。通常，这些操作的执行效率更高，比使用Python原生数组的代码更少。

越来越多的基于Python的科学和数学软件包使用NumPy数组；虽然这些工具通常都支持Python的原生数组作为参数，但它们在处理之前会还是会将输入的数组转换为NumPy的数组，而且也通常输出为NumPy数组。

12.1.2 NumPy基本运算

1. 创建数组

NumPy库的核心是数组对象或ndarray对象（n维数组）。可以使用NumPy数组执行逻辑，统计和傅里叶变换等运算。作为使用NumPy的一部分，首先要做的第一件事就是创建NumPy数组。创建数组有以下3种常用方式：

（1）使用NumPy内部功能函数。NumPy具有用于创建数组的内置函数。

首先，创建一维数组或rank为1的数组。arange是一种广泛使用的函数，用于快速创建数组。将值20传递给arange函数会创建一个值范围为0到19的数组。

```
import numpy as np
array = np.arange(20)
array
```

输出结果为：

```
array([0,  1,  2,  3,  4,  5,  6,  7,  8,  9, 10, 11, 12, 13, 14,  15, 16, 17, 18, 19])
```

要验证此数组的维度，请使用shape属性。

```
array.shape
```

输出：

```
(20,)
```

由于逗号后面没有值，因此这是一维数组。

接下来看如何创建一个二维数组。 如果只使用arange函数，它将输出一维数组。要使其成为二维数组，请使用reshape函数链接其输出。首先，将创建20个整数，然后将数组转换为具有4行和5列的二维数组。

```
array = np.arange(20).reshape(4,5)
array
```

输出结果为：

```
array([[ 0,  1,  2,  3,  4],
       [ 5,  6,  7,  8,  9],
       [10, 11, 12, 13, 14],
       [15, 16, 17, 18, 19]])
```

要创建三维数组，请为重塑形状函数指定3个参数。

```
array = np.arange(27).reshape(3,3,3)
array
```

输出结果为：

```
array([[[ 0,  1,  2],
        [ 3,  4,  5],
```

```
        [ 6,  7,  8]],

       [[ 9, 10, 11],
        [12, 13, 14],
        [15, 16, 17]],

       [[18, 19, 20],
        [21, 22, 23],
        [24, 25, 26]]])
```

需要注意的是：数组中元素的数量（27）必须是其尺寸（3 * 3 * 3）的乘积。

除了arange函数之外，还可以使用其他有用的函数（如zeros和ones）来快速创建和填充数组。使用zeros函数创建一个填充零的数组。函数的参数表示行数和列数（或其维数），默认的dtype是float64。ones(shape)将创建一个用1个值填充的数组。它在所有其他方面与zeros相同。这里给出几个例子：

```
>>>np.zeros((2, 3))
array([[ 0., 0., 0.],
 [ 0., 0., 0.]])
>>>np.ones((3,4))
array([[1., 1., 1., 1.],
      [1., 1., 1., 1.],
      [1., 1., 1., 1.]])
```

（2）从其他Python结构（例如，列表，元组）转换。通常，在Python中排列成array-like结构的数值数据可以通过使用array()函数转换为数组。最明显的例子是列表和元组。将列表转换为 ndarray命令如下：

```
# 导入NumPy,别名是np
import numpy as np
x = np.array([2,3,1,0])
print(x)
```

输出结果为：

```
[2 3 1 0]
```

（3）使用特殊的库函数。还可以使用特殊库函数来创建数组。例如，要创建一个填充0到1之间随机值的数组，请使用random函数。这对于需要随机状态才能开始的问题特别有用。这里举个例子：

```
>>>np.random.random((2,2))
array([[0.1632794 , 0.34567049],
       [0.03463241, 0.70687903]])
```

创建和填充NumPy数组是使用NumPy执行快速数值数组计算的第一步。使用不同的方式创建数组之后，才能够很好地执行基本的数组操作。

2. **切片和索引**

ndarray对象的内容可以通过索引或切片来访问和修改，与 Python 中 list 的切片操作一样。ndarray 数组可以基于 0 - n 的下标进行索引，切片对象可以通过内置的 slice 函数，并设置 start, stop 及 step 参数进行，从原数组中切割出一个新数组。例如：

```
import numpy as np
a = np.arange(10)
s = slice(2,7,2) # 从索引 2 开始到索引 7 停止，间隔为2
print (a[s])
```

输出结果为：

```
[2 4 6]
```

以上实例中，我们首先通过 arange() 函数创建 ndarray 对象。然后，分别设置起始，终止和步长的参数为 2，7和2。我们也可以通过冒号分隔切片参数start:stop:step来进行切片操作：

```
import numpy as np
a = np.arange(10)
b = a[2:7:2] # 从索引 2 开始到索引 7 停止，间隔为2
print (b)
```

输出结果为：

```
[2 4 6]
```

如果只放置一个参数，如[2]，将返回与该索引相对应的单个元素。如果为[2:]，表示从该索引开始以后的所有项都将被提取。如果使用了两个参数，如[2:7]，那么则提取两个索引(不包括停止索引)之间的项。

多维数组同样适用上述索引提取方法：

```
import numpy as np
a = np.array([[1,2,3],[3,4,5],[4,5,6]])
print(a)
print('----------')
print(a[1:])
```

输出结果为：

```
[[1 2 3]
 [3 4 5]
 [4 5 6]]
----------
[[3 4 5]
 [4 5 6]]
```

3. 算数运算

NumPy中的矩阵支持加减乘除，取余等算术运算。

NumPy中的加减乘除与取余操作可以是两个数组之间的运算，也可以是数组与常数之间的运算。在计算中，称常数是一个标量，数组是一个矢量或向量，可以得到：一个数组和一个标量进行加、减、乘、除等算数运算时，结果是数组中的每一个元素都与该标量进行相应的运算，并返回一个新数组。

同样的数组与数组也可以进行加减乘除等相应的运算。原则上，数组之间进行运算时，各数组的形状应当相同，当两个数组形状相同时，他们之间进行算术运算就是在数组的对应位置进行相应的运算。举例如下：

```
# 矩阵的加、减、点乘、平方
a = np.array([10, 20, 30, 40])
b = np.arange(4)
c = a - b
d = a + b
print (a, b)
print (c, d)
e = a * b
print (e)
f = e ** 2
print (f)
```

输出结果为：

```
[10 20 30 40] [0 1 2 3]
[10 19 28 37] [10 21 32 43]
[ 0  20  60 120]
[ 0  400  3600 14400]
```

除此之外，NumPy 还提供了add()，subtract()，multiply()和divide()这些算术函数来进行加减乘除运算。需要注意的是数组必须具有相同的形状或符合数组广播规则。举例如下：

```
import numpy as np
a = np.arange(9, dtype = np.float_).reshape(3,3)
print ('第一个数组：')
print (a)

print ('第二个数组：')
b = np.array([10,10,10])
print (b)

print ('两个数组相加：')
print (np.add(a,b))

print ('两个数组相减：')
print (np.subtract(a,b))

print ('两个数组相乘：')
print (np.multiply(a,b))

print ('两个数组相除：')
print (np.divide(a,b))
```

输出结果为：

```
第一个数组：
[[0. 1. 2.] [3. 4. 5.] [6. 7. 8.]]

第二个数组：
[10 10 10]
两个数组相加：
```

```
[[10. 11. 12.] [13. 14. 15.] [16. 17. 18.]]

两个数组相减：
[[-10. -9. -8.] [ -7. -6. -5.] [ -4. -3. -2.]]

两个数组相乘：
[[ 0. 10. 20.] [30. 40. 50.] [60. 70. 80.]]

两个数组相除：
[[0. 0.1 0.2] [0.3 0.4 0.5] [0.6 0.7 0.8]]
```

4. **广播**(Broadcast)

广播(Broadcast)是 NumPy 对不同形状(shape)的数组进行数值计算的方式，对数组的算术运算通常在相应的元素上进行。

如果两个数组 a 和 b 形状相同，即满足 a.shape == b.shape，那么 a*b 的结果就是 a 与 b 数组对应位相乘。这要求维数相同，且各维度的长度相同。

当运算中的 2 个数组的形状不同时，NumPy 将自动触发广播机制。代码如下：

```
import numpy as np
a = np.array([[ 0, 0, 0], [10,10,10], [20,20,20], [30,30,30]])
b = np.array([1,2,3])
print(a + b)
```

输出结果为：

```
[[ 1  2  3]
 [11 12 13]
 [21 22 23]
 [31 32 33]]
```

广播的规则：

（1）让所有输入数组都向其中形状最长的数组看齐，形状中不足的部分都通过在前面加 1 补齐。

（2）输出数组的形状是输入数组形状的各个维度上的最大值。

（3）如果输入数组的某个维度和输出数组的对应维度的长度相同或者其长度为 1 时，这个数组能够用来计算，否则出错。

（4）当输入数组的某个维度的长度为 1 时，沿着此维度运算时都用此维度上的第一组值。

5. NumPy 统计函数

NumPy 的统计函数可以实现对整个数组或者是沿着数组轴方向的统计计算，常用的统计函数有求最大值和最小值，求和与平均值，计算百分位数、中位数、标准差和方差等。

（1）admin求最小值。amin 方法用来计算最小值，我们可以通过axis参数指定是计算每一行的最小值，还是每一列的最小值，还是整体的最小值。代码如下：

```
In [1]: import numpy as np
In [2]: a=np.array([[1,2,3],
...: [4,5,6],
...: [7,8,9]])

In [3]: np.amin(a,axis=0) # 按行，返回最小值
Out[3]: array([1, 2, 3])

In [4]: np.amin(a,axis=1) # 按列，返回最小值
Out[4]: array([1, 4, 7])

In [5]: np.amin(a,axis=None) # 整体返回最小值
Out[5]: 1
```

（2）amax求最大值。amax 方法是与 amin 相对的方法，用于获得指定 axis 的最大值。代码如下：

```
In [3]: np.amax(a,axis=0) # 按行，返回最大值
Out[3]: array([7, 8, 9])

In [4]: np.amax(a,axis=1) # 按列，返回最大值
Out[4]: array([3, 6, 9])

In [5]: np.amax(a,axis=None) # 整体返回最大值
Out[5]: 9
```

（3）ptp()求最值差。ptp 方法用来获得某行、某列或者整体的最大值与最小值的差值。代码如下：

```
In [9]: np.ptp(a,axis=0) # 按行，返回最大值-最小值
Out[9]: array([6, 6, 6])
```

```
In [10]: np.ptp(a,axis=1) # 按列，返回最大值-最小值
Out[10]: array([2, 2, 2])

In [11]: np.ptp(a,axis=None) # 整体返回最大值-最小值
Out[11]: 8
```

（4）percentile求分位数。percentile 方法用来获得相应 axis 的分位数。

```
In [12]: np.percentile(a,50,axis=0)  # 按行，返回50分位数
Out[12]: array([4., 5., 6.])

In [13]: np.percentile(a,50,axis=1)  # 按列，返回50分位数
Out[13]: array([2., 5., 8.])

In [14]: np.percentile(a,50,axis=None)  # 整体，返回50分位数
Out[14]: 5.0
```

（5）median计算中位数。median 方法用来计算中位数，通过 axis 设置按行、按列还是按整体计算。

```
In [3]: np.median(a,axis=0)  # 按行取中位数
Out[3]: array([4., 5., 6.])

In [4]: np.median(a,axis=1)  # 按列取中位数
Out[4]: array([2., 5., 8.])

In [5]: np.median(a,axis=None)  # 按整体取中位数
Out[5]: 5.0
```

（6）mean计算均值。mean 方法用来计算均值，通过axis设置按行、按列还是按整体计算。

```
In [6]: np.mean(a,axis=0)  # 按行取均值
Out[6]: array([4., 5., 6.])

In [7]: np.mean(a,axis=1)  # 按列取均值
Out[7]: array([2., 5., 8.])
```

```
In [8]: np.mean(a,axis=None) # 按整体取均值
Out[8]: 5.0
```

（7）var计算方差。var 方法用来计算方差，通过axis设置按行、按列还是按整体计算。

```
In [9]: np.var(a,axis=0) # 按行取方差
Out[9]: array([6., 6., 6.])

In [10]: np.var(a,axis=1) # 按列取方差
Out[10]: array([0.66666667, 0.66666667, 0.66666667])

In [11]: np.var(a,axis=None) # 按整体取方差
Out[11]: 6.666666666666667
```

（8）std计算标准差。std 方法用来计算标准差，通过axis设置按行、按列还是按整体计算。

```
In [12]: np.std(a,axis=0) # 按行取标准差
Out[12]: array([2.44948974, 2.44948974, 2.44948974])

In [13]: np.std(a,axis=1) # 按列取标准差
Out[13]: array([0.81649658, 0.81649658, 0.81649658])

In [14]: np.std(a,axis=None) # 按整体取标准差
Out[14]: 2.581988897471611
```

12.2　Pandas库的基本使用

Pandas是Python的核心数据分析支持库，提供了快速、灵活、明确的数据结构，旨在简单、直观地处理关系型、标记型数据。它基于NumPy构建，提供了高级数据结构和数据操作工具，可以与其他第三方科学计算支持库完美集成。使用下面格式约定，引入pandas包：

```
import pandas as pd
```

12.2.1 Pandas的数据结构

Pandas 的主要数据结构是 Series（一维数据）与 DataFrame（二维数据），这两种数据结构足以处理金融、统计、社会科学、工程等领域里的大多数典型用例。

1. Series

Series是一种类似于一维数组的对象，它由一组数据（各种NumPy数据类型）以及一组与之相关的数据标签（即索引）组成，即index和values两部分，可以通过索引的方式选取Series中的单个或一组值。

（1）Series的创建。pd.Series(data,index)，第一个参数data可以是列表、字典或者DataFrame中的某一行或者列，第二个参数是数据的索引，可以省略，默认0到N-1(N为数据的长度）。

```
import pandas as pd
#通过list构建Series
s1 = pd.Series(range(5, 10))
print(s1)
s1 = pd.Series(range(5, 10))
```

运行结果：

```
0   5
1   6
2   7
3   8
4   9
dtype: int64
<class 'pandas.core.series.Series'>
```

（2）Series类型的操作。Series类型索引、切片、运算的操作类似于Python字典类型的操作，包括保留字in操作、使用.get()方法。

```
import pandas as pd
# 通过dict构建Series
year_kg = {2018: 55.8, 2019: 58.1, 2020: 62.5}
s2 = pd.Series(year_kg)
print(s2)
# 获取数据
print(s2.values)
```

```
# 获取索引
print(s2.index)
#通过索引获取数据
print(s2[2018])
# 索引与数据的对应关系不被运算结果影响
print(s2 * 2)
```

运行结果：

```
2018    55.8
2019    58.1
2020    62.5
dtype: float64
[55.8 58.1 62.5]
Int64Index([2018, 2019, 2020], dtype='int64')
55.8
2018    111.6
2019    116.2
2020    125.0
dtype: float64
```

2. DataFrame

DataFrame是一个表格型的数据结构，它含有一组有序的列，每列可以是不同类型的值。DataFrame既有行索引也有列索引，它可以被看作是由Series组成的字典（共用同一个索引），数据是以二维结构存放的。

（1）DataFrame的创建。pd.DataFrame(data,columns,index)：columns和index为指定的列、行索引，并按照顺序排列。

①最常用的是直接传入一个由等长列表或NumPy数组组成的字典，会自动加上行索引，字典的键会被当做列索引。

```
import pandas as pd
data = {'city': ['bj', 'sh',  'sz', 'gz'],
'data': [3.5, 3.7, 3.6, 3.4]}
df= pd.DataFrame(data)
print(df)
```

运行结果：

```
city  data
0  bj  3.5
1  sh  3.7
2  sz  3.6
3  gz  3.4
```

②如果创建时指定了columns和index索引，则按照索引顺序排列，并且如果传入的列在数据中找不到，就会在结果中产生缺失值：

```
import pandas as pd
data = {'city': ['bj', 'sh',  'sz', 'gz'],
        'data': [3.5, 3.7, 3.6, 3.4]}
df= pd.DataFrame(data, columns=['city', 'data', 'debt'],
                index=['one', 'two', 'three', 'four'])
print(df)
```

运行结果：

```
city  data debt
one    bj3.5  NaN
two    sh3.7  NaN
three  sz3.6  NaN
four   gz3.4  NaN
```

③另一种常见方式是使用嵌套字典，如果嵌套字典传给DataFrame，pandas就会被解释为外层字典的键作为列，内层字典键则作为行索引：

```
import pandas as pd
data = {'bj': {2018: 2.5, 2019: 2.9},
        'sh': {2018: 1.5, 2019: 2.7, 2020: 3.6}}
df= pd.DataFrame(data)
print(df)
```

运行结果：

```
bjsh
2018  2.5  1.5
2019  2.9  2.7
2020  NaN  3.6
```

（2）DataFrame对象操作。我们可以通过类似字典标记的方式或属性的方式将DataFrame的列获取为一个Series。列可以通过赋值的方式进行修改，将列表或数组赋值给某个列时，其长度必须跟DataFrame的长度相匹配，如果赋值的是一个Series，就会精确匹配DataFrame的索引，所有的空位都将被填上缺失值。当为不存在的列赋值会创建出一个新列。关键字del用于删除列。

```
import pandas as pd
data = {'city': ['bj', 'sh'],
      'idx': [3.5, 3.7]}
df2= pd.DataFrame(data, columns=['city', 'idx', 'gdp'],
            index=[1, 2])
print(df2)
#获取一个列的Series
print(df2['city']) #等价df2.city
#通过赋值进行列修改
df2['gdp'] = 16.5
print(df2)
#如果给列赋值的是一个Series，精确匹配DataFrame的索引，空位将被填上NaN
val = pd.Series([3, 2], index=[1,4])
df2['gdp'] = val
print(df2)
#为不存在的列赋值，会创建出一个新列
df2['cost'] = 50
print(df2)
#关键字del用于删除列
del df2['cost']
print(df2.columns)
```

运行结果：

```
city  idxgdp
1  bj  3.5NaN
2  sh  3.7NaN
1   bj
2   sh
Name: city, dtype: object
city  idxgdp
1  bj  3.5  16.5
```

```
2  sh  3.7  16.5
city  idxgdp
1  bj  3.5  3.0
2  sh  3.7NaN
city  idxgdp  cost
1  bj  3.5  3.0    50
2  sh  3.7NaN    50
Index(['city', 'idx', 'gdp'], dtype='object')
```

12.2.2 Pandas的索引操作

Series和DataFrame的索引是Index类型，Index对象是不可修改。

```
import pandas as pd
s1 = pd.Series(range(0, 3),index=[1,2,3])
data = {'city': ['bj', 'sh', 'sz'],
        'idx': [3.5, 3.7, 3.6]}
df1 = pd.DataFrame(data, columns=['city', 'idx'],
                   index=['one', 'two', 'three'])
print(s1.index)
print(df1.index)
#索引对象不能修改
df1.index[0] = 1
```

运行结果：

```
Traceback (most recent call last):
  File "E:/python_study/tiaoshi.py", line 10, in <module>
    df1.index[0] = 1
  File "E:\python_study\venv\lib\site-packages\pandas\core\indexes\base.py", line
4081, in __setitem__
Int64Index([1, 2, 3], dtype='int64')
Index(['one', 'two', 'three'], dtype='object')
    raise TypeError("Index does not support mutable operations")
TypeError: Index does not support mutable operations
```

1. Series索引

Series支持按序号或者索引名取值，且支持切片操作。

```
import pandas as pd
s1 = pd.Series(range(1, 5),index=['a','b','c','d'])
print(s1)
#--取值—
#按序号取值
print(s1[3])
#按索引取值
print(s1['d'])
#--切片—
#按序号切片，类似列表切片
print(s1[0:2])
#按索引名切片时，包含终止索引名对应的值。
print(s1['a':'c'])
```

运行结果：

```
a    1
b    2
c    3
d    4
dtype: int64
4
4
a    1
b    2
dtype: int64
a    1
b    2
c    3
dtype: int64
```

2. DataFrame索引

Dataframe按列索引名取值，它不支持直接切片。不过，可以借助loc、iloc或者ix函数实现。其中，loc基于标签索引，iloc基于位置索引，ix基于混合索引。

```
import numpy as np
import pandas as pd
df2 = pd.DataFrame(np.random.randn(4,3), columns = ['a', 'b', 'c'])
```

```
print(df2)
# 按列索引取值，返回Series类型
print(df2['a'])
#位置索引切片，第一个参数索引行，第二个参数是列
print(df2.iloc[0:2,0])
#标签索引切片,包含结尾位置
print(df2.loc[0:2,'a'])
```

运行结果：

```
          a         b         c
0  0.518901 -0.062892 -0.689473
1 -0.364344 -0.641788 -1.933184
2  0.184655  0.720017 -0.339338
3 -0.520530 -0.639277  0.897784
0    0.518901
1   -0.364344
2    0.184655
3   -0.520530
Name: a, dtype: float64
0    0.518901
1   -0.364344
Name: a, dtype: float64
0    0.518901
1   -0.364344
2    0.184655
Name: a, dtype: float64
```

12.2.3 Pandas的对齐运算

对齐运算是数据清洗的重要过程，可以按索引对齐进行运算，如果没对齐的位置则补NaN。最后也可以填充NaN。当使用add,sub,div,mul进行运算时，通过fill_value指定填充值，未对齐的数据将和填充值做运算。

1. **Series的对齐运算**

```
import pandas as pd
s1 = pd.Series(range(1, 6), index = range(5))
s2 = pd.Series(range(10, 13), index = range(3))
```

```
print('s1: ')
print(s1)
print('------')
print('s2: ')
print(s2)
print('------')
#对齐运算，未对齐的位置值为NaN
print(s1+s2)
```

运行结果：

```
s1:
0    1
1    2
2    3
3    4
4    5
dtype: int64
------
s2:
0    10
1    11
2    12
dtype: int64
------
0    11.0
1    13.0
2    15.0
3     NaN
4     NaN
dtype: float64
```

2. DataFrame的对齐运算

```
import pandas as pd
import numpy as np
df1 = pd.DataFrame(np.ones((2,2)), columns = ['a', 'b'])
df2 = pd.DataFrame(np.ones((3,3)), columns = ['a', 'b', 'c'])
```

```
print('df1: ')
print(df1)
print('-----------------')
print('df2: ')
print(df2)
print('-----------------')
print('df1+df2: ')
print(df1 + df2)
```

运行结果：

```
df1:
    a   b
0  1.0  1.0
1  1.0  1.0
-----------------
df2:
    a   b   c
0  1.0  1.0  1.0
1  1.0  1.0  1.0
2  1.0  1.0  1.0
-----------------
df1+df2:
    a   b  c
0  2.0  2.0 NaN
1  2.0  2.0 NaN
2   NaNNaNNaN
```

3. 填充未对齐的数据进行运算

```
import pandas as pd
s1 = pd.Series(range(1, 6), index = range(5))
s2 = pd.Series(range(10, 13), index = range(3))
print('s1: ' )
print(s1)
print('------')
print('s2: ')
print(s2)
```

```
print('------')
#未对齐的数据将和填充值做运算
print(s1.add(s2,fill_value = 2))
```

运行结果：

```
s1:
0   1
1   2
2   3
3   4
4   5
dtype: int64
------
s2:
0   10
1   11
2   12
dtype: int64
------
0   11.0
1   13.0
2   15.0
3    6.0
4    7.0
dtype: float64
```

12.2.4　Pandas的常用函数

1. 应用函数

（1）通过apply将函数应用到列或行上，注意指定轴的方向，默认axis=0，方向是列；axis=1时方向是行。

```
import numpy as np
import pandas as pd
df = pd.DataFrame(np.random.randn(3,3))
print(df)
#默认axis=0，方向是列
```

```
print(df.apply(lambda x : x.max()))
# 指定轴方向，axis=1，方向是行
print(df.apply(lambda x : x.max(), axis=1))
```

运行结果：

```
          0         1         2
0  1.094535  1.308998  1.947757
1  2.751342 -0.159051 -1.049599
2 -0.632266 -0.435550 -0.193741
0    2.751342
1    1.308998
2    1.947757
dtype: float64
0    1.947757
1    2.751342
2   -0.193741
dtype: float64
```

（2）通过applymap将函数应用到每个数据上，每个数据都进行相应的函数操作。

```
import numpy as np
import pandas as pd
df = pd.DataFrame(np.random.randn(3,3))
print(df)
# 使用applymap()应用到每个数据
f = lambda x:'%.1f' % x
print(df.applymap(f))
```

运行结果：

```
          0         1         2
0  0.890512  0.662258 -0.830326
1 -0.123167  0.989640 -1.196043
2  0.751724  0.020847  0.132685
      0    1     2
0   0.9  0.7  -0.8
1  -0.1  1.0  -1.2
2   0.8  0.0   0.1
```

2. 排序函数

（1）索引排序。sort_index()，默认使用升序排序，ascending=False为降序排序。DataFrame排序时要注意轴方向。

```
import numpy as np
import pandas as pd
#Series
s = pd.Series(range(6, 9), index = np.random.randint(5, size=3))
print(s)
#按索引升序排序
print(s.sort_index())
# DataFrame
df = pd.DataFrame(np.random.randn(3, 3),
            index=np.random.randint(5, size=3),
            columns=np.random.randint(5, size=3))
print(df)
#按行降序排列
print(df.sort_index(axis=1, ascending=False))
```

运行结果：

```
2  6
1  7
0  8
dtype: int64
0  8
1  7
2  6
dtype: int64
          1         1         0
2 -0.833797 -0.018458 -0.232224
2 -0.042798 -0.583808  1.481018
4  0.410144  1.229957 -0.482232
          1         1         0
2 -0.833797 -0.018458 -0.232224
2 -0.042798 -0.583808  1.481018
4  0.410144  1.229957 -0.482232
```

（2）按值排序。sort_values(by='column name')，根据某个唯一的列名进行排

序，如果有其他相同列名则报错。

```
import numpy as np
import pandas as pd
#Series
s = pd.Series(range(6, 9), index = np.random.randint(5, size=3))
print(s)
#按值降序排序
print(s.sort_values(ascending=False))
# DataFrame
df = pd.DataFrame(np.random.randn(3, 3),
              index=[0,1,2],
              columns=[3,4,5])
print(df)
#按列3的值降序排序
df_sort = df.sort_values(by=3, ascending=False)
print(df_sort)
```

运行结果：

```
2   6
2   7
0   8
dtype: int64
0   8
2   7
2   6
dtype: int64
         3         4         5
0  0.532388 -2.681898 -0.182087
1 -1.650539  0.317613  0.654770
2 -0.112652 -1.103171 -1.171316
         3         4         5
00.532388 -2.681898 -0.182087
2  -0.112652 -1.103171 -1.171316
1  -1.650539  0.317613  0.654770
```

3. 统计计算函数

常用的统计函数有：求和函数sum()、平均值函数mean()、最大值函数max()、最小值函数min()。其中可使用axis参数和skipna参数。axis=0 按列统计，axis=1按列统计，默认axis=0；skipna 排除缺失值，默认为True。describe()函数能同时产生多种统计结果。

```
import numpy as np
import pandas as pd
df = pd.DataFrame(np.random.randn(4,3), columns = ['a', 'b', 'c'])
print(df)
print("求和：")
print(df.sum())
print("求最大值：")
print(df.max())
print("求最小值：")
print(df.min(axis=1, skipna=False))
print("多个统计值：")
print(df.describe())
```

运行结果：

```
         a         b         c
0  0.019285  0.855057  0.537117
1 -0.733763 -1.839449 -0.188236
2  0.443629  1.258991  0.808648
3  0.142529 -2.200714 -2.457563
求和：
a   -0.128320
b   -1.926115
c   -1.300035
dtype: float64
求最大值：
a    0.443629
b    1.258991
c    0.808648
dtype: float64
求最小值：
0    0.019285
1   -1.839449
2    0.443629
3   -2.457563
```

```
dtype: float64
多个统计值:
              a         b         c
count  4.000000  4.000000  4.000000
mean  -0.032080 -0.481529 -0.325009
std    0.500595  1.790290  1.482670
min   -0.733763 -2.200714 -2.457563
25%   -0.168977 -1.929765 -0.755568
50%    0.080907 -0.492196  0.174440
75%    0.217804  0.956040  0.605000
max    0.443629  1.258991  0.808648
```

4. 缺失值处理函数

在pandas中NaN（Not a Number）表示浮点数和非浮点数组中的缺失数据，None也被当做NaN处理，常用的方法有isnull()、dropna()、fillna()。首先，通过代码生成一段存在缺失值的DataFrame数据。然后，调用相应的函数来处理缺失值，包含缺失值的判定、丢弃和填充。

```
import numpy as np
import pandas as pd
df = pd.DataFrame([[i for i in range(3,6)], [1, 2, np.nan],
                   [np.nan, 4, np.nan], [1, 2, 3]])
print(df)
```

运行结果：

```
0 1   2
0 3.0 4 5.0
1 1.0 2 NaN
2 NaN 4 NaN
3 1.0 2 3.0
```

（1）判断是否存在缺失值。isnull()函数，值缺失则为True，否则为False。

```
print(df.isnull())
```

运行结果：

```
     0     1     2
0  FalseFalseFalse
1  FalseFalse   True
2   True  False   True
3  FalseFalseFalse
```

（2）丢弃缺失数据。dropna()函数，根据axis轴方向，丢弃包含NaN的行或列。

```
print(df.dropna())
print(df.dropna(axis=1))
```

运行结果：

```
     0 1   2
0  3.0  4  5.0
3  1.0  2  3.0
   1
0  4
1  2
2  4
3  2
```

（3）填充缺失数据。fillna(data)函数，NaN将被函数中的data替代填充。

```
print(df.fillna(10))
```

运行结果：

```
0  1     2
0   3.0  4   5.0
1    1.0  2  10.0
2  10.0  4  10.0
3    1.0  2   3.0
```

案例9　Pandas数据分析实战

【案例名称】Pandas数据分析实战

京东作为中国最大的自营式电商，在保持高速发展的同时，沉淀了数亿的忠实用户，积累了海量的真实数据。如何从历史数据中找出规律，去预测用户未来的购买需求，让最合适的商品遇见最需要的人，是大数据应用在精准营销中的关键问题，也是所有电商平台在做智能化升级时所需要的核心技术。以京东商城真实的用户、商品和行为数据（脱敏后）为基础，通过数据挖掘的技术和机器学习的算法，构建用户购买商品的预测模型，输出高潜用户和目标商品的匹配结果，为精准营销提供高质量的目标群体。

【案例目的】

通过该实验的实践，要求学生可以掌握Pandas 的数据结构Series、DataFrame，能够使用Pandas 进行数据的存取、处理、运算、统计等基本操作。

【案例思路】

Python Data Analysis Library 或 Pandas 是连接 SciPy和 NumPy的一种工具，该工具是为了解决数据分析任务而创建的，通过数据结构Series、DataFrame实现功能：

（1）Series是一种类似于一维数组的对象，是由一组数据(各种NumPy数据类型)以及一组与之相关的数据标签(即索引)组成。仅由一组数据也可产生简单的Series对象。

（2）DataFrame是Pandas中的一个表格型的数据结构，包含有一组有序的列，每列可以是不同的值类型(数值、字符串、布尔型等)，DataFrame即有行索引也有列索引，可以被看作是由Series组成的字典。

【案例环境】

Ubuntu 16.04。

Python 3.6.5。

Numpy 1.17.4。

Pandas 1.0.2。

【案例步骤】

➢ 步骤一　项目准备

打开终端Terminal，输入命令jupyter notebook，新建ipynb文件。

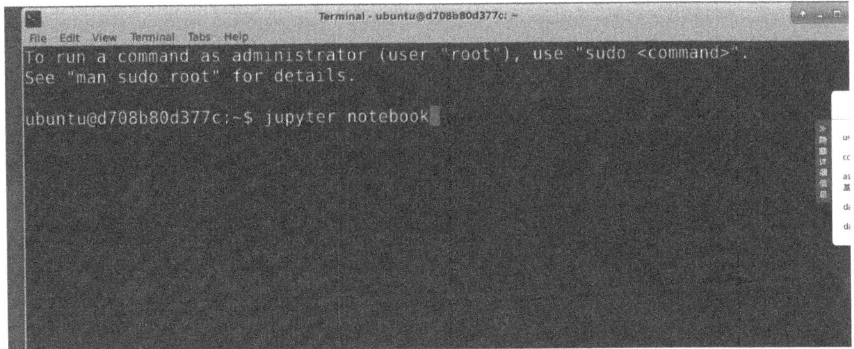

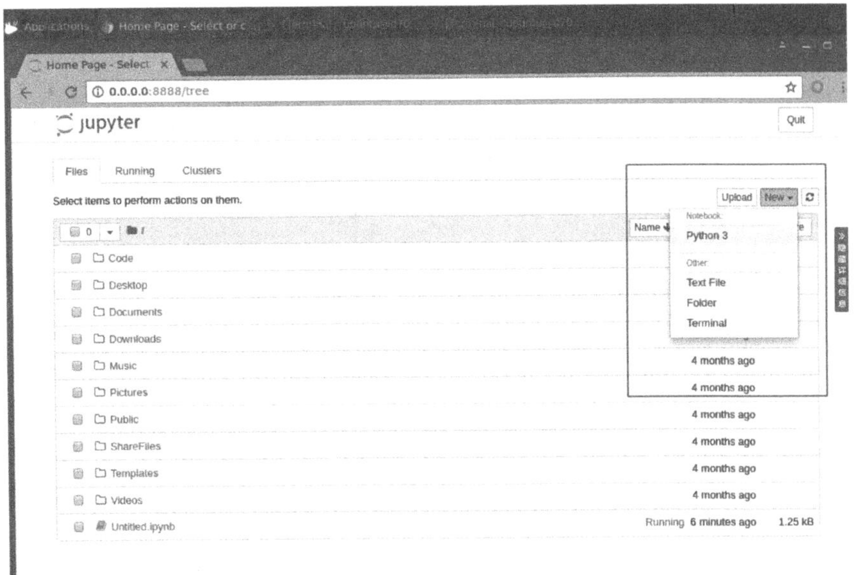

解压数据。

创建data文件夹命令：

```
mkdir data
```

```
ubuntu@4a66fc418399:~$ mkdir data
ubuntu@4a66fc418399:~$ ls
```

切换到data文件夹并下载数据：

```
cd data/
wget http://i9000.net:8888/sgn/HUP/Python/09/data.zip
```

```
ubuntu@4a66fc418399:~$ cd data/
ubuntu@4a66fc418399:~/data$ wget http://i9000.net:8888/sgn/HUP/Python/09/data
.zip
--2021-03-02 22:37:33--  http://i9000.net:8888/sgn/HUP/Python/09/data.zip
Resolving i9000.net (i9000.net)... 43.254.91.90
Connecting to i9000.net (i9000.net)|43.254.91.90|:8888... connected.
HTTP request sent, awaiting response... 200 OK
Length: 111250609 (106M) [application/zip]
Saving to: 'data.zip'

data.zip           100%[================>] 106.10M  2.27MB/s    in 47s

2021-03-02 22:38:21 (2.24 MB/s) - 'data.zip' saved [111250609/111250609]
```

解压数据命令：

```
unzip data.zip
```

```
ubuntu@4a66fc418399:~/data$ ls
data.zip
ubuntu@4a66fc418399:~/data$ unzip data.zip
Archive:  data.zip
  inflating: Item_table.csv
  inflating: JData_Action_201602.csv
  inflating: JData_Action_201603.csv
  inflating: JData_Action_201604.csv
  inflating: JData_Comment.csv
  inflating: JData_FUser.csv
  inflating: JData_Product.csv
  inflating: JData_User.csv
  inflating: User_table.csv
```

查看解压数据文件。

```
ubuntu@4a66fc418399:~/data$ ls
Item_table.csv           JData_Action_201604.csv  JData_Product.csv
JData_Action_201602.csv  JData_Comment.csv        JData_User.csv
JData_Action_201603.csv  JData_FUser.csv          User_table.csv
```

数据集。

这里涉及的数据集是京东最新的数据集：

① JData_User.csv 用户数据集 105,321个用户。

② JData_Comment.csv 商品评论 558,552条记录。

③ JData_Product.csv 预测商品集合 24,187条记录。

④ JData_Action_201602.csv 2月份行为交互记录 11,485,424条记录。

⑤ JData_Action_201603.csv 3月份行为交互记录 25,916,378条记录。

⑥ JData_Action_201604.csv 4月份行为交互记录 13,199,934条记录。

1. 用户数据

user_id	用户ID	脱敏
age	年龄段	-1表示未知
sex	性别	0表示男，1表示女，2表示保密
user_lv_cd	用户等级	有顺序的级别枚举，越高级别数字越大
user_reg_tm	用户注册日期	粒度到天

2. 商品数据

sku_id	商品编号	脱敏
a1	属性1	枚举，-1表示未知
a2	属性2	枚举，-1表示未知
a3	属性3	枚举，-1表示未知
cate	品类ID	脱敏
brand	品牌ID	脱敏

3. 评价数据

dt	截止到时间	粒度到天
sku_id	商品编号	脱敏
comment_num	累计评论数分段	0表示无评论，1表示有1条评论， 2表示有2-10条评论， 3表示有11-50条评论， 4表示大于50条评论
has_bad_comment	是否有差评	0表示无，1表示有
bad_comment_rate	差评率	差评数占总评论数的比重

4. 行为数据

user_id	用户编号	脱敏
sku_id	商品编号	脱敏
time	行为时间	
model_id	点击模块编号，如果是点击	脱敏
type	1.浏览（指浏览商品详情页）； 2.加入购物车；3.购物车删除；4.下单；5.关注；6.点击	
cate	品类ID	脱敏
brand	品牌ID	脱敏

登录并报名参赛后方可在“数据下载”页面下载数据

➤ **步骤二　数据清洗**

① 数据集完整性验证。

② 数据集中是否存在缺失值。

③ 数据集中各特征数值应该如何处理。

④ 哪些数据是我们想要的，哪些是可以过滤掉的。

⑤ 将有价值数据信息做成新的数据源。

⑥ 去除无行为交互的商品和用户。

⑦ 去掉浏览量很大而购买量很少的用户（惰性用户或爬虫用户）。

数据集验证：

首先检查JData_User中的用户和JData_Action中的用户是否一致，保证行为数据中的所产生的行为均由用户数据中的用户产生（但是可能存在用户在行为数据中无行为）

思路：利用pd.Merge连接sku 和 Action中的sku, 观察Action中的数据是否减少
Example:

```
import pandas as pd
# test sample
df1 = pd.DataFrame({'sku':['a','a','e','c'],'data':[1,1,2,3]})
df2 = pd.DataFrame({'sku':['a','b','f']})
df3 = pd.DataFrame({'sku':['a','b','d']})
df4 = pd.DataFrame({'sku':['a','b','c','d']})
print (pd.merge(df2,df1))
#print (pd.merge(df1,df2))
#print (pd.merge(df3,df1))
#print (pd.merge(df4,df1))
#print (pd.merge(df1,df3))
```

输出：

```
  sku  data
0  a    1
1  a    1
def user_action_check():
    df_user = pd.read_csv('data/JData_User.csv',encoding='gbk')
    df_sku = df_user.loc[:,'user_id'].to_frame()
    df_month2 = pd.read_csv('data/JData_Action_201602.csv',encoding='gbk')
```

```
    print ('Is action of Feb. from User file? ', len(df_month2) == len(pd.merge(df_
sku,df_month2)))
    df_month3 = pd.read_csv('data/JData_Action_201603.csv',encoding='gbk')
    print ('Is action of Mar. from User file? ', len(df_month3) == len(pd.merge(df_
sku,df_month3)))
    df_month4 = pd.read_csv('data/JData_Action_201604.csv',encoding='gbk')
    print ('Is action of Apr. from User file? ', len(df_month4) == len(pd.merge(df_
sku,df_month4)))

user_action_check()
```

输出：

```
Is action of Feb. from User file? True
Is action of Mar. from User file? True
Is action of Apr. from User file?  True
```

结论：User数据集中的用户和交互行为数据集中的用户完全一致。

根据merge前后的数据量比对，能保证Action中的用户ID是User中的ID的子集，检查是否有重复记录。

除去各个数据文件中完全重复的记录,可能解释是重复数据是有意义的，比如，用户同时购买多件商品，同时添加多个数量的商品到购物车等。

```
def deduplicate(filepath, filename, newpath):
    df_file = pd.read_csv(filepath,encoding='gbk')
    before = df_file.shape[0]
    df_file.drop_duplicates(inplace=True)
    after = df_file.shape[0]
    n_dup = before-after
    print ('No. of duplicate records for ' + filename + ' is: ' + str(n_dup))
    if n_dup != 0:
        df_file.to_csv(newpath, index=None)
    else:
        print ('no duplicate records in ' + filename)

# deduplicate('data/JData_Action_201602.csv', 'Feb. action', 'data/JData_
Action_201602_dedup.csv')
```

```
deduplicate('data/JData_Action_201603.csv', 'Mar. action', 'data/JData_Action_201603_dedup.csv')
deduplicate('data/JData_Action_201604.csv', 'Feb. action', 'data/JData_Action_201604_dedup.csv')
deduplicate('data/JData_Comment.csv', 'Comment', 'data/JData_Comment_dedup.csv')
deduplicate('data/JData_Product.csv', 'Product', 'data/JData_Product_dedup.csv')
deduplicate('data/JData_User.csv', 'User', 'data/JData_User_dedup.csv')
```

输出：

```
No. of duplicate records for Mar. action is: 7085038
No. of duplicate records for Feb. action is: 3672710
No. of duplicate records for Comment is: 0
no duplicate records in Comment
No. of duplicate records for Product is: 0
no duplicate records in Product
No. of duplicate records for User is: 0
no duplicate records in User
df_month2 = pd.read_csv('data/JData_Action_201602.csv',encoding='gbk')
IsDuplicated = df_month2.duplicated()
df_d=df_month2[IsDuplicated]
df_d.groupby('type').count() #发现重复数据大多数都是由于浏览（1），或者点击(6)产生
```

输出：

	user_id	sku_id	time	model_id	cate	brand
type						
1	2176378	2176378	2176378	0	2176378	2176378
2	636	636	636	0	636	636
3	1464	1464	1464	0	1464	1464
4	37	37	37	0	37	37
5	1981	1981	1981	0	1981	1981
6	575597	575597	575597	545054	575597	575597

检查是否存在注册时间在2016年4月15日之后的用户

```
import pandas as pd
df_user = pd.read_csv('data\JData_User.csv',encoding='gbk')
df_user['user_reg_tm']=pd.to_datetime(df_user['user_reg_tm'])
df_user.loc[df_user.user_reg_tm >= '2016-4-15']
```

输出：

	user_id	age	sex	user_lv_cd	user_reg_tm
7457	207458	-1.0	2.0	1	2016-04-15
7463	207464	3.0	2.0	2	2016-04-15
7467	207468	4.0	2.0	3	2016-04-15
7472	207473	-1.0	2.0	1	2016-04-15
7482	207483	3.0	2.0	3	2016-04-15
7492	207493	2.0	2.0	3	2016-04-15
7493	207494	2.0	2.0	3	2016-04-15
7503	207504	2.0	2.0	4	2016-04-15
7510	207511	5.0	2.0	5	2016-04-15
7512	207513	-1.0	2.0	1	2016-04-15
7518	207519	3.0	2.0	2	2016-04-15
7521	207522	3.0	0.0	3	2016-04-15
7525	207526	-1.0	2.0	3	2016-04-15
7533	207534	-1.0	2.0	1	2016-04-15
7543	207544	3.0	2.0	3	2016-04-15
7544	207545	-1.0	2.0	1	2016-04-15
7551	207552	3.0	2.0	3	2016-04-15
7553	207554	2.0	2.0	4	2016-04-15
8545	208546	2.0	0.0	2	2016-04-29
9394	209395	2.0	1.0	2	2016-05-11
10362	210363	6.0	2.0	2	2016-05-24
10367	210368	-1.0	2.0	1	2016-05-24
11019	211020	4.0	2.0	3	2016-06-06
12014	212015	4.0	2.0	2	2016-07-05
13850	213851	3.0	2.0	3	2016-09-11
14542	214543	-1.0	2.0	1	2016-10-05
16746	216747	2.0	2.0	1	2016-11-25

由于注册时间是京东系统错误造成，如果行为数据中没有在4月15号之后的数据的话，那么说明这些用户还是正常用户，并不需要删除。

```
df_month = pd.read_csv('data\JData_Action_201604.csv')
df_month['time'] = pd.to_datetime(df_month['time'])
df_month.loc[df_month.time >= '2016-4-16']
```

输出：

user_id	sku_id	time	model_id	type	cate	brand

结论：说明用户没有异常操作数据，所以这一批用户不删除。

行为数据中的user_id为浮点型，进行INT类型转换。

```
import pandas as pd
df_month = pd.read_csv('data\JData_Action_201602.csv',encoding='gbk')
df_month['user_id'] = df_month['user_id'].apply(lambda x:int(x))
print (df_month['user_id'].dtype)
df_month.to_csv('data\JData_Action_201602.csv',index=None)
df_month = pd.read_csv('data\JData_Action_201603.csv',encoding='gbk')
df_month['user_id'] = df_month['user_id'].apply(lambda x:int(x))
print (df_month['user_id'].dtype)
df_month.to_csv('data\JData_Action_201603.csv',index=None)
df_month = pd.read_csv('data\JData_Action_201604.csv',encoding='gbk')
df_month['user_id'] = df_month['user_id'].apply(lambda x:int(x))
print (df_month['user_id'].dtype)
df_month.to_csv('data\JData_Action_201604.csv',index=None)
```

输出：

```
int64
int64
int64
```

年龄区间的处理。

```
import pandas as pd
df_user = pd.read_csv('data\JData_User.csv',encoding='gbk')
```

```
def tranAge(x):
    if x == u'15岁以下':
        x='1'
    elif x==u'16-25岁':
        x='2'
   elif x==u'26-35岁':
        x='3'
    elif x==u'36-45岁':
        x='4'
    elif x==u'46-55岁':
        x='5'
    elif x==u'56岁以上':
        x='6'
    return x
df_user['age']=df_user['age'].apply(tranAge)
print (df_user.groupby(df_user['age']).count())
df_user.to_csv('data\JData_User.csv',index=None)
```

输出：

```
 user_id   sex  user_lv_cd  user_reg_tm
age
-1.0    14412  14412      14412        14412
 1.0        7      7          7            7
 2.0     8797   8797       8797         8797
 3.0    46570  46570      46570        46570
 4.0    30336  30336      30336        30336
 5.0     3325   3325       3325         3325
 6.0     1871   1871       1871         1871
```

为了能够进行上述清洗,在此首先构造了简单的用户(user)行为特征和商品(item)行为特征,对应于两张表user_table和iteam_table。

user_table特征包括：

- user_id(用户id),age(年龄),sex(性别),
- user_lv_cd(用户级别),browse_num(浏览数),
- addcart_num(加购数),delcart_num(删购数),
- buy_num(购买数),favor_num(收藏数),

- click_num(点击数),buy_addcart_ratio(购买加购转化率),
- buy_browse_ratio(购买浏览转化率),
- buy_click_ratio(购买点击转化率),
- buy_favor_ratio(购买收藏转化率)

item_table特征包括：

- sku_id(商品id),attr1,attr2,
- attr3,cate,brand,browse_num,
- addcart_num,delcart_num,
- buy_num,favor_num,click_num,
- buy_addcart_ratio,buy_browse_ratio,
- buy_click_ratio,buy_favor_ratio,
- comment_num(评论数),
- has_bad_comment(是否有差评),
- bad_comment_rate(差评率)

构建User_table。

定义文件名。

```
ACTION_201602_FILE = "data/JData_Action_201602.csv"
ACTION_201603_FILE = "data/JData_Action_201603.csv"
ACTION_201604_FILE = "data/JData_Action_201604.csv"
COMMENT_FILE = "data/JData_Comment.csv"
PRODUCT_FILE = "data/JData_Product.csv"
USER_FILE = "data/JData_User.csv"
USER_TABLE_FILE = "data/User_table.csv"
ITEM_TABLE_FILE = "data/Item_table.csv"
```

导入相关包。

```
import pandas as pd
import numpy as np
from collections import Counter
```

功能函数：对每一个user分组的数据进行统计。

```
def add_type_count(group):
    behavior_type = group.type.astype(int)
用户行为类别
    type_cnt = Counter(behavior_type)
```

```
    # 1: 浏览 2: 加购 3: 删除
    # 4: 购买 5: 收藏 6: 点击
    group['browse_num'] = type_cnt[1]
    group['addcart_num'] = type_cnt[2]
    group['delcart_num'] = type_cnt[3]
    group['buy_num'] = type_cnt[4]
    group['favor_num'] = type_cnt[5]
    group['click_num'] = type_cnt[6]
    return group[['user_id', 'browse_num', 'addcart_num',
            'delcart_num', 'buy_num', 'favor_num',
            'click_num']]
```

由于用户行为数据量较大,一次性读入可能造成内存错误(Memory Error),因而使用pandas的分块(chunk)读取。

```
#对action数据进行统计
#根据自己调节chunk_size大小
def get_from_action_data(fname, chunk_size=50000):
    reader = pd.read_csv(fname, header=0, iterator=True,encoding='gbk')
    chunks = []
    loop = True
    while loop:
        try:
            # 只读取user_id和type两个字段
            chunk = reader.get_chunk(chunk_size)[["user_id", "type"]]
            chunks.append(chunk)
        except StopIteration:
            loop = False
            print("Iteration is stopped")
    # 将块拼接为pandas dataframe格式
    df_ac = pd.concat(chunks, ignore_index=True)
    # 按user_id分组，对每一组进行统计，as_index 表示无索引形式返回数据
    df_ac = df_ac.groupby(['user_id'], as_index=False).apply(add_type_count)
    # 将重复的行丢弃
    df_ac = df_ac.drop_duplicates('user_id')
    return df_ac
```

将各个action数据的统计量进行聚合。

```
def merge_action_data():
    df_ac = []
    df_ac.append(get_from_action_data(fname=ACTION_201602_FILE))
    df_ac.append(get_from_action_data(fname=ACTION_201603_FILE))
    df_ac.append(get_from_action_data(fname=ACTION_201604_FILE))
    df_ac = pd.concat(df_ac, ignore_index=True)
    # 用户在不同action表中统计量求和
    df_ac = df_ac.groupby(['user_id'], as_index=False).sum()
    #   构造转化率字段
    df_ac['buy_addcart_ratio'] = df_ac['buy_num'] / df_ac['addcart_num']
    df_ac['buy_browse_ratio'] = df_ac['buy_num'] / df_ac['browse_num']
    df_ac['buy_click_ratio'] = df_ac['buy_num'] / df_ac['click_num']
    df_ac['buy_favor_ratio'] = df_ac['buy_num'] / df_ac['favor_num']

    # 将大于1的转化率字段置为1(100%)
    df_ac.ix[df_ac['buy_addcart_ratio'] > 1., 'buy_addcart_ratio'] = 1.
    df_ac.ix[df_ac['buy_browse_ratio'] > 1., 'buy_browse_ratio'] = 1.
    df_ac.ix[df_ac['buy_click_ratio'] > 1., 'buy_click_ratio'] = 1.
    df_ac.ix[df_ac['buy_favor_ratio'] > 1., 'buy_favor_ratio'] = 1.

    return df_ac
```

从FJData_User表中抽取需要的字段。

```
def get_from_jdata_user():
    df_usr = pd.read_csv(USER_FILE, header=0)
    df_usr = df_usr[["user_id", "age", "sex", "user_lv_cd"]]
    return df_usr

user_base = get_from_jdata_user()
user_behavior = merge_action_data()
```

输出：

```
Iteration is stopped
Iteration is stopped
```

```
Iteration is stopped

# 连接成一张表，类似于SQL的左连接(left join)
user_behavior = pd.merge(user_base, user_behavior, on=['user_id'],
how='left')
# 保存为user_table.csv
user_behavior.to_csv(USER_TABLE_FILE, index=False)

user_table = pd.read_csv(USER_TABLE_FILE)
user_table.head()
```

输出：

	user_id	age	sex	user_lv_cd	browse_num	addcart_num	delcart_num	buy_num	favor_num	click_num	buy_addcart_ratio	buy_browse_ratio	buy_click_ratio	buy_favor_ratio
0	200001	6.0	2.0	5	212.0	22.0	13.0	1.0	0.0	414.0	0.045455	0.004717	0.002415	1.0
1	200002	−1.0	0.0	1	238.0	1.0	0.0	0.0	0.0	484.0	0.000000	0.000000	0.000000	NaN
2	200003	4.0	1.0	4	221.0	4.0	1.0	0.0	1.0	420.0	0.000000	0.000000	0.000000	0.0
3	200004	−1.0	2.0	1	52.0	0.0	0.0	0.0	0.0	61.0	NaN	0.000000	0.000000	NaN
4	200005	2.0	0.0	4	106.0	2.0	3.0	1.0	2.0	161.0	0.500000	0.009434	0.006211	0.5

构建Item_table。

定义文件名。

```
ACTION_201602_FILE = "data/JData_Action_201602.csv"
ACTION_201603_FILE = "data/JData_Action_201603.csv"
ACTION_201604_FILE = "data/JData_Action_201604.csv"
COMMENT_FILE = "data/JData_Comment.csv"
PRODUCT_FILE = "data/JData_Product.csv"
USER_FILE = "data/JData_User.csv"
USER_TABLE_FILE = "data/User_table.csv"
ITEM_TABLE_FILE = "data/Item_table.csv"
```

导入相关包。

```
import pandas as pd
import numpy as np
from collections import Counter
```

读取Product中商品。

```
def get_from_jdata_product():
    df_item = pd.read_csv(PRODUCT_FILE, header=0,encoding='gbk')
    return df_item
```

对每一个商品分组进行统计。

```
def add_type_count(group):
    behavior_type = group.type.astype(int)
    type_cnt = Counter(behavior_type)
    group['browse_num'] = type_cnt[1]
    group['addcart_num'] = type_cnt[2]
    group['delcart_num'] = type_cnt[3]
    group['buy_num'] = type_cnt[4]
    group['favor_num'] = type_cnt[5]
    group['click_num'] = type_cnt[6]
    return group[['sku_id', 'browse_num', 'addcart_num',
                'delcart_num', 'buy_num', 'favor_num',
                'click_num']]
```

对action中的数据进行统计：

```
def get_from_action_data(fname, chunk_size=50000):
    reader = pd.read_csv(fname, header=0, iterator=True)
    chunks = []
    loop = True
    while loop:
        try:
            chunk = reader.get_chunk(chunk_size)[["sku_id", "type"]]
            chunks.append(chunk)
        except StopIteration:
            loop = False
            print("Iteration is stopped")

    df_ac = pd.concat(chunks, ignore_index=True)
    df_ac = df_ac.groupby(['sku_id'], as_index=False).apply(add_type_count)
    # Select unique row
```

```
    df_ac = df_ac.drop_duplicates('sku_id')
    return df_ac
```

获取评论中的商品数据,如果存在某一个商品有两个日期的评论，我们取最晚的那一个。

```
def get_from_jdata_comment():
    df_cmt = pd.read_csv(COMMENT_FILE, header=0)
    df_cmt['dt'] = pd.to_datetime(df_cmt['dt'])
    # find latest comment index
    idx = df_cmt.groupby(['sku_id'])['dt'].transform(max) == df_cmt['dt']
    df_cmt = df_cmt[idx]
    return df_cmt[['sku_id', 'comment_num',
                'has_bad_comment', 'bad_comment_rate']]
def merge_action_data():
    df_ac = []
    df_ac.append(get_from_action_data(fname=ACTION_201602_FILE))
    df_ac.append(get_from_action_data(fname=ACTION_201603_FILE))

  df_ac.append(get_from_action_data(fname=ACTION_201604_FILE))

    df_ac = pd.concat(df_ac, ignore_index=True)
    df_ac = df_ac.groupby(['sku_id'], as_index=False).sum()

    df_ac['buy_addcart_ratio'] = df_ac['buy_num'] / df_ac['addcart_num']
    df_ac['buy_browse_ratio'] = df_ac['buy_num'] / df_ac['browse_num']
    df_ac['buy_click_ratio'] = df_ac['buy_num'] / df_ac['click_num']
    df_ac['buy_favor_ratio'] = df_ac['buy_num'] / df_ac['favor_num']

    df_ac.ix[df_ac['buy_addcart_ratio'] > 1., 'buy_addcart_ratio'] = 1.
    df_ac.ix[df_ac['buy_browse_ratio'] > 1., 'buy_browse_ratio'] = 1.
    df_ac.ix[df_ac['buy_click_ratio'] > 1., 'buy_click_ratio'] = 1.
    df_ac.ix[df_ac['buy_favor_ratio'] > 1., 'buy_favor_ratio'] = 1.

    return df_ac
item_base = get_from_jdata_product()
```

```
item_behavior = merge_action_data()
item_comment = get_from_jdata_comment()
# SQL: left join
item_behavior = pd.merge(
    item_base, item_behavior, on=['sku_id'], how='left')
item_behavior = pd.merge(
    item_behavior, item_comment, on=['sku_id'], how='left')

item_behavior.to_csv(ITEM_TABLE_FILE, index=False)
```

输出：

```
Iteration is stopped
Iteration is stopped
Iteration is stopped
item_table = pd.read_csv(ITEM_TABLE_FILE)
item_table.head()
```

	sku_id	a1	a2	a3	cate	brand	browse_num	addcart_num	delcart_num	buy_num	favor_num	click_num	buy_addcart_ratio	buy_browse_ratio	buy_click_ratio	buy_favor_ratio	comment_num	has_bad_comment	bad_comment_rate
0	10	3	1	1	8	489	NaN	NaN	NaN	NaN	NaN	NaN	NaN	NaN	NaN	NaN	NaN	NaN	NaN
1	100002	3	2	2	8	489	NaN	NaN	NaN	NaN	NaN	NaN	NaN	NaN	NaN	NaN	NaN	NaN	NaN
2	100003	1	−1	−1	8	30	NaN	NaN	NaN	NaN	NaN	NaN	NaN	NaN	NaN	NaN	NaN	NaN	NaN
3	100006	1	2	1	8	545	NaN	NaN	NaN	NaN	NaN	NaN	NaN	NaN	NaN	NaN	NaN	NaN	NaN
4	10001	−1	1	2	8	244	NaN	NaN	NaN	NaN	NaN	NaN	NaN	NaN					

➤ **步骤三　数据清洗**

用户清洗。

```
import pandas as pd
df_user = pd.read_csv('data/User_table.csv',header=0)
pd.options.display.float_format = '{:,.3f}'.format #输出格式设置，保留三位小数
df_user.describe()
```

输出：

	user_id	age	sex	user_lv_cd	browse_num	addcart_num	delcart_num	buy_num	favor_num	click_num	buy_addcart_ratio	buy_browse_ratio	buy_click_ratio	buy_favor_ratio
count	105,321.000	105,318.000	105,318.000	105,321.000	105,180.000	105,180.000	105,180.000	105,180.000	105,180.000	105,180.000	72,129.000	105,172.000	103,197.000	45,986.000
mean	252,661.000	2.773	1.113	3.850	180.466	5.471	2.434	0.459	1.045	291.222	0.147	0.005	0.009	0.552
std	30,403.698	1.672	0.956	1.072	273.437	10.618	5.600	1.048	3.442	460.031	0.270	0.022	0.074	0.473
min	200,001.000	−1.000	0.000	1.000	0.000	0.000	0.000	0.000	0.000	0.000	0.000	0.000	0.000	0.000
25%	226,331.000	3.000	0.000	3.000	40.000	0.000	0.000	0.000	0.000	59.000	0.000	0.000	0.000	0.000
50%	252,661.000	3.000	2.000	4.000	94.000	2.000	0.000	0.000	0.000	148.000	0.000	0.000	0.000	1.000
75%	278,991.000	4.000	2.000	5.000	212.000	6.000	3.000	1.000	0.000	342.000	0.167	0.002	0.001	1.000
max	305,321.000	6.000	2.000	5.000	7,605.000	369.000	231.000	50.000	99.000	15,302.000	1.000	1.000	1.000	1.000

由上述统计信息发现：第一行中根据User_id统计发现有105321个用户，发现有3个用户没有age，sex字段，而且根据浏览、加购、删购、购买等记录却只有105180条记录，说明存在用户无任何交互记录，因此，可以删除上述用户。

删除没有age,sex字段的用户。

```
df_user[df_user['age'].isnull()]
```

输出：

	user_id	age	sex	user_lv_cd	browse_num	addcart_num	delcart_num	buy_num	favor_num	click_num	buy_addcart_ratio	buy_browse_ratio	buy_click_ratio	buy_favor_ratio
34072	234073	nan	nan	1	32.000	6.000	4.000	1.000	0.000	41.000	0.167	0.031	0.024	1.000
38905	238906	nan	nan	1	171.000	3.000	2.000	2.000	3.000	464.000	0.667	0.012	0.004	0.667
67704	267705	nan	nan	1	342.000	18.000	8.000	0.000	0.000	743.000	0.000	0.000	0.000	nan

```
delete_list = df_user[df_user['age'].isnull()].index
df_user.drop(delete_list,axis=0,inplace=True)
```

删除无交互记录的用户。

```
df_naction = df_user[(df_user['browse_num'].isnull()) & (df_user['addcart_
num'].isnull()) & (df_user['delcart_num'].isnull()) & (df_user['buy_num'].isnull()) &
(df_user['favor_num'].isnull()) & (df_user['click_num'].isnull())]
df_user.drop(df_naction.index,axis=0,inplace=True)
print (len(df_user))
```

输出：

```
105177
```

统计并删除无购买记录的用户。

```
#统计无购买记录的用户
df_bzero = df_user[df_user['buy_num']==0]
#输出购买数为0的总记录数
print (len(df_bzero))
```

输出：

```
75694
```

删除无购买记录的用户。

```
df_user = df_user[df_user['buy_num']!=0]
df_user.describe()
```

输出：

	user_id	age	sex	user_lv_cd	browse_num	addcart_num	delcart_num	buy_num	favor_num	click_num	buy_addcart_ratio	buy_browse_ratio	buy_click_ratio	buy_favor_ratio
count	29,483.000	29,483.000	29,483.000	29,483.000	29,483.000	29,483.000	29,483.000	29,483.000	29,483.000	29,483.000	29,483.000	29,483.000	29,483.000	29,483.000
mean	250,746.445	2.914	1.025	4.272	302.488	10.525	4.673	1.637	1.677	486.653	0.360	0.018	0.030	0.862
std	29,979.676	1.490	0.959	0.808	391.535	14.301	7.568	1.412	4.584	658.671	0.320	0.038	0.136	0.287
min	200,001.000	−1.000	0.000	2.000	1.000	0.000	0.000	1.000	0.000	0.000	0.004	0.000	0.000	0.010
25%	225,058.500	3.000	0.000	4.000	76.000	3.000	0.000	1.000	0.000	116.000	0.118	0.004	0.002	1.000
50%	249,144.000	3.000	1.000	4.000	178.000	6.000	2.000	1.000	0.000	282.000	0.250	0.008	0.005	1.000
75%	276,252.500	4.000	2.000	5.000	381.000	13.000	6.000	2.000	1.000	604.000	0.500	0.018	0.012	1.000
max	305,318.000	6.000	2.000	5.000	7,605.000	288.000	178.000	50.000	96.000	15,302.000	1.000	1.000	1.000	1.000

删除爬虫及惰性用户。

由上表所知，浏览购买转换比和点击购买转换比均值为0.018,0.030，因此这里认为浏览购买转换比和点击购买转换比小于0.0005的用户为惰性用户。

```
bindex = df_user[df_user['buy_browse_ratio']<0.0005].index
print (len(bindex))
df_user.drop(bindex,axis=0,inplace=True)
```

输出：